装配式混凝土建筑设计与深化制图

王 俊 主编

中国建筑工业出版社

图书在版编目（CIP）数据

装配式混凝土建筑设计与深化制图/王俊主编. —
北京：中国建筑工业出版社，2021.10
ISBN 978-7-112-26279-3

Ⅰ.①装… Ⅱ.①王… Ⅲ.①装配式混凝土结构-建
筑设计②装配式混凝土结构-建筑制图 Ⅳ.①TU37

中国版本图书馆 CIP 数据核字（2021）第 131373 号

　　本书详细介绍了装配式建筑混凝土设计与深化制图知识和技术，涉及装配式建筑设计
施工全过程内容，共 9 章。包括装配式混凝土建筑概述，建筑专业相关知识，结构专业相
关知识，电气、给水排水、暖通专业相关知识，装配化装修相关知识，预制构件生产与施
工相关知识，装配式建筑深化制图，装配式建筑 BIM 应用，装配式建筑设计与深化制图
从业人员要求。内容丰富，理论与案例相结合，便于学习掌握。

　　本书具有较强的实用性和可操作性，可供装配式建筑设计从业人员参考使用，亦可作
为院校装配式建筑相关课程教学参考用书。

本书图中的单位，除特别说明外，均为毫米（mm）。

责任编辑：王砾瑶
责任校对：张惠雯

装配式混凝土建筑设计与深化制图
王　俊　主编
＊
中国建筑工业出版社出版、发行（北京海淀三里河路 9 号）
各地新华书店、建筑书店经销
霸州市顺浩图文科技发展有限公司制版
北京市密东印刷有限公司印刷
＊
开本：787 毫米×1092 毫米　1/16　印张：16¾　字数：417 千字
2021 年 10 月第一版　　2021 年 10 月第一次印刷
定价：**59.00** 元
ISBN 978-7-112-26279-3
（37813）

本书编写委员会

主　编：王　俊

参　编：朱邦范　马海英　连　珍　吴宏磊　李燮宓　刘　啸

　　　　王炳洪　雷　杰　强旭媛　吴忠林　程志平　马英丽

　　　　周　雄　丁安磊　陈　嵘　陈一凡

本书编写人员介绍

（排名不分先后）

王俊　男　现任上海兴邦建筑技术有限公司　副总经理

本书主编。从事建筑行业 20 多年，具有丰富的装配式建筑专项设计与施工经验。早期从事日本建筑现浇结构、预制结构、内外装饰等专业的施工图设计，后陆续主持设计了上海、南京、杭州、苏州、宁波等多地第一例装配式项目案例，至今已累计完成数百项装配式工程专项设计，类型包括住宅、商业、办公、厂房、学校、地铁站等多种形式。对本书全文进行编排、审改，参与第 6、第 7、第 9 章的编写。

朱邦范　男　现任上海浦东建筑设计研究院有限公司　总建筑师　副总经理

设计完成大中型项目百余项，共获得国家及省部级奖项 25 项，实用新型专利 2 项，撰写发表论文 12 篇，专著 2 本。从事装配式建筑设计 10 多年，翻译并出版了《预制建筑集成　第一册　预制建筑总论》一书，主/参编装配式建筑设计规范及图集 12 项，完成项目近 200 万 m²。参与本书第 1 章的编写工作。

马海英　女　现任上海中森建筑与工程设计顾问有限公司　副总工程师

长期从事装配式建筑的技术研究和推广工作，积极参与政策拟定、标准编制及装配式项目评审工作，致力于推动装配式建筑行业发展。主持完成 60 余项装配式建筑项目设计工作，涵盖多种装配体系及不同工艺技术，在装配式建筑实操层面积累了丰富的经验。参与本书第 1 章的编写工作。

李矱宓　男　现任上海市建工设计研究总院　第三设计研究院　总建筑师

长期从事装配式建筑设计、全过程咨询工作，完成多项在行业具有广泛影响的装配式建筑项目，如万科新里程 20 号楼、康桥 6 号地块 4 号楼、周康航 C-04-01 地块等。参编上海市《装配整体式混凝土居住建筑设计规程》《预制混凝土夹心保温外墙板应用技术标准》等多部技术标准。参与本书第 2 章的编写工作。

刘啸　男　现任上海华东都市建筑设计研究总院　建筑设计一院　副院长

一直致力于装配式技术研究和实践工作，承担和参与 10 余项国家及上海市建筑工业化系列科研课题工作。主持的多项装配式工程案例被评为住房和城乡建设部和上海市装配式示范项目，并获得上海市优秀住宅工程设计奖。参编多部装配式相关标准，对行业发展起到积极推动作用。参与本书第 2 章的编写工作。

雷杰　男　现任华东都市建筑设计研究总院　建筑工业化技术副总监

主要从事建筑工业化项目设计和课题研究，参与国家、上海建筑工业化领域 10 余项科研课题，主持完成建筑工业化设计项目 40 余项。上海市建设协会装配式建筑专家、上海市建筑学会工业化建筑专业分会委员、上海市土木工程学会预制混凝土结构分会委员。参与本书第 3 章的编写工作。

强旭媛　女　现任上海天华建筑设计有限公司　建筑工业化技术中心技术总监

天华教育学院认证讲师，具有丰富的装配式结构设计经验。参与多个大型装配式获奖项目，如上海颛桥万达广场获"十三五"国家重点研发计划绿色建筑及建筑工业化综合示范工程；李尔亚洲总部大楼、前滩 49-01 地块获上海市装配式示范项目。参与本书第 3 章的编写工作。

吴忠林　男　现任上海中房建筑设计有限公司　电气总工程师

2016 年至今，带领机电设计团队完成 50 多个装配式项目机电专业设计工作，对装配式混凝土建筑的机电系统设计、建筑设备管线综合设计以及照明供电、智能化、给水排水、暖通等机电管线和机电点位的装配式项目预埋提资积累了丰富的经验。参与本书第 4 章的编写工作。

马英丽　女　现任上海中房建筑设计有限公司　结构所主任工程师

2016 年至今，带领装配式设计团队完成了 30 多个装配式项目设计，较早开始研究将 BIM 技术应用在装配式设计过程中，对设备专业的管线预埋积累了丰富的经验，参与上海市《装配式建筑项目技术与管理》一书的编写工作。参与本书第 4 章的编写工作。

连珍　女　现任上海市建筑装饰工程集团有限公司　总工程师　工程研究院院长

精通建筑装饰工业化设计与建造、信息化建造、幕墙精致建造、文化创意设计与布展等领域的前沿技术。主持多项上海市重大项目中的装饰工业化工程，如国家会展中心、长三角路演中心、上海迪士尼梦幻世界、上海中心大厦、虹桥机场航站楼等。主持省部级课题近 10 项，主/参编国家、省部、行业标准 10 余项，主/参编著作 6 部，发表核心期刊论文 10 余篇。参与本书第 5 章的编写工作。

程志平　男　现任上海市建筑装饰工程集团有限公司　副总工程师

长期从事土建施工、装饰施工工作，曾获部级科技进步奖。2003 年开始致力研究装饰工业化设计与施工，形成独有的装配化装修设计方法及管控流程的研究成果。发表多篇装饰工业化论文，受邀多场行业技术讲座。2013 年全面指导上海中心大厦装配化装饰施工。参与本书第 5 章的编写工作。

王炳洪　男　现任上海联创设计集团股份有限公司　副总工程师

出版《装配式混凝土建筑——设计问题分析与对策》《装配式混凝土建筑——如何让成本降下来》《装配式建筑概论》等著作，发表《"装配"带来的混凝土结构新概念设计问题》等论文，参编《装配式混凝土结构专项设计文件编制标准（剪力墙结构）》等多部标准。参与本书第 6 章的编写工作。

丁安磊　男　现任上海兴邦建筑技术有限公司　总工室主任工程师

2014 年至今，一直从事装配式建筑相关设计、生产、施工等工作。2016 年，参与上海市装配式建筑高技能人才培养基地建设并担任特聘讲师。2019 年，担任"首届中国长三角地区装配式建筑职业技能邀请赛"的裁判工作。参与本书第 7 章的编写工作。

陈嵘　男　现任上海原构设计咨询有限公司　装配设计部经理

长期专注建筑工业化领域的研究，在装配式建筑住宅设计、施工及管理方面积累了丰富经验。带领装配式设计团队完成 80 余个装配式项目，在上海先后参与完成中海建国里、金地峯范、绿地林肯公园、龙湖天璞等在行业有一定影响的装配式项目。参与本书第 7 章的编写工作。

吴宏磊　男　现任同济大学建筑设计研究院（集团）有限公司　集团副总工程师

上海市装配式建筑专家，上海市装配式建筑高技能人才培养基地特聘讲师，上海市第二届装配式建筑先进个人。完成上海公共卫生临床中心临时医疗用房（新冠救治）、临港重装备产业园项目、保利·拉菲公馆等装配式项目 30 余项，获上海市装配式建筑示范项目 2 项。参与本书第 8 章的编写工作。

周雄　男　现任上海经纬建筑规划设计研究院股份有限公司　副总工程师　装配式 BIM 中心主任

上海市第二届装配式建筑先进个人、装配式建筑设计与咨询自律联盟副秘书长。主持完成 3 项装配式建筑示范项目，参编"上海市装配式建筑评价标准""上海市装配整体式混凝土建筑工程设计文件编制深度规定""上海市预制率装配率计算细则"等多项标准与课题。参与本书第 8 章的编写工作。

陈一凡　男　现任上海市建设协会建筑工业化与住宅产业化促进中心副秘书长

自 2010 年起从事装配式建筑行业管理工作，主持上海市装配式建筑高技能人才培养基地建设工作，参与灌浆、吊装、防水、深化设计等专项职业能力项目的开发，以及装配式建筑职称研究等人才培养工作。参与本书第 9 章的编写工作。

前　言

近年来，我国深入贯彻落实新发展理念，推动建筑业转型升级，促进建筑业高质量发展，在此背景下，新型建筑工业化取得了长足发展，相关产业也逐渐完善。其中，装配式混凝土建筑在建设行业全面推广，各方对此的认识也越来越深入。传统现浇建造模式的发展已有数十年，且渐趋固化，使得设计行业与生产制造、施工行业之间"泾渭分明"，参数化设计软件以及大量标准图集的出现在减轻设计人员工作负荷的同时，也弱化了设计师的技术能力。然而，装配式建筑的设计与构件生产、施工之间的关联度很高，对设计师的工程经验要求也很高，这样的矛盾在装配式建筑项目中尤为突出。

我国的新型建筑工业化处在起步之初的快速发展阶段，国外几十年走过的装配式技术发展之路我们不可能一蹴而就。装配式项目在建设过程中出现各种各样问题的深层次原因是专业技术人才的缺乏，其中最重要的是对技术细节的把握，这需要设计人员沉下心来研究和积累。装配式建筑的设计师应当具备较为宽泛的跨专业知识，不仅对建筑、结构、水暖电等常规设计专业有一定掌握，对生产制造、材料属性、施工技术、项目管理等都有涉及并了解，而这样的经历与经验除了在工作中积累，还需要进行系统性的学习与提升。

本书包括的专业领域较为广泛，按章节划分各个专业，每个专业的内容始终聚焦装配式建筑，涵盖设计、生产、施工全过程。从全面普及了解，到深入重点掌握，引用了大量图片，对装配式建筑设计从业人员来说，是一本专业性较强且非常实用的参考书籍。同时，本书也可作为各院校设立装配式建筑相关课程的教学参考用书。若为基础型理论课，可摘选各章内容。若为技能型实践课，可重点参考第7章和第8章内容。

笔者从事装配式建筑技术工作较早，早年参与了日本建设公司委托的很多设计项目，后来随着装配式建筑逐渐发展，开始介入国内设计项目。2007年的上海万科新里程是国内早期典型装配式商品住宅，从参与这个项目开始，已陆续主持数百项装配式工程专项设计，工作内容也从设计向施工、研发、培训、管理等多方面发展。在本书写作之初，笔者就希望能尽绵薄之力，将自己积累的经验进行总结，为行业提供一份有价值的参考资料，由于涉及专业面广，需更多志同道合的专业人士共同参与，因此力邀行业十多位实力资深专家加盟。本书邀请的作者团队阵容强大，作者简介中的寥寥数语难以表其百一，虽然他们专业不同，但均有着非常丰富的装配式建筑相关工作经验，都把各自所学所知融会在本书中，笔者通过校审和修改他们的书稿也获益颇丰。同时，校审和统稿的过程也是一个思想碰撞、争论，最终完美融合的过程，感觉痛并快乐着！

这本书集众所长，希望能让设计师全面理清和加深对装配式建筑的认识，从实际应用角度出发，深入了解产业链的关联性，提高一体化设计能力。技术的发展与进步是无边界的，本书能提供的知识养分也是一时的，书中有未涵盖或不妥之处，诚挚欢迎读者指正，携手共同努力，让装配式建筑行业发展得更持久、更平稳！

目　　录

第1章

装配式混凝土建筑概述

1.1 装配式建筑在国内外发展情况

1.1.1 装配式建筑在国外发展历史

最早的装配式建筑应该追溯到 17 世纪向美洲移民时期所用的木构架拼装房屋，最早的装配式公寓的想法和实现过程则由英国利物浦的工程师约翰·亚历山大·布罗迪在 20 世纪初提出，然而布罗迪的想法并没有在英国被广泛接受，反而在东欧流行起来。

纵观建筑工业化的发展历史，特别是工业化住宅的发展，工业革命是重要的契机和推动力，技术的进步带来现代建筑材料和技术的发展。1850 年前后，第一次工业革命基本完成，英国成为世界上第一个工业国家。大英帝国处于鼎盛时期，英国女王邀请世界各国参加大英帝国举办的第一届世界博览会。

约瑟夫·帕科斯顿仰仗现代工业技术提供的经济性、精确性和快速性，第一次完全采用单元部件的连续生产方式，通过装配式结构的手法来建造大型空间，设计和建造了伦敦世界博览会会场水晶宫（图 1-1）。水晶宫经历了从设计构思、制作、运输到最后建造和拆除的全过程，是一个完整的预制建造系统工程，是世界上第一座大型装配式公共建筑。

根据全球建筑工业化发展的内因和表现，其大致可分为以下 4 个发展阶段：

1. 建筑工业化 1.0 时代：工厂化、机械化（20 世纪初～20 世纪中期）

随着第二次工业革命的兴起和第一次世界大战的结束，欧洲各国经济复苏，技术的进步带来现代建筑材料和技术发展的同时，城市发展带来大批农民向城市集中，大量人口涌入城市，需要在短时间内建造大量住宅、办公楼、工厂等，为建筑工业化创造奠定了基础。

欧洲大陆建筑普遍受到战争的影响，遭受重创，无法提供正常的居住条件，且劳动力资源短缺，此时急需一种建设速度快且劳动力占用较少的新建造方式，才能满足短时间内各国对住宅的需求。于是装配式混凝土建筑萌生于此，并快速进入了欧洲各国的住宅领域。

此时，法国的现代建筑大师勒·柯布西耶便开始构想房子也能够像汽车底盘一样工厂化成批生产（图 1-2）。他的著作《走向新建筑》奠定了工业化住宅、居住机器等最前沿建筑理论的基础。此间为促进国际建筑产品交流合作，建筑标准化工作也得到很大发展。

1

图 1-1　第一座装配式大型公建——伦敦水晶宫

图 1-2　1952 年柯布西耶以工厂化
为基础的居住单元系列

面对第二次世界大战后城市规模爆炸式扩张、人口迅速增长、住房严重短缺的现象，1954 年，苏联政府在五年计划中提出，在最短的时间内以最低的成本改善城市居民的居住条件。雄心勃勃的苏联领导人赫鲁晓夫命令建筑师开发一种可迅速复制的建筑模板，使其成为"全世界的典范"。这种楼广泛采用组合式钢筋混凝土部件与结构，预制件都是在工厂里流水线生产好的标准件，成本低廉，然后采用统一的工业化建造，所有楼房统一规格，如同复制粘贴一样，统一五层。"赫鲁晓夫楼"奠定了早期预制装配式建筑规模化基础。

2. 建筑工业化 2.0 时代：标准化、模块化（20 世纪中期～20 世纪末）

20 世纪 50 年代后，随着西方各国及日本战后经济的迅速崛起，第三次工业革命（科技革命）开始兴起，为装配式建筑的发展提供了良好的经济和技术条件，装配式建筑的标准化和模块化理念开始形成，装配式建筑的发展具备了良好的市场化基础，技术体系逐步完善，建造手段不断创新，装配式建筑迎来了高速发展期。虽然装配式建筑体系趋于完善，但大部分设计和建造都比较粗糙，而著名建筑马赛公寓、蒙特利尔 67 号住宅成为这一时期技术与艺术结合的例子。

1950 年以后，日本经历了第二次世界大战后的经济复兴期并随后进入高速增长期。大量人口涌入城市，住宅的短缺日益成为大城市严重的社会问题。1969 年，日本《推动住宅产业标准化五年计划》被制定出来，日本广泛开展了对材料、设备、制品标准、住宅性能标准、结构材料安全标准等方面的调查研究，加强住宅产品的标准化工作，对房间、建筑部件、设备等尺寸提出了建议。经过几十年的发展，日本住宅生产工业化已经完全可以做到"如同生产汽车一样生产房屋"。

20 世纪 80 年代，法国巴黎东郊大诺瓦西区为大批移民进入建设了大型后现代乌托邦社区，也是采用大板技术。这座以"天空之城"为寓意的后现代主义社区其标志性建筑是一座包含 610 间公寓的钢筋混凝土巨人，这座建筑的外立面采用预制装配式系统，包含大尺寸的预制构件，个性相当鲜明（图 1-3）。

图 1-3　"天空之城"立面上大尺度的预制构件

3. 建筑工业化 3.0 时代：信息化、产业化（20 世纪末～21 世纪初）

2000 年以后，随着信息化时代的到来，AutoCAD 软件、BIM 技术、网络技术和通信技术等在装配式建筑领域得到广泛应用，建筑工业化更加高效、集成、节能，更加个性化，风格化，有效促进了装配式建筑技术体系的完善和管理水平的提升，"通用体系""开放式建筑"和"百年住宅"概念开始形成，装配式建筑的发展具备了产业化条件，装配式建筑产业链在发达国家开始建立和完善。

美国纽约迷你公寓项目，旨在为人口逐年激增的纽约市的年轻人提供买得起的迷你公寓（图 1-4）。项目包括了 55 个预制单元，每个单元的面积为 370 平方英尺（约 34m^2），层高为 10 英尺（约 3m）。这个项目的住宅单元（包括设备、装修）全部在工厂完成，建

图 1-4　纽约迷你公寓在工厂完成的预制单元

造则在现场拼装，极大地降低了建造成本，提高了建设速度以及迷你公寓的居住质量。

4. 建筑工业化 4.0 时代：节能化、智能化（2010 年至今）

随着德国主导的工业 4.0 时代——第四次工业革命的到来，发达国家的人们对生活质量和环境提出了更高要求，装配式建筑的内涵出现了升华，开始向着人本设计、环保建造和智能居住的方向发展，装配式建筑的科技、人本和文化内涵不断增强，建筑工业化进程与工业革命进程同步开启。

伴随着 BIM 技术的成熟，3D 打印等高科技技术手段进入建筑领域，而 4.0 时代将重新界定以设计为主导的地位，建筑设计不在被模数所限制，不仅可以打印小件物品，而且这项技术甚至可以彻底颠覆传统的建筑行业。

2013 年，荷兰建筑事务所 Universe Architecture 以莫比乌斯环为原型，利用 3D 打印技术创造了这座"没有起点也没有终点"的建筑——Landscape House（莫比乌斯环屋，图 1-5）。在带状的房屋里，天花板与地板相互轮换，扭曲的空间给人奇妙的视觉体验。

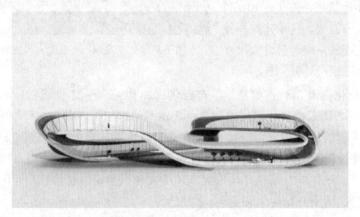

图 1-5　世界上最大的 3D 打印"建筑"——莫比乌斯环屋

1.1.2　装配式建筑在国内发展历史

1. 起步阶段：20 世纪 50 年代

我国的建筑工业化发展始于 20 世纪 50 年代，在"一五"计划中提出借鉴苏联及东欧各国经验，在国内推行标准化、工厂化、机械化的预制构件和装配式建筑（图 1-6）。

2. 持续发展阶段：20 世纪 60 年代至 80 年代初

20 世纪 60~80 年代，多种混凝土装配式建筑体系得到快速发展，预应力混凝土圆孔板、预应力空心板等快速发展。装配式建筑应用大量推广，北京从东欧引入了装配式大板住宅体系，建设面积达 70 万 m^2，至 20 世纪 80 年代末

图 1-6　1959 年北京民族饭店首次采用
预制装配式框架——剪力墙结构

全国已经建成预制构件厂数万家，年产量达 2500 万 m^2（图 1-7）。

3. 低潮阶段：20 世纪 80 年代末开始

1976 年唐山大地震发生后，采用预制板的砖混结构房屋、预制装配式单层工业厂房等在唐山大地震中破坏严重（图 1-8），引发了人们对装配式体系抗震性能的担忧，此后装配式建筑大量减少；大板住宅建筑出现了渗漏、隔声差、保温差等问题。

与此同时，随着我国建筑设计逐步多样化、个性化，各类模板、脚手架普及，商品混凝土普及应用，混凝土现浇结构得到了广泛的推广。

图 1-7　1976 年兴建的北京　　　　　图 1-8　唐山大地震中倒塌的
　　　　前三门住宅区　　　　　　　　　　　采用预制板的学校

4. 新发展阶段：2008 年至今

随着我国建筑科学的持续进步，抗震技术有了长足发展，为装配式建筑的发展打下了基础。与此同时，我国人口红利逐步消失，建筑业农民工数量减少，使得我国劳动力成本大幅提升，实现建筑工业化降低生产成本逐步得到建筑企业重视。

2014 年以来，国家及各地政府均出台了相关文件明确推动建筑工业化，形成了如装配式剪力墙结构、装配式框架结构、装配式钢结构等多种形式的装配式建筑技术，我国装配式建筑行业终于迎来了新的快速发展时期。

2017 年 2 月，《国务院办公厅关于促进建筑业持续健康发展的意见》发布（以下简称《意见》）。《意见》要求坚持标准化设计、工厂化生产、装配化施工、一体化装修、信息化管理、智能化应用，推动建造方式创新。力争用 10 年左右的时间，使装配式建筑占新建建筑面积的比例达到 30%。

2017 年 3 月，住房和城乡建设部印发《"十三五"装配式建筑行动方案》《装配式建筑示范城市管理办法》《装配式建筑产业基地管理办法》三大文件，全面推进装配式建筑发展（图 1-9）。

伴随国家对数字中国、绿色建筑概念的重视不断加深，建筑发展形势也在发生转变，建设城市的概念不单单是追求现代化，而是更加注重绿色、环保、人文、智慧以及宜居性，装配式建筑具有符合绿色施工以及环保高效的特点。因此，全面推进装配式建筑发展成为建筑业的重中之重。

图 1-9　2016 年住房和城乡建设部在上海市召开全国装配式建筑工作现场会

1.2　装配式建筑类型

装配式建筑是新型建筑工业化的代表，在建造过程中采用标准化设计、工厂化生产、装配化施工、一体化装修、信息化管理。按主体结构材料分类，可分为木结构、钢结构、混凝土结构等建筑；按建造施工阶段进行分类，可分为主体结构装配化施工和装饰装修装配化施工。

以混凝土结构的主体结构装配化施工为例，是把建造施工过程中的大量现场作业转移到工厂进行集约化生产，在工厂制作的建筑部品部件，如楼板、墙板、楼梯、阳台等，运输到施工现场，通过可靠的连接方式装配而成。

1.2.1　装配式木结构

现代木结构建筑是指梁、柱、楼盖、屋盖等主要结构构件的材料完全采用装配式、标准化生产的木材或工程木产品制作，构件之间的连接节点采用金属连接件进行连接和固定的建筑。现代木结构建筑有别于我国古代采用榫卯连接的梁柱体系木结构建筑。

目前国内木结构体系工程的应用中，轻型木结构体系的别墅建筑、重型框架-剪力墙体系的会所、办公建筑居多，同时也有少量的具有代表意义的重型拱、网壳类结构体系的建筑、桥梁等。但总体而言，国内木结构体系技术还处于起步阶段，在材料、构件、结构三个层面的相关标准、规范还不完善，尤其是结构体系技术的规范尚缺，还达不到建筑产业现代化的技术要求。

目前，国内主要推荐使用轻型木结构体系以及重型框架-剪力墙结构体系。这两种体系适用于农民自建房屋、村镇集体住宅、别墅民居等不同类型的建筑，可采用当地树种，因地制宜地进行结构材的使用，降低建造成本，同时也利于木结构的推广（图 1-10）。

现代木结构的优点有：安全、舒适、造价合理，而且建造及保养耗能低，对环境影响小，使用可再生性材料建造。同时，原木建筑安装简单快捷，建造过程清洁无污，在远离噪声和污染中施工。

图 1-10 木结构——河南珑府生活体验中心

现代木结构的缺点有：不适宜建造多层、高层建筑，构件防火问题较难解决，需要消耗大量木材。

1.2.2 装配式钢结构

建筑钢结构天然就是符合装配式建筑特点的结构形式。钢结构建筑的结构构件完全是在工厂完成加工，在现场仅进行拼装来完成结构施工。

自 20 世纪 90 年代起，钢结构体系已在国内的房屋建筑中得到广泛应用。其最具代表性的三个方面是：以门式刚架体系为典型结构的工业建筑和仓储建筑；采用各种空间结构体系作为屋盖结构的铁路站房、机场航站楼、公路交通枢纽及收费站、体育场馆、剧场、影院、音乐厅和会展设施；以外围钢框架-混凝土核心筒或钢板剪力墙等组成的高层、超高层结构体系。

在建筑钢结构体系的推广应用中，适用于住宅建筑的钢结构体系相比公共建筑仍有差距，是钢结构体系推广应用的薄弱环节。首先，住宅建筑的功能要求仍能让传统建筑结构材料发挥其优势；其次，人们对钢结构建筑的认识观念有待更新，仍有人把彩钢房与轻钢住宅画等号；第三，工程界尚未充分挖掘与钢结构体系相关的工业化建筑整体技术优势，因此应大力发展钢结构配套产业（图 1-11）。

钢结构的优点有：强度高、自重轻、抗震性能好、施工速度快、结构构件尺寸小、工业化程度高，同时钢结构又是可重复利用的绿色环保材料。

钢结构的缺点有：存在耐火和防腐蚀方面的问题。

1.2.3 装配式混凝土结构

装配式混凝土结构是由预制混凝土构件通过现浇连接、螺栓连接、套筒灌浆连接等多种可靠连接形式而形成整体的结构。

装配式混凝土结构的特点有：预制构件表面平整、尺寸准确，建筑物的质量明显提高；施工快捷，减少现浇混凝土作业；建造过程中减少噪声、扬尘，对周围的环境影响小。

图 1-11　钢结构——海南柏斯观海台壹号住宅

　　装配式混凝土结构分为三类：装配整体式框架结构、装配整体式剪力墙结构和装配整体式框架-剪力墙结构。

　　装配整体式框架结构主要应用于空间要求较大的建筑，如商店、学校、医院等，其预制构件种类较少、标准化程度高（图 1-12）。

　　装配整体式剪力墙结构是高层住宅建筑中常见的结构体系，建筑物室内无凸出于墙面的梁、柱等结构构件，室内空间规整。但预制构件种类较多，标准化程度较低（图 1-13）。

图 1-12　装配整体式框架结构——浦东　　　图 1-13　装配整体式剪力墙结构——浦东
　　新区第二中心小学申江校区　　　　　　　　　新区川沙新市镇 C08-18 安置房

　　装配整体式框架-现浇剪力墙结构是高层办公、酒店类建筑中常见的结构体系。框架结构中布置一定数量的剪力墙，构成灵活自由的使用空间，满足不同建筑功能的要求。同时又有足够的剪力墙，有相当大的侧向刚度。预制构件类型主要为柱、梁、板，剪力墙为现浇。

1.3　装配式建筑设计流程

　　装配式建筑的设计过程有别于传统设计。由于预制构件的制作运输、安装精度、一体化设计等，需相关专业及供应商提前介入，且相互提资要求更细致、准确，所有参与专业应充分联动，效率与效益同等重要。一般装配式建筑设计流程及参与方介入阶段如图 1-14 所示。

图 1-14　装配式建筑设计流程

1.4　设计各阶段需考虑的要素

装配式建筑设计，除传统设计表达内容外，还需考虑更多的要素。从最初的方案设计阶段到最后的构件加工图深化阶段，都应始终紧扣装配式建筑自有的特点及政策有关要求。例如，规范或标准的限制、目前构件厂生产工艺水平、道路运输要求、实际的施工方法及施工水平、构件的标准性及拆分方式等。同时，项目的所有参与方应协同设计、充分联动，全过程采用 BIM 技术。

1.4.1　方案设计阶段

装配式建筑设计初期，设计人员应熟悉本地块对装配式建筑具体要求，在充分了解甲方的需求基础上，确定项目定位、建筑立面风格、建筑面积、建筑平面布局等，从而设计出合理的建筑方案。提高预制构件的标准化程度，降低预制件制作难度及成本，达到经济性与合理性的统一。具体要考虑的要素如下：

（1）建筑高度的选取，应考虑现行规范的限制。

（2）通过综合经济分析，选择合适的装配式结构体系。

（3）选用建筑的外立面风格、造型、质感时，应考虑后期实现的可行性及对造价的影响。

（4）建筑方案应与将实施的装配内容相适应，如外墙板分缝处理、内装板材尺寸对建筑平面的需求等。

（5）选取建筑结构形式及预制构件种类，应考虑规范的限制。

（6）方案的立面及平面设计上应遵循少规格、多组合。

（7）对一些关键节点及造型应做初步的 BIM 建模。

（8）经济性评估。

1.4.2 初步设计阶段

初步设计是建立在前期方案成果及项目策划目标的基础之上。需要各个专业介入并验证前期建筑方案的落地性及经济指标。

装配式建筑专项设计要素如下：

1. 建筑专业

应说明预制的范围、构件种类、预制率；平面图、立面图、剖面图应表达预制构件；立面应完整表达预制构件分缝；墙身的典型构造节点。

2. 结构专业

(1) 落实预制率或装配率指标，确定预制构件或部品部件的内容。

(2) 完成预制构件的平、立面的预制构件的拆分与布置。

(3) 确定预制构件关键节点的做法。

(4) 确定墙身、有水房间节点构造做法。

(5) 完成主要的预留、预埋构造详图。

(6) 协同总包、构件厂确认预制构件的外形、重量。

(7) 对预制构件制作、安装特殊的要求。

(8) 对预制构件连接材料、防水材料、保温材料等的要求。

(9) 完成本阶段需要的申报工作，如超限评审、容积率奖励、降预制率等。

3. 机电专业

电气设计概况；电气设备、管线及附件等在预制构件中的敷设方式及处理原则；在预制构件中预留孔洞、沟槽、预埋管线等布置的设计原则。

4. 给水排水专业

给水排水设计概况；管道、管线及附件等在预制构件中的敷设方式及处理原则；在预制构件中预留孔洞、沟槽、预埋管线等布置的设计原则。

5. BIM 专业

进一步深化方案设计阶段的 BIM 模型，做初步的管线综合及构件碰撞检查，统计构件工程量等。

6. 工程投资概算

1.4.3 施工图设计阶段

施工图设计是遵循初步设计的思路和设计成果，把各个专业的要求具体化，使其可实施、可落地。

1. 建筑专业

(1) 设计总说明：应说明装配式建筑实施的范围和部位、面积、指标、预制构件的种类，对一些特殊做法或要求应着重说明。

(2) 设计图纸：平面图中应区分预制构件设计类型；立面图中应清楚表达预制构件分缝；应绘制必要的节点大样。

2. 结构专业

(1) 设计说明：应指出装配式建筑采用的体系，预制构件的范围、种类，实际的预制率或装配率；引用的与装配式建筑有关的标准、图集等；采用的装配结构体系对荷载、结构计算等变化；对连接材料、防水相关说明；对构件编号进行说明；对预制构件的特殊要求。

（2）设计图纸：应含有预制构件布置图、通用节点详图、典型构件深化图、金属件加工图、典型节点详图等。

（3）计算书：应体现针对本装配式结构体系，在设计软件内调整相应的参数并有计算结果；应有针对典型的预制构件、节点、埋件的复核验算；对特殊部位应补充计算。

3. 机电设备专业

（1）设计说明：说明装配式建筑的范围、预制构件的分布；说明预制构件内预留预埋的要求；对预制构件上机电设备专业的孔、洞、槽等部位的要求。

（2）设计图纸：应给出预埋件位置；给出孔、洞、槽、线盒的平面定位及规格尺寸；防雷节点等。

4. 内装要求

应给出内装设计说明；内装机电点位定位，必要的做法详图；预留预埋设计要求等。

5. 项目的投资概算

应根据装配式建筑初步设计思路和设计成果，提出项目建设投资概算，供经济性审查。

6. BIM 专业

应做详细的管线综合及构件钢筋布置及碰撞检查。

1.4.4 深化设计阶段

预制构件深化图是根据已通过送审的施工图及施工图阶段的 BIM 模型基础进行深化，其包括要素如下：

（1）装配式建筑专项设计说明。同施工图设计阶段。

（2）设计图纸应含有预制构件布置图、通用节点详图、所有构件深化图、金属件加工图、所有节点详图等。

（3）应提资准确的内装点位及必要的构造详图，幕墙预埋件布置。

（4）构件厂、总包应对制作及安装过程提出具体要求。

（5）计算书：应对预制构件、预埋件及吊点根据实际工况进行详细的验算和复核。

（6）BIM 应做详细的管线综合、实际钢筋布置及避让检查。

1.4.5 构件制作与安装阶段

主要是配合构件厂及总包单位处理现场错、漏、碰、缺问题。

第2章

建筑专业相关知识

2.1 建筑方案策划

装配式建筑从设计到生产、到使用，是全过程、全系统的概念，要有系统性建造和完整性产品的思路，要从根本上与制造业发生关联，才能真正发挥建筑业中工业化制造的优势。建筑是一个复杂的系统，在系统工程理论下，装配式建筑设计可划分为：主体结构系统、设备及管线系统、建筑围护系统和装饰装修系统。分系统不代表分开设计，装配式建筑设计必须重视整体与集成，坚持系统的设计方法、集成的发展方向。

实践表明，装配式建筑的技术方案与建筑方案同步策划、同步设计才能发挥其最大价值。

2.1.1 装配式建筑设计策划

装配式建筑是指用预制的构件在工地装配而成的建筑。这种建筑的优点是建造速度快，受气候条件制约小，节约劳动力并可提高建筑质量。装配式建筑设计过程中，应对各种限制要求进行环境条件和技术条件的必要性和可行性分析，对限制条件进行定量分析。

1. 预制构件优点

（1）大量的建筑部件，如外墙板、内墙板、叠合板、阳台板、空调板、楼梯、预制梁、预制柱等都由工厂车间生产加工完成，集中式的生产大大降低了工程成本，同时也更利于质量控制。

（2）工厂生产出来的建筑部件运到现场进行组装，减少了模板工程和人工工作量，加快了施工速度，这对于降低工程造价意义重大。

（3）装配式施工将整个建筑由一个项目变成一件产品。构件越标准，生产效率越高，成本就越低。配合工厂的数字化管理，整个装配式建筑的性价比远非传统的建造方式可比。

（4）不同于传统建筑那样必须先做完主体才能进行装饰装修，装配式建筑可以将各预制部件的内外装饰装修部位完成后再进行组装，实现了装饰装修工程与主体工程的同步，减少了建造过程，降低了工程造价。

（5）装配式建筑的建筑材料选择更加灵活，各种节能环保材料（如轻钢、木质板材）的运用，使得装配式建筑更加符合绿色建筑的概念。

2. 预制构件组成的建筑

（1）砌块建筑

砌块建筑是用预制的块状材料砌成墙体的装配式建筑，适于建造 3～5 层建筑。当然，如果提高砌块强度或配置钢筋，还可适当增加层数，但只能做低层建筑。但它生产工艺简单，施工简便，造价较低，还能利用地方材料和工业废料，是小型自建房的首选。

（2）板材建筑

它是由预制的大型内外墙板、楼板和屋面板等板材装配而成，又称大板建筑。它能有效减轻结构重量，提高劳动生产率，扩大建筑的使用面积及防震功能，是装配式建筑的主要类型。

墙板分为承重式墙板和装饰性墙板，承重墙板多为钢筋混凝土板，装饰墙板（如外墙板）多为带有保温层的钢筋混凝土复合板，以及特制的钢木保温复合板等带有外饰面的墙板。各种板材吊装组配完成就能承重，施工速度快，建造价格低。

（3）盒式建筑

它是从板材建筑的基础上发展起来的一种装配式建筑。最大的特点是在构造上将所有的房间单元或小开间厨房、卫生间或楼梯间等做成了承重盒子，再与墙板和楼板等组成整体。这种建筑工厂化的程度更高，现场安装更快，不但能在工厂完成盒子的结构部分，而且内部装修和设备也都能做好，甚至连家具、地毯等也能一概完成，现场吊装、接好管线即可使用。

还有一种活动式住宅的装配式建筑，它的每个住宅单元就像是一辆大型的拖车，只要用特殊的汽车把它拉到现场，再由起重机吊装到地板垫块上和预埋好的水道、电源、电话系统等相接，就能使用。而且内部有暖气、浴室、厨房、餐厅、卧室等设施，它既能独立成为一间住宅，也能互相连接成为整体住宅。

（4）骨架板材建筑

它由预制的骨架和板材组成。其承重结构一般有两种形式，一种是由柱、梁组成承重框架，再搁置楼板和非承重的内外墙板的框架结构体系；另一种是柱子和楼板组成承重的板柱结构体系，内外墙板则是非承重构件。承重框架可为重型的钢筋混凝土结构或重钢结构，自重轻，内部分隔灵活，适用于多层和高层的建筑。

3. 环境条件

（1）抗震设防烈度

目前，在抗震设防烈度 9 度地区，尚没有规范支持装配式剪力墙建筑设计。

（2）构件工厂与工地的距离

由于装配式构件外形较大，运输成本较高，据目前实施项目来看，当运输距离在 100km 以内时，构件运费约为构件价格的 4%～7%；当运输距离达到 200km 时，构件运费约为构件价格的 7%～12%。因此，建议工程附近 200km 范围内有构件生产工厂。

（3）道路及运输

由于装配式构件所需要的运输车辆较大，造成车重、车宽、车高及转弯半径均较大，需考虑市政道路的宽度是否满足大型车辆的运行要求，途中是否有限重、限高桥梁，限高隧洞等因素。

（4）构件工厂的生产条件

预制构件生产工厂的生产条件，如起重能力、固定或移动台模所能生产的最大构件尺寸，是装配式预制构件的限制条件。

4. 技术条件

（1）高度限制

根据现行国家标准，装配式剪力墙住宅建筑的高度有一定限制。《装配式混凝土结构技术规程》（JGJ 1—2014）中的规定见表2-1。

装配整体式结构房屋的最大适用高度（m）　　　　　　　　　　　　表 2-1

结构类型	非抗震设计	抗震设防烈度			
		6度	7度	8度(0.2g)	8度(0.3g)
装配整体式框架结构	70	60	50	40	30
装配整体式框架-现浇剪力墙结构	150	130	120	100	80
装配整体式剪力墙结构	140(130)	130(120)	110(100)	90(80)	70(60)
装配整体式部分框支剪力墙结构	120(110)	110(100)	90(80)	70(60)	40(30)

注：房屋高度指室外地面到主要屋面的高度，不包括局部凸出屋顶的部分。

（2）形体限制

装配式剪力墙住宅建筑不宜形体复杂，不规则的建筑会有各种非标准构件，且在地震作用下内力分布较为复杂。为此，在住宅形体选择时，应选用造型简洁，体型系数小的建筑形态。装配式建筑高宽比应符合规范要求，《装配式混凝土结构技术规程》（JGJ 1—2014）中的规定见表2-2。

高层装配整体式结构适用的最大高宽比　　　　　　　　　　　　表 2-2

结构类型	非抗震设计	抗震设防烈度	
		6度、7度	8度
装配整体式框架结构	5	4	3
装配整体式框架-现浇剪力墙结构	6	6	5
装配整体式剪力墙结构	6	6	5

（3）立面造型限制

建筑立面造型不规则且变化较多，会对构件制作造成一定的影响：

① 构件制作的模具成本大大提高。

② 构件脱模时操作很难，易破损。

5. 成本约束

预制构件的模具成本是重点考虑因素之一，多层住宅或者小区规模较小，由于一套模具的周转次数少会大幅度增加成本。对于高层住宅或者规模较大的工程，构件相对重复率较高，所以模具的周转次数相应增加，成本随之大幅下降。因此，标准化构件是装配式建筑的发展方向。

装配式建筑设计须满足建筑功能和性能的要求，且宜选用结构规整、大空间的平面布局，遵循标准化设计、模数化协调、工厂化制作、专业化施工的指导原则。标准化程度较高的建筑平面与空间设计宜在模数化协调的基础上以建筑单元或套型等为单位进行设计，平面凸凹变化不宜过多，应控制建筑的体型系数。合理布置承重墙、柱等承重构件。设备管线的布置应集中紧凑，竖向管线等宜集中设置在共用空间部位。建筑平面尽量规整，确保产品尺寸规格的标准化、模数化，有利于控制成本。

2.1.2 标准模块的设计理念

1. 标准模块

建筑的标准模块设计，是从建筑设计角度出发，通过模块化设计解决建筑产品的工业化生产、批量化建造的方法体系。利用这种方法体系可以有效避免设计、施工、维护更新和材料回收整个过程缺乏信息反馈和交流的缺点。将模块作为联系用户、设计师和生产厂家的载体，可以更好地推动整个工业化建筑的设计和管理水平的进展。同时，模块化的设计方法在设计初期就考虑了各个模块的配置、维修和更新的问题，大大提高了建筑全生命周期的长效性。

模块化是解决一个复杂问题时自顶向下逐层把系统划分成若干模块的过程，有多种属性，分别反映其内部特性。模块化用来分割、组织和打包软件，每个模块完成一个特有的子功能，所有的模块按照某种方法组装起来，成为一个整体，完成整个系统所要求的功能。模块具有以下基本属性：接口、功能、逻辑、状态，功能、状态与接口反映模块的外部特性，逻辑反映它的内部特性。在系统结构中，模块是可组合、分解和更换的单元，模块化是一种可以处理复杂系统使其分解成为更好的可管理模块的方式。它可以通过在不同组件设定不同的功能，把一个问题分解成多个小的独立、互相作用的组件，来处理复杂、大型的问题。

模块化设计，旨在对承载不同功能的可复制模块，即各种功能模块进行标准化设计以及多样化的组合，利用模数对可复制模块的尺寸进行协调把控。各功能模块根据规范要求、人体尺度及舒适度的要求，以及空间所需设备尺寸等因素综合考虑，选择常用的平面形态及布局形式进行优化设计。不同功能模块之间需要考虑模数和其他结合的要素能够相互匹配，例如，装修部品与设备管线部品，它们之间要存在一定的模数关系和构造关系才能很好地结合。

建立装配式可复制模块的模数体系，通过模数协调，使建筑的设计、部品制造、施工承包、维护管理等各个环节的操作人员按照同一个规则进行协调。按照各个部位对建筑物进行分割，使部品能够在实际应用当中以最优的方式使用。促进各种相关部品间的互换性，保证各个装置包括设备管线、电气连接、家具的整体统一性。

2. 高层住宅中标准模块设计方法的应用

建筑标准模块设计的核心问题是模块的分解及组合，模块的划分主要是按照其承载的不同功能空间进行划分。每种空间模块根据规范要求、人体尺寸及舒适性要求、所需设备的尺寸等综合考虑，选取常用的组合形式，经过优化设计，形成不同面积段、不同布置方式的户型空间。

在设计中，把整个建筑、室内空间和部品部件作为整体，从产品系统设计的角度来考虑模块的划分，把模块设计应用到整个产品生命周期的规划中。根据工业化建筑的特点，把建筑中可重复使用的标准化模块细分到功能模块，即以家具和人体活动为依据的空间模块；功能模块进一步拆分就拆分为部品部件，功能模块进行组合就形成建筑中最适宜装配的部分。

3. 装配式建筑模块体系设计

通过不同递次的水平分解，可以获得不同层级的功能模块。(1)可以把居住单体一次分解结果定义为一级模块，即居室单元模块，对应于相对独立的居室空间；(2)可以把居室空间二次分解结果定义为二级模块，即单位功能模块，对应于相对独立的单位功能空间；(3)把单位功能空间分解结果定义为三级模块，即单一功能模块，对应单一的居住行为；(4)将部品从空间中剥离出来形成四级模块，即部品模块。

以居住建筑为例，新型工业化居住建造模式的技术特征，体现部品化装配技术的合理应用。通过居住建筑模块水平分解与纵向分级，按使用功能自上而下搭建了一个多层级的居住建筑模块化系统。需要说明的是，模块划分既是工作任务划分也是知识领域的划分。住宅设计工作大体可以分为三种类型：建筑设计、产品设计和工程技术，与专业知识领域相对应，并分别由建筑设计师、产品设计师和工程师承担。模块化分解以组合为目的，组合是将各个相对独立的功能模块按设计意图选择性组合成完备的住宅系统的过程，就是集合的过程，也是通过标准块的输入实现多样化输出的过程。系统分解为模块的目的是实现标准件的选择性组合，模块只有形成标准"模块簇群"才能实现标准化组合。

模块化的顶层设计的另一个关键环节是系统规则的设计，所谓系统规则就是制定标准。制定标准的原则，是在确保各模块与系统一体化的同时，保证模块自身的独立性。独立性是形成分散化生产和分散化演进的基础，也是模块化的目的。毋庸置疑，模块标准化的基本内容是模块与总体的关系，包括接口技术和几何尺寸，而几何尺寸是模块化组合的关键技术环节。

再以居住建筑为例，居住建筑的一次分解：把一个居住单体进行分解，可以拆分成标准层部分、屋顶部分和底层部分等。

居住建筑的二次分解：把一个居住单体标准层空间进行分解，可以拆分成居室模块、核心筒模块、交通空间模块、公共空间模块等。

居住建筑的三次分解：以一个典型的居室模块为例，可以按功能将居室模块分为：起居室模块、餐厅模块、卧室模块、厨房模块、卫生间模块、阳台模块、门厅模块、储藏模块、管道井模块等功能模块区域。

居住建筑的四次分解：在此基础上继续分解，就能够将部品（产品）从空间中剥离出来，形成一系列构成居室物质环境的基本元素，即部品模块（图 2-1~图 2-6）。

4. 装配式建筑分级模块设计

模块化技术在装配式建筑中的应用，体现在企业生产结构向适应多品种、小批量生产方式转化，由此产生的模块化技术就是这样一种能适应新产业革命需要，有发展前途的现代标准化文化，它可以满足工业化居住建筑的标准化和多样化的协调关系。我国建筑模块化技术在居住建筑上的应用，最早体现在整体厨房的概念中。许多橱柜制造厂家都使用整体厨房的概念来宣传自己的产品，但是多数只是对橱柜和电器的组合设计。

相对整体厨房来说，整体卫浴"模块化"的程度更高一些。它起源于日本，目前是日本和欧美发展的主要卫浴产品。整体卫浴在我国最初是应用在酒店、医院等公共场所，只有少数的精装修商品房项目尝试过这种形式。整体卫浴产品是一个整体的系统设计，卫浴空间中包含了从界面装修、管线设备、洁具、镜子、挂壁电话以及吹风机和毛巾杆等小配

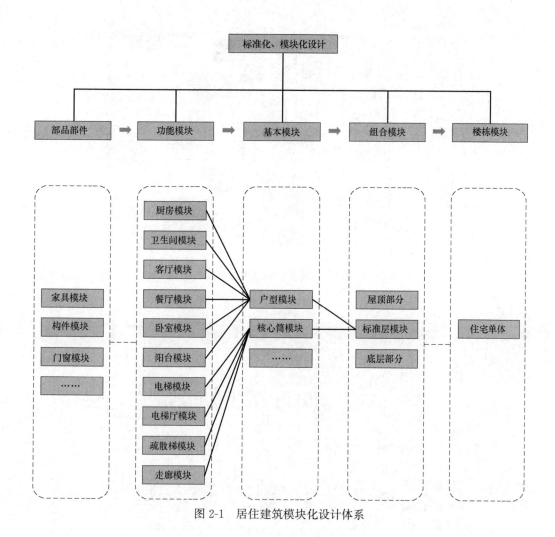

图 2-1　居住建筑模块化设计体系

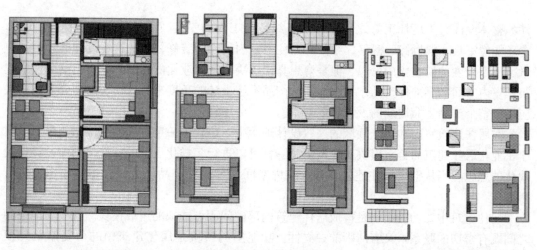

图 2-2　典型两居室　　　图 2-3　居室空间一次分解　　　图 2-4　居室空间二次分解

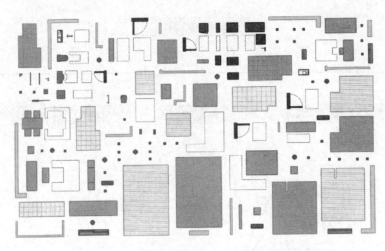

图 2-5　居室空间三次分解

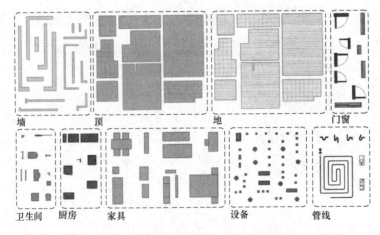

墙　　　顶　　　　地　　　门窗

卫生间　厨房　家具　　　设备　　管线

图 2-6　将居室部品归纳为九大部品体系

件的整体设计。工厂加工好之后进行现场组装，工人的安装"像搭积木样快捷"。同时，它还能像家具一样拆卸、搬移、维修。在住宅室内设计和装修领域的这些设计概念中，包含了一定程度的模数化的思想，但是要想真正解决住宅产业化的问题，就要把整个住宅建筑、室内空间和零部件产品作为整体，从产品系统设计的角度来考虑模块的划分，把模块应用于整个产品生命周期的设计和规划中。

在居住建筑室内和装修领域的这些设计理念中，包含了一定程度的模块化的思想。对于工业化居住建筑而言，模块化设计更是一种可以进行多样化设计的标准化创新设计。模块化的思想应当从整个居住建筑设计、室内空间和零部件产品作为一个整体和系统进行考虑。

居住建筑中的功能模块是构成居住建筑内部空间不可或缺的组成模块。各个功能空间之间既有密切的联系，又有清晰的独立性。功能空间模块是居住建筑中的可复制单元模块，其自身也是由各个不同的构件及部品选择性集合的结果。在设计层面，首先是功能空间的标准化,结合少构件、多组合的原则,将功能空间细分为由家具和使用空间构成的不同功能模块。对各种功能空间中的功能要求、排布原则、部品尺寸等进行研究和总结,形成多种功能空间模块,如厨房模块、卫生间模块、客厅模块、餐厅模块、卧室模块、阳台模块、电梯间模块、楼梯模块、电梯厅模块、走廊模块等,通过统一模数协调尺寸,实现功能空间模块的标准化设计。对这些在功能上具有相对独立的空间模块进行精细化设计,更有利于集约地利用空间,尽量做到科学合理布局,面积紧凑,功能齐全。

在居住建筑设计中,依据前期调研和相关资料整理,确定了住宅室内的户型单元模块,它由卧室、书房、客厅与餐厅、厨房、卫生间、阳台等功能模块构成,其具有一定的相对独立性。空间模块本身具有空间尺寸、使用功能等属性,当居住者的需求变化,或者随着家庭结构的变化,户型模块应考虑其内部功能布局的多样性和模块之间的互换性和通用性。

5. 居住建筑模块化组合

户型模块是由厨房、卫生间、客厅、餐厅、书房、阳台等功能模块组合形成的,户型模块应考虑模块功能布局的多样性以及模块之间的互换性和通用性。选取合适的标准功能模块进行拼合,组合成如户型模块、核心筒模块等基本模块,继而由基本模块组合形成诸如标准层模块等的组合模块(图 2-7~图 2-9)。

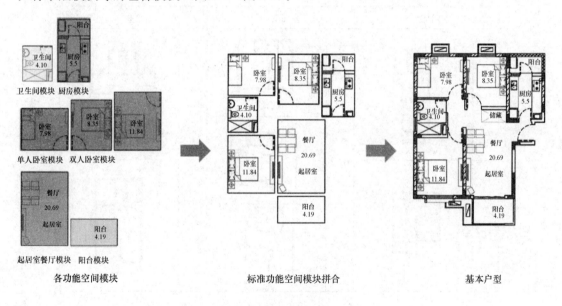

图 2-7　户型模块标准化(m²)

功能模块先组合成户型模块以及核心筒模块,然后户型模块和核心筒模块进行组合,组合成标准层模块,标准层模块再叠加增加门厅、架空区域、屋顶等部分就可以形成一个完整的居住建筑单体。各个功能模块是由标准化、模块化的结构模块、门窗模块、设备模块以及内装模块组合而成(图 2-10)。

模块化设计对于建筑设计而言,旨在以标准化的方式进行一体化设计。在对保障性住房进行设计的过程中要遵循一定的模数网格和模数协调原则,对楼层进行模块层级

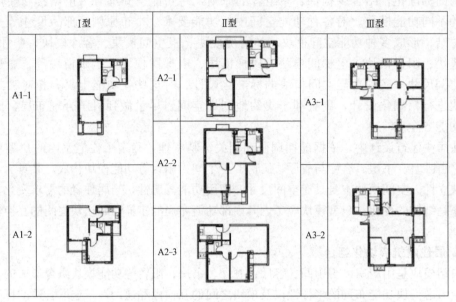

图 2-8　上海市预制装配式保障房 A 系列户型标准模块

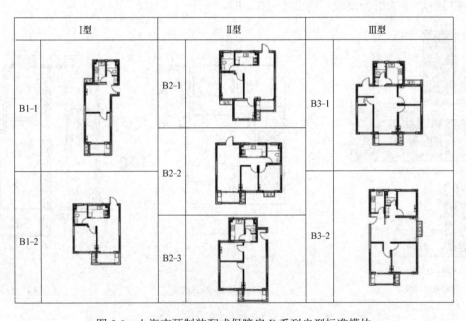

图 2-9　上海市预制装配式保障房 B 系列户型标准模块

划分,从最小的家具模块层级到功能单元模块再到户型模块,以及标准户型模块拼接与核心筒模块的组合形成最终的标准化楼栋单元。对楼栋单元的结构模块、门窗模块、设备模块和装修模块还进行了一体化设计,各个模块相互协调通过层级模块的划分,最终使保障性住房的每个部品都尽量达到标准化规格。形成了标准的设计和构件拆分之后,就可以选用合适的工业化技术进行一体化的施工建造,避免了多次施工造成的资源浪费。

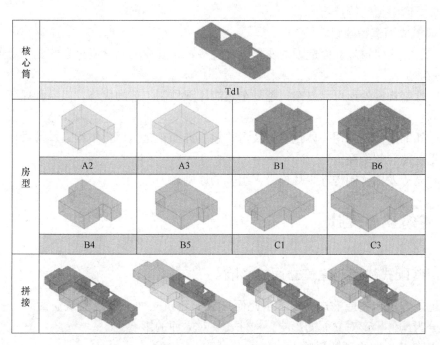

图 2-10　标准化模块组合

2.1.3　装配式建筑方案设计须遵循的原则

建筑方案设计是设计的源头，需始终贯穿装配式技术概念，掌握装配式设计原则，对项目后续进展会起到事半功倍的作用。

1. 提前确定的事项

方案设计阶段应明确落实国家和行业"两应四宜"的要求（应全装修、应集成化，宜管线分离、宜同层排水、宜大跨度、宜开间尺寸统一），提升建筑功能与品质。设计方应与建设方共同商讨确定：

（1）室内装修风格与主要装饰材料、施工工艺。

（2）室内设施部品部件，如分户地暖、家庭中央空调、新风系统、智能家居控制系统等。

（3）是否实现管线分离，管线分离便于使用期间的功能改造，但相比管线暗埋的做法可能会对层高略有影响。

（4）是否实行同层排水，同层排水会有效改善排水噪声和维修便利性。

2. 建筑平面布置建议

（1）单元户型组合而成的楼型种类应尽量归并。装配式建筑平面并非仅强调户型的一致性，而是更注重楼型的统一。

（2）楼栋平面布置宜规整，可使预制构件形状简单。

（3）柱网间距及开间尺寸宜统一，可提高构件通用性。

（4）附属配套空间的规格应模块化，如预制空调板等。

（5）优先考虑内部大跨度空间布置，不但有利于未来建筑功能的改造，也有利于发挥预制楼板厚度增加的特点。

3. 建筑立面造型建议

（1）装配式建筑外立面造型的变化不宜过多，无规律的变化或过多的变化会导致建造成本大幅增加。

（2）预制构件外形可以复杂，越复杂越能体现预制工艺的优势，但要有规律、可重复使用。

（3）外饰面优先采用一体化反打技术，集成饰面正是工厂化集约式、批量化生产的优势，质量可控、效率高。

（4）充分发挥预制构件少规格、多组合的原则。

2.2　建筑立面设计

2.2.1　装配式建造对建筑立面的影响

装配式建筑的建造模式决定了由此而形成的建筑立面和传统建筑立面有着一定的区别，可分为构件生产对立面的影响、构件安装对立面的影响。

1. 构件生产对立面的影响

装配式建筑外墙构件主要生产方式可分为固定台模生产和移动台模生产两种。制作构件需要先制作模具，目前大多为钢模。由于钢材相对传统的木模较难制作出复杂的形状，堆放和运输过程也需要构件表面较为平整，所以混凝土预制构件外形一般较为规整，由构件组合成的外立面也不宜有线脚等凸出构件表面的物体（图 2-11）。

图 2-11　生产预制构件的模台

2. 构件安装对立面的影响

预制外墙装配化施工的特点使得构件之间会产生明显可见的接缝，为吸收构件生产和施工安装的偏差，一般拼缝设计宽度为 20mm。在装配式建筑立面上会有横向和纵向的接缝，横向接缝按楼层层高分布，通常设置在楼层标高附近；纵向接缝的间距根据柱网开间和构件生产工艺决定。建筑设计师在前期进行方案创作时需充分考虑这个特点，接缝是装配式建筑所特有的、客观存在的。有些建筑设计师不希望立面上有可见接缝，于是通过铺贴网格布等工艺把接缝遮盖，反而引起接槎不平、涂料表皮脱落等情况。

应当把预制外墙的接缝作为立面元素之一，与立面其他表现元素充分结合，统筹考虑。还可通过调整接缝打胶的色彩，既可以与立面基色形成反差，也可以与立面基色尽量一致。总之，建议接缝应当明露，更有利于后期发生接缝漏水时的维修（图 2-12）。

图 2-12　预制外墙接缝对立面的影响

2.2.2　装配式建筑立面设计方法

建筑的外表皮是体现建筑特征，表达建筑设计理念的媒介。传统建造方式下的表皮设计自由度相对较高，可以在不同维度完成对建筑的表现，尤其是后现代结构主义盛行的今天，丰富和造型感十足的立面给人们带来强烈的视觉冲击。然而，这种传统建造方式下的工期长、成本高、资源浪费严重的缺点又不可忽视，不符合建设资源节约型、环境友好型社会的趋势。

装配式建筑的外表皮构件具有标准化、集成化和通用性的特点，这对于减少现场施工材料的浪费，提升建筑品质，缩减施工工期，有效地降低综合成本有积极意义。

装配式建筑的外表皮设计可在标准化模块化的基础上协调工业化外表皮的设计，从而丰富立面效果，实现立面设计多样化。建筑外表皮的表现手法在标准化的基础上考虑易实现的灵活可变的元素，创造丰富的立面形式。可以从建筑的色彩、韵律、构成和细部等方面丰富装配式建筑外表皮的立面表达。

1. 色彩

建筑的色彩可以烘托形象、传递情感，建筑表皮的色彩可表达整体的建筑形象。此外，合理运用色彩还可以使人感受到不断有新发现的乐趣。制造有色的建筑外表皮构件是较为容易实现的，而且相对于传统建筑上色方式，预制构件表现出了更佳的完成度和品质。

芝加哥玫瑰庄园（图 2-13）中所有公寓均采用了预制混凝土墙体，缤纷的色彩使公寓住所看起来十分温馨且一片生机，外观色彩纷呈，仿佛置身于童话般的梦境中。

图 2-13　芝加哥玫瑰庄园

拉筹伯大学的分子科学研究所（图 2-14）外墙体色彩绚丽且形如蜂窝，既喻指了建筑的主要功能是进行分子研究，也表达了自由和创新的研究精神。建筑外立面类分子式的六边形预制混凝土墙板构成的窗框错落有致、色彩艳丽，彰显出建筑的特点，同时具有较高的辨识度。

图 2-14　分子科学研究所

2. 韵律

重复性和韵律感是建筑在构图时经常采用的表现手法，通过重复或连续运用一种或一组元素使建筑呈现出韵律感。工业化建筑的预制构件具有标准化量产的特点，这点对于营造有韵律的立面效果有着先天的优势。

位于美国夏威夷的 IBM 公司大楼（图 2-15）是火奴鲁鲁杰出的现代化建筑之一，原建于 1962 年，共有六层。大楼外立面由预制混凝土格栅覆盖，确切的说是由多个预制混凝土节段拼接而成。这些格栅排列紧凑，蜿蜒而下，韵律感十足，同时各个阶段衔接的天衣无缝，丝毫不见裂纹，可见预制件制作的精细、准确。

利物浦百货大楼（图 2-16）位于热带地区墨西哥塔巴斯科，日晒强烈，湿度低。为使该建筑呈现与众不同的形象，在加快立面生产、装配、安装的同时，其外立面采用的预制构件形如螺旋桨，每个螺旋桨绕轴旋转 180°，高度在 16～20m 进行变化，立面表达充满律动的感觉。

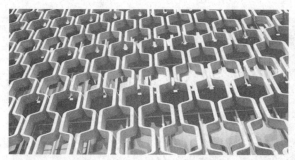

图 2-15　美国夏威夷 IBM 公司

图 2-16　利物浦百货大楼（一）

图 2-16　利物浦百货大楼（二）

3. 构成

建筑的构成和表现形式是事物抽象出来后规律性的表现方式，将自然界中优美的元素提取、夸张、规律性的重复构成建筑外表皮的不同组合方式，从而实现丰富多样的表皮效果，构成形式有点、线、面及体块和动态变化构成等诸多表现手法。

例如，位于澳大利亚布里斯班袋鼠角的斯科特街公寓（图 2-17），从建筑底部仰视整个建筑，视线会顺着看似纷乱的折线向上延伸，使整个建筑更为挺拔雄峻，直入云霄。

图 2-17　斯科特街公寓

4. 细部

建筑的细部能够使建筑更为细腻，可以使建筑呈现出其表面材料的质感、触感、视感等不同感官下的物质感知属性的差异，这些感知通过表皮的各种细部构造、平面组合和排序方式及进退关系来表达。而且，建筑外表皮在工业化预制的基础上，这些既有表现力又具备实用功能的做法可以更好地实现。

南泰尔公寓楼（图 2-18）位于法国南泰尔，设计师根据大楼不同的朝向设计了颜色不同的建筑外立面。南立面设计有 6～10m 的彩色露台，随机布置，为建筑带来活力，也代表了公寓中个体生活的多样性。东、西立面和北立面由预制混凝土墙板搭建，形成清亮的珠光效果，承重剪力墙由银色混凝土制成，巧妙地与南立面形成对比。

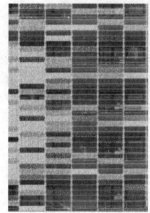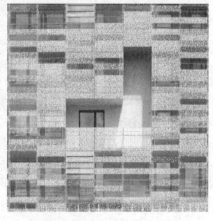

图 2-18 南泰尔公寓楼

2.2.3 预制外墙装饰围护一体化

预制混凝土构件生产可实现外墙装饰一体化，有反打饰面技术及装饰混凝土技术两种。

1. 反打饰面技术

面砖、石材反打工艺，就是将建筑外墙用饰面材料在构件生产时与混凝土形成一体的建筑预制构件，位置精准，表面规整，附着牢固（图 2-19）。

饰面反打工艺是较为成熟的技术，饰面石材以花岗石居多，也有砂岩材和大理石、石灰石等。但无论何种石材，都需要注意避免那些潜在的裂纹，多年风化、易受冻害以及容易出锈斑的石材原料。石材板厚一般为 30mm，也可以为 25mm，但要注意火烧板时的翘曲变形，背面锚孔作业时容易打穿或变色，以及搬运石材时断裂等问题（图 2-20）。

图 2-19　饰面反打效果

图 2-20　石材原料

2. 装饰混凝土一体化技术

混凝土是最常见的建筑材料，把混凝土素面结合光影等自然素材除了显示出素雅的格调外，还能通过缓凝转印的工艺表现出纹样肌理丰富多彩的格调，淋漓尽致地展现装饰混凝土的鲜明个性（图2-21）。

图2-21　装饰混凝土效果

装饰混凝土的工艺是利用混凝土表面缓凝剂的作用，使图案部分迟于周边凝结，脱模后用水冲掉未凝结的水泥，露出装饰骨架材料，从而产生对比效果（图2-22）。

(1) 清理钢模表面尘垢，将转印膜置于清理后的钢模上

(2) 将有图文的一面朝上铺开转印膜，并排除气泡

(3) 布料机布料

(4) 找平

图2-22　装饰混凝土工艺

2.3 建筑性能设计

建筑性能是实现其特定功能所具备的性能。建筑性能通常包含保温隔热性能、防水防渗性能、防火性能、隔声与隔振性能等基本性能要求，不同使用功能的建筑对建筑性能的要求各不相同。

建筑性能设计与分析是以围合使用空间的六个面（墙面＋地面＋顶面）为评价对象，以建筑外围护（外墙）最具代表性。

2.3.1 装配式建筑保温性能设计

装配式建筑保温性能与建筑外围护热工性能直接相关，提高建筑外围护热工性能是减少建筑能耗、提高能源利用率的重要技术措施。

常规建筑外围护材料不能满足当前节能要求，建筑保温性能设计通常选用保温材料与建筑外围护集成的方式满足外围护热工性能。常用的保温材料可分为无机保温材料和有机保温材料两类。

无机保温材料具有 A 级不燃，极佳的温度稳定性和化学稳定性。材质可分为：玻化微珠、膨胀珍珠岩、闭孔珍珠岩、岩棉、玻璃棉和发泡混凝土等。

有机保温材料具有质量轻、易加工、保温隔热效果好等特点，但单一材料难以达到 A 级防火要求。

选择合适的保温材料和保温构造形式是建筑保温性能设计的重要内容。在此基础上采用工厂化生产的集成饰面、保温、结构一体化预制墙体，可显著提高围护结构的工程质量，减少现场作业量。

1. 常用外墙保温形式

外墙保温是指采用粘结、机械锚固、粘贴＋机械锚固、喷涂、浇注等固定方式，把保温隔热效果较好的材料与建筑物墙体固定一体，增加墙体的平均热阻值，从而达到保温或隔热效果的一种工程做法。

按外墙保温材料所处位置的不同，分为外墙外保温、外墙内保温和外墙夹芯保温三种。

（1）外墙外保温系统

根据现行行业标准《外墙外保温工程技术标准》（JGJ 144）中的定义，外保温是由保温层、防护层和固定材料构成，并固定在外墙外表面的非承重保温构造的总称。按保温材料与建筑外墙外表面的连接方式可分为：保温板后铺贴粘结型、保温板与结构一体现浇型、保温板挂件锚固型和保温喷涂型。

当前常见做法是保温板后铺贴粘结型，主要由基层（钢筋混凝土墙体）、粘结层（粘结砂浆）、保温层、抹面层（耐碱网格布＋抹面胶浆＋锚栓）、饰面层组成，称作薄抹灰系统。

薄抹灰系统受现场施工操作人员个体因素影响较大，若施工不当则引起工程质量事故（铺贴平整度差、饰面层开裂、保温层脱落、外墙面渗水等），产生社会问题，已逐渐被各地禁用。以工厂化生产、干作业施工为典型特征的保温板挂件锚固型外墙保温构造被越来越多地应用于新建工程。工程项目中常采用装饰保温一体板，装饰保温一体板在工厂中将保温材料（B1级或A级）与无机材料保护层、饰面层复合制作成板状材料，通过配套连接件与基层墙体机械连接，施工效率和工程质量与薄抹灰系统相比均有显著提高（图2-23）。

保温喷涂型外墙外保温可在基层墙体外侧形成整体性较高的保温层，常用喷涂材料有无机纤维、发泡聚氨酯等。这种保温构造除保温层整体性较高、致密性较好外，还具有与基层墙体连接紧密、对异形墙面适应性好等特点，采用机械喷涂施工效率较高。

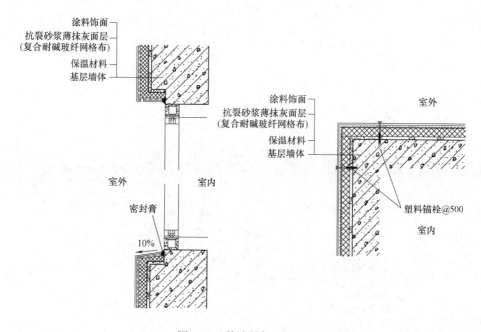

图 2-23　外墙外保温系统

（2）外墙内保温系统

与外墙外保温系统相对的是外墙内保温系统，即将保温层设于外围护结构内侧的保温构造。外墙内保温通常结合内墙面装饰构造实施，分为薄抹灰系统和龙骨系统两类。

①外墙内保温薄抹灰系统，与外墙外保温薄抹灰系统构造基本一致，保温材料可选用A级和B1级保温材料，饰面以涂料为主。当建筑物毛坯交付后，这种保温构造在后续装修过程中易发生由于内保温局部损坏处置不当而导致作业人员将整面墙的保温构造破坏拆除的现象，在量大面广的住宅建筑中较为突出，因此在毛坯交付项目中谨慎采用。

②外墙内保温龙骨系统，是一种与内墙面挂板饰面结合较紧密的保温构造形式，通过将保温材料嵌填于龙骨之间的空腔中实现建筑外墙热工性能的提高，可广泛选用板材类、卷毡类、喷涂类保温材料。这种构造用于精装修交付的项目较多，其技术成熟且工效较高，不足之处是占用室内空间较多，建造成本比薄抹灰系统高（图2-24）。

工程项目中存在薄抹灰系统与龙骨系统混用的案例，若无特殊原因不建议采用。

（3）夹芯保温外墙

1）夹芯保温外墙板的定义。

预制混凝土夹芯保温墙板是由混凝土外叶板、混凝土内叶板及其间高绝热材料叠加形

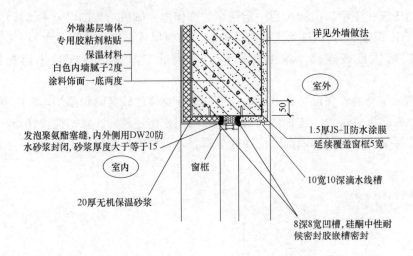

外墙基层墙体
专用胶粘剂粘贴
保温材料
白色内墙腻子2度
涂料饰面一底两度

详见外墙做法

室外

50

发泡聚氨酯塞缝,内外侧用DW20防
水砂浆封闭,砂浆厚度大于等于15

室内

窗框

1.5厚JS-Ⅱ防水涂膜
延续覆盖窗框5宽

10宽10深滴水线槽

20厚无机保温砂浆

8深8宽凹槽,硅酮中性耐
候密封胶嵌槽密封

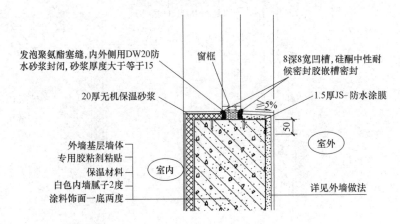

发泡聚氨酯塞缝,内外侧用DW20防
水砂浆封闭,砂浆厚度大于等于15

窗框

8深8宽凹槽,硅酮中性耐
候密封胶嵌槽密封

20厚无机保温砂浆

≥5%

1.5厚JS-防水涂膜

50

室外

外墙基层墙体
专用胶粘剂粘贴
保温材料
白色内墙腻子2度
涂料饰面一底两度

室内

详见外墙做法

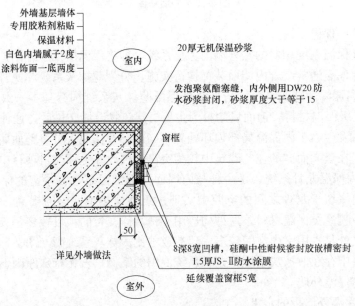

外墙基层墙体
专用胶粘剂粘贴
保温材料
白色内墙腻子2度
涂料饰面一底两度

室内

20厚无机保温砂浆

发泡聚氨酯塞缝,内外侧用DW20防
水砂浆封闭,砂浆厚度大于等于15

窗框

50

详见外墙做法

8深8宽凹槽,硅酮中性耐候密封胶嵌槽密封
1.5厚JS-Ⅱ防水涂膜
延续覆盖窗框5宽

室外

图 2-24 外墙内保温系统（一）

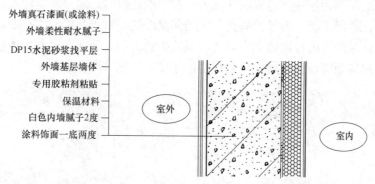

外墙真石漆面(或涂料)
外墙柔性耐水腻子
DP15水泥砂浆找平层
外墙基层墙体
专用胶粘剂粘贴
保温材料
白色内墙腻子2度
涂料饰面一底两度

室外

室内

图 2-24　外墙内保温系统（二）

成，混凝土外叶板与混凝土内叶板通过穿透保温层的拉结件组合形成整体。预制混凝土夹芯保温外墙板集保温、隔热、防水、围护和装饰为一体，是一种综合性能较高的工业化预制新型建筑墙板，在国内装配整体式混凝土建筑中已有较广泛的应用（图 2-25）。

2）夹芯保温外墙板的优点。

① 保温材料选择面较宽：由于绝热材料夹在内、外叶墙板之间，可有效保护保温材料不被破坏，并提高保温系统的燃烧性能等级、抗冻与耐候性能，因此对保温材料选择范围较宽。国内当前普遍选用挤塑聚苯保温板（XPS）作为预制夹芯保温墙板保温材料。

② 适用范围广：既适用于新建工程，又适用于旧建筑的节能改造。既适用于寒冷地区，同样适用于夏热冬暖地区，具有适用范围广的优点。

③ 保护主体结构：室外气温变化引起墙体较大温差主要发生在墙体夹芯保温层与内、外叶板界面处，使得内叶板（主体结构墙）热应力小，温度应力产生的裂缝减少。以上因素有效地避免雨、雪、冻融、干湿循环和紫外线对主体结构的侵蚀，保护效果显著。

图 2-25　夹芯保温外墙板

3）夹芯保温墙板的拉结件。

连接预制混凝土夹芯保温墙板外叶板与内叶板的拉结件分为金属拉结件与非金属拉结件两类。

① 金属拉结件：常用的金属拉结件是不锈钢拉结件。由于钢的导热系数是保温材料的 1500 倍左右，不锈钢连接件可降低 10%～20% 的保温性能，在计算夹芯板的热阻值 R

时，应充分考虑不锈钢连接件造成的热损失，在节能计算时，通过调整保温材料修正系数综合考虑夹芯保温层工况。为了提高夹芯板的保温性能，对于我国北方严寒或寒冷地区的预制外墙，必须采用取消板周边和窗周边的混凝土封边的设计方案，并应通过尽量减少贯通保温材料的抗剪钢筋面积或增加保温材料的厚度来实现（图 2-26）。

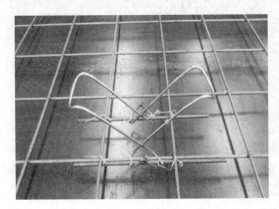

图 2-26　不锈钢拉结件

　　② 非金属拉结件：非金属拉结件应具有较好的耐火、耐高温性能，可明显降低热桥效应。使用时，将拉结件两端插入预制混凝土墙板中锚固达到连接两层混凝土板的作用。由于非金属材料的导热系数小，可大幅度降低两层混凝土板之间连接的热传导，夹芯保温材料厚度可相应减少。作为非金属拉结件的代表，FRP 拉结件在工程项目中有较为广泛的应用（图 2-27）。

图 2-27　非金属拉结件

　　4）几种保温系统优缺点如表 2-3 所示。

保温体系比较　　　　　　　　　　　　　　　　表 2-3

保温系统	简介	优点	缺点
外墙外保温系统	保温材料粘贴或粉刷在建筑外墙外侧	1. 工艺成熟； 2. 对建筑使用影响较小	1. 对保温材料耐火性能要求较高； 2. 保温材料粘贴需要湿作业； 3. 保温系统安装需要外脚手架

续表

保温系统	简介	优点	缺点
外墙内保温系统	保温材料粘贴或粉刷在建筑外墙内侧	1. 质量问题较少; 2. 保温材料防火性能要求较低	1. 存在冷热桥; 2. 影响内部空间使用; 3. 影响机电安装; 4. 二次装修容易损坏
外墙夹芯保温系统	保温材料与预制混凝土构件一体化制作,夹于预制混凝土内外叶板之间	1. 外饰面一次成型; 2. 结构整体性好; 3. 可实现外墙一体化制作,充分发挥装配式建筑优势	1. 增加造价; 2. 对生产要求较高,连接件安装质量影响结构安全性; 3. 外墙容易产生裂缝

2. 以砌体墙为基础的复合自保温砌块

（1）混凝土模卡砌块

混凝土模卡砌块是一种重新设计的新型墙体材料,改变了传统砌块的砌筑工艺,采用榫接、叠砌的组砌方式,砌块孔洞内以保温板（EPS保温板或XPS保温板）填实。混凝土模卡砌块墙体混凝土部分及保温材料部分均形成网状结构,两者相互交错,有利于提高墙体整体刚度,并使墙体综合热工性能满足项目设计要求。

混凝土模卡砌块主要特点:

① 利用工业废料和建筑废弃物作为生产砌块原材料和灌浆材料,有利于环境保护。

② 榫接、叠砌的组砌方式及孔洞灌浆提高普通砌块抗裂抗渗性能。

③ 砌块与保温材料组合,满足当前墙体自保温要求。

（2）烧结淤泥非承重保温砖

烧结淤泥非承重保温砖是指利用江河湖泊淤泥和工农业可利用固体废弃物为主要原料,经制备、焙烧而成的多孔砖。以这种保温砖采用专用轻质砂浆砌筑的填充墙体,称作烧结淤泥非承重保温砖自保温墙体,简称自保温墙体。

按江苏省工程建设标准《烧结淤泥非承重保温砖自保温墙体系统应用技术规程》（DGJ32/TJ 78）,保温砖的主要性能指标如表 2-4 所示。

保温砖的主要性能指标　　　　　　　　　　　　　　　　表 2-4

	项目	指标	试验方法
保温砖	规格尺寸 (mm)	长度 240,200,175,150	GB/T 2542
		宽度 115,95	
		高度 90	
	抗压强度(MPa)	≥5.0	
	干密度(kg/m³)	≤1200,≤1500	
砌体	导热系数[W/(m·K)]	≤0.34,≤0.30	GB/T 13475
	蓄热系数[W/(m²·K)]	5.59,4.79	—

烧结淤泥非承重保温砖主要特点:

① 材料来源广,可将河道疏浚废土、工农业可利用固体废弃物转化为优质建筑材料。

② 常规砌筑工艺,易于推广。

③ 砌块热工性能较好,满足当前墙体自保温要求。

（3）复合自保温砌块

复合自保温砌块是由空心结构的主体砌块、保温层、保护层及连接主体砌块与保护层并贯通保温层的"连接柱销"组成，为确保安全，在连接柱销中设置有加强钢丝。主体砌块有盲孔、通孔、填充三种构造形式。根据不同建筑的具体要求，通过保温层材质、厚度，粗细集料品种、配合比，保温连接柱销的断面构造、个数等可调整参数的相应设置，调整各项技术指标，以符合项目设计要求。

复合自保温砌块主要特点：

① 由混凝土层与保温层通过"连接柱销"形成整体，一次成型。

② 砌块截面形式多样，满足不同项目设计要求。

③ 砌块热工性能较好，满足当前墙体自保温要求。

3. 预制夹芯保温双面叠合墙

预制双面叠合混凝土墙，是由两块预制混凝土墙板通过钢筋桁架、型钢或钢板带等连接成具有中间空腔的构件，现场安装固定后，中间空腔内浇筑混凝土形成的整体受力叠合墙体。

预制夹芯保温叠合混凝土墙技术，是在普通预制双面叠合混凝土墙基础上，采用内侧带有保温层的外叶预制混凝土板、内叶预制混凝土板与中间空腔后浇混凝土共同组成的叠合墙体，其中内叶预制混凝土板与中间空腔后浇混凝土整体受力，外叶预制混凝土板不参与结构受力，仅对保温层起保护作用。

预制夹芯保温叠合混凝土墙主要特点：

① 预制夹芯保温与双面叠合墙技术融合，集成度高。

② 自动化流水线生产，几何尺寸精度高，质量稳定性好。

③ 内叶板与外叶板之间的桁架钢筋等连接件多点位穿透保温层，保温板敷设难度较高且对外墙整体热工性能有不利影响（图 2-28）。

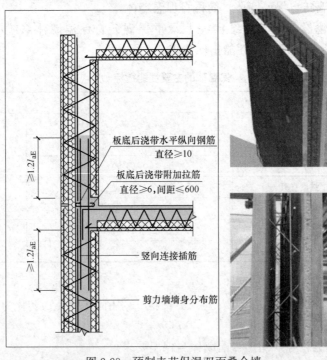

图 2-28 预制夹芯保温双面叠合墙

4. 反打外保温

有部分保温材料生产厂家推出适合采用反打工艺将外墙外保温与预制外墙板结合的新型外墙保温材料，如 HF 硅微粉保温板、SW 硅墨烯保温板等，克服传统保温材料力学性能与热工性能不能兼顾的缺点，探索外墙保温一体化结合的可能性。

这类新型外墙保温材料亦用于现浇混凝土外墙，拓展免拆模板技术的应用范围，推动行业向易建、集成方向进一步发展（图 2-29）。

(a) 预制外墙反打外保温   (b) 现浇外墙一体化外保温

图 2-29　反打外保温

2.3.2　防水防渗性能设计

建筑防水问题是长期困扰建筑行业发展的疑难问题。建筑防水与建筑物所在环境、建造建筑物使用的材料及建造技术、建造工艺息息相关。

在人类生产活动中，防水与排水是相互依存、相互促进的。在漫长的农业文明时期，受建筑材料自身性能限制，"防水"技术发展相对缓慢，人们将"排水"技术发展到较高水平。譬如，我国传统建筑广泛应用的小青瓦屋面就充分体现了以排为主的技术路线，就地取材、便捷施工与低成本维护的综合优势让这一防水技术随汉文化推广至整个东亚地区。

现代建筑以预制装配方式建造并未消除或减少防水问题，预制装配建筑防水设计具有特殊性。装配式建筑由于其工厂化生产、现场拼装的特性，建筑外围护存在大量的拼装接缝，这些拼装接缝较易成为渗水通路。

1. 以系统性方法解决防水问题

装配整体式建筑需要以系统性方法对影响建筑物防水防渗性能的地理位置、气象、风象等场地条件进行分析，根据建筑物不同部位对防水防渗重要性进行分级，有针对性地采取防水防渗技术措施，合理、有效地实现建筑物预定防水防渗性能。

预制装配式建筑防水防渗技术出发点在于排水优先。建筑外围护有一定的概率发生环境水汽突破迎水面防水构造进入外围护墙体内部的不利现象，为避免这部分水汽进一步向室内渗透，需及时将其便捷排至室外（图 2-30）。

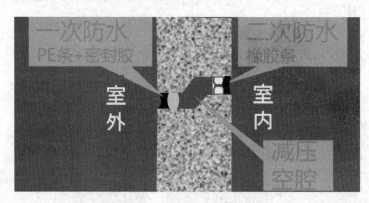

图 2-30 预制外墙防水示意图

2. 装配式建筑的防水设计

目前普遍采用的预制外墙板接缝防水形式，主要有以下几种。

（1）单面叠合墙接缝防水

主要采用外侧打胶、内侧依赖现浇混凝土自防水的形式。这种外墙板接缝防水形式的好处是预制构件的基层较好，有利于打胶防水施工质量。缺点是内侧混凝土浇筑时容易漏浆，导致堵塞打胶空间（图 2-31）。

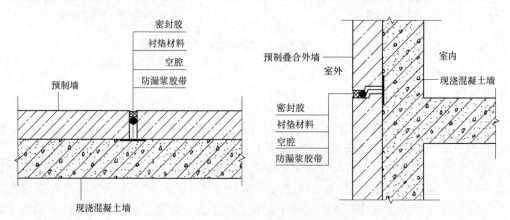

图 2-31 预制单面叠合剪力墙接缝防水

（2）外挂预制墙板接缝防水

这种墙板防水形式主要由构造防水＋材料防水组成，最外侧采用耐候胶，中间为内高外低的减压空腔，内侧使用互相压紧橡胶条起到防水效果。在墙面之间的十字接头处每隔 3 层左右设一处排水管，可有效地将渗入接缝空腔内的雨水引导到室外（图 2-32）。

（3）内嵌式预制墙板接缝防水

这类墙板的水平缝和垂直缝均由水泥基浆料灌实，渗漏水的可能性大大减少。理论上缝隙是密实的，但施工过程中存在较多不确定因素，如浆料收缩产生裂缝、灌浆不密实导

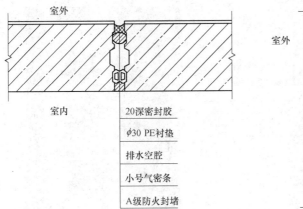

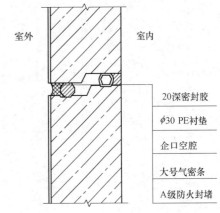

图 2-32　外挂墙板接缝防水

致有空隙、结构徐变产生裂缝等。因此,往往在接缝的外侧采用防水涂料、防水胶带等进行涂抹覆盖,但这些防水材料也存在与基层的粘结性能、材料耐候性、与饰面涂料是否相容等问题。有时内部未填实存在密闭空腔,在夏季容易导致接缝处鼓胀,影响建筑外观(图 2-33)。

3. 防水材料的材料特性与运用

装配式预制外墙接缝的密封胶是防水第一道防线,其性能直接关系到工程质量。密封胶必须与混凝土具有良好的相容性,较好的变形能力及耐候性,同时需满足现行国家和行业的标准要求。

(1) 粘结性能

对于混凝土材料,普通的密封胶在其表面的粘结性是不易实现的,这是因为混凝土是一种多孔性材料,不利于密封胶的粘结。混凝土本身呈碱性,特别是在基材吸水时,部分碱性物质会迁移到密封胶和混凝土接触的界面,从而影响粘结。预制墙板在生产时为了脱

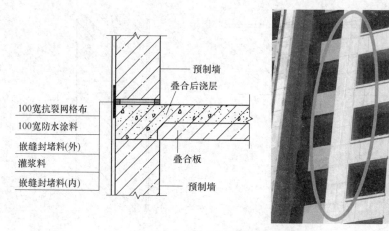

预制墙
叠合后浇层
100宽抗裂网格布
100宽防水涂料
嵌缝封堵料(外)
灌浆料
嵌缝封堵料(内)
叠合板
预制墙

图 2-33 内嵌式预制墙板接缝防水

模方便会使用隔离剂，而残存隔离剂会影响密封胶的粘结性。

（2）力学性能

由于预制墙板的接缝会因温、湿度变化，建筑物的轻微振动或沉降等原因产生变形及位移，因此所用的密封胶必须具有一定的弹性，能随着接缝的变形而自由伸缩以保持有效粘结，在反复循环变形后仍能保持并恢复原有性能和形状。

参照国家现行标准《混凝土接缝用建筑密封胶》（JC/T 881）和《硅酮和改性硅酮建筑密封胶》（GB/T 14683）对力学性能的要求，对于一般建筑标准要求的 10～35mm 接缝来说，预制墙板接缝用密封胶的位移能力应达到 25 级，弹性恢复率应达到 90% 以上。

（3）耐候性能

密封胶的耐候性主要是指其耐老化性能，包括温湿度变化、紫外光照射和外界作用力等因素对密封胶寿命周期的影响。如果材料选择不当，几年之后密封胶出现开裂造成漏水，影响建筑物的使用。目前，密封胶耐候性能的评估主要通过紫外老化、热老化等试验。可采用现行国家标准《建筑用硅酮结构密封胶》（GB 16776）中的 300h 以上浸水紫外老化试验和 90℃ 的热老化试验。

（4）污染性

硅酮类密封胶中含有的硅油，易游离到由于静电原因而粘附在胶体表面的灰尘上，并且随着降雨、刮风，灰尘会扩散到粘结表面的四周。由于混凝土是多孔材料，极易受污染，导致混凝土板缝的周边会出现黑色带状的污染，并且污染物颜色会随着年限的增加更加明显，密封胶的污染性将严重影响到后期建筑外表面的美观。因此，用于预制装配式建筑混凝土板接缝用密封胶必须具有低污染性。

目前，污染性的测定采用现行国家标准《建筑密封材料试验方法 第 20 部分：污染性的测定》（GB/T 13477.20）中的方法，评价由于密封胶内部物质渗出后在多孔性基材上产生早期污染的可能性，是一种加速试验方法，无法预测试验的密封胶长期使用后使多孔性基材污染、变色的可能性，也无法判断实际应用中因密封胶老化降解、吸收外界的油污及灰尘而造成污染的可能性，但通过测试可以大大降低出现污染的可能性。

（5）阻燃性

为防止和减少建筑火灾危害，接缝密封胶应具备一定的防火阻燃性能，使其在燃烧时少烟无毒、燃烧热值低，减慢火焰传播速度。接缝密封胶的阻燃性能应达到 V0 级要求，测试方法按现行国家标准《建筑用阻燃密封胶》（GB/T 24267）要求进行测定，氧指数按现行国家标准《橡胶燃烧性能的测定》（GB/T 10707）进行测定。

2.3.3　防火性能设计

建筑火灾对人们的生命和财产安全构成极大的威胁，建筑防火性能是评价建筑安全的重要内容之一。建筑防火性能体现在建筑的主动防火技术措施与被动防火技术措施两个方面。

建筑主动防火技术是指建筑物内各类消防设施，这些设施在火灾预警、人员疏散、财产转移、消防救援过程中，以人的视角是主动扑灭火灾所必备的设施。主动防火技术措施包括灭火器材、消防给水、火灾报警系统、防烟排烟系统、自动灭火系统、安全疏散设施等。

建筑火灾被动防护措施是在火灾发生后能有效阻止火灾蔓延的措施。如建筑消防设计中建筑物防火间距、防火等级、防火分区、防火分隔等物理分隔措施，以及消防通道、消防登高场地等消防扑救条件，都属于建筑火灾被动防护措施。

装配整体式混凝土建筑防火性能设计需关注建筑火灾被动防护措施中防火分隔设计。由于工厂化生产、现场拼装的生产属性，建筑防火分隔设施中建筑墙体、楼板、防火隔板都可能是由预制构件拼装而成，预制构件自身防火性能由构件几何尺寸及钢筋保护层厚度决定。

作为防火薄弱部位，预制构件拼缝防火性能取决于预制构件与现浇混凝土之间的密实拼缝、预制构件与预制构件之间的贯通拼缝、预制叠合类构件之间的半贯通拼缝的防火性能。提升装配整体式混凝土建筑防火性能，首先要加强前述几类拼缝的构造措施阻止火灾蔓延的能力。

2.3.4　隔声与隔振性能设计

建筑物隔声与隔振性能是影响使用体验最重要的因素之一。装配整体式混凝土建筑由于工厂化生产、现场拼装的生产属性，建筑使用空间的围合结构由预制构件拼装完成，拼接缝部位可能形成房间与房间之间、室内与室外之间的声音传播通道，建筑设计需采取针对性措施。

工程实践表明，建筑外围护采用外挂墙板的项目，隔声设计尤为重要。外围护采用外挂墙板的项目，外挂墙板之间，外挂墙板与建筑物水平隔板（楼板）之间，竖向隔板（隔墙）之间均存在贯通缝，这类贯通缝若没有采取合理的隔声隔振措施，将导致建筑物各使用空间隔声性能不足。

需要特别注意的是，装配整体式混凝土建筑防火性能设计与隔声隔振设计有共通之处：防火薄弱部位同时也是隔振薄弱部位，应对措施都是增强分隔的致密性、完整性。

2.4 预制构件在建筑中的应用

目前民用装配式建筑中，预制混凝土构件主要用于地上部分，构件类型有墙、柱、梁、板、楼梯、阳台等。

2.4.1 预制构件的主要类型

装配整体式剪力墙结构住宅常见预制构件如图 2-34 所示。

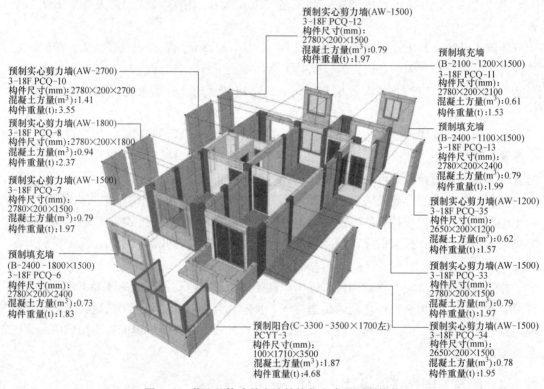

预制实心剪力墙(AW-1500)
3-18F PCQ-12
构件尺寸(mm)：
2780×200×1500
混凝土方量(m^3):0.79
构件重量(t):1.97

预制填充墙
(B-2100 -1200×1500)
3-18F PCQ-11
构件尺寸(mm)：
2780×200×2100
混凝土方量(m^3):0.61
构件重量(t):1.53

预制实心剪力墙(AW-2700)
3-18F PCQ-10
构件尺寸(mm)：2780×200×2700
混凝土方量(m^3):1.41
构件重量(t):3.55

预制填充墙
(B-2400 -1100×1500)
3-18F PCQ-13
构件尺寸(mm)：
2780×200×2400
混凝土方量(m^3):0.79
构件重量(t):1.99

预制实心剪力墙(AW-1800)
3-18F PCQ-8
构件尺寸(mm)：2780×200×1800
混凝土方量(m^3):0.94
构件重量(t):2.37

预制实心剪力墙(AW-1200)
3-18F PCQ-35
构件尺寸(mm)：
2650×200×1200
混凝土方量(m^3):0.62
构件重量(t):1.57

预制实心剪力墙(AW-1500)
3-18F PCQ-7
构件尺寸(mm)：
2780×200×1500
混凝土方量(m^3):0.79
构件重量(t):1.97

预制实心剪力墙(AW-1500)
3-18F PCQ-33
构件尺寸(mm)：
2780×200×1500
混凝土方量(m^3):0.79
构件重量(t):1.97

预制填充墙
(B-2400 -1800×1500)
3-18F PCQ-6
构件尺寸(mm)：
2780×200×2400
混凝土方量(m^3):0.73
构件重量(t):1.83

预制阳台(C-3300 -3500×1700左)
PCYT-3
构件尺寸(mm)：
100×1710×3500
混凝土方量(m^3):1.87
构件重量(t):4.68

预制实心剪力墙(AW-1500)
3-18F PCQ-34
构件尺寸(mm)：
2650×200×1500
混凝土方量(m^3):0.78
构件重量(t):1.95

图 2-34　装配整体式剪力墙结构住宅常见预制构件

1. 预制墙体是预制装配技术多样化的体现

（1）根据预制墙体构造分类

① 预制混凝土墙（含预制剪力墙、预制填充墙）。

② 预制夹芯保温墙体（内叶板＋保温层＋外叶板）。

③ 预制单面叠合墙（PCF）。

④ 预制夹芯保温单面叠合墙（PCTF）。

⑤ 预制双面叠合墙。

⑥ 预制夹芯保温双面叠合墙。

（2）根据预制墙体功能分类

① 预制承重墙板。

② 预制非承重墙板。

（3）根据预制墙体几何形状分类

① 无门窗洞口预制平面墙板。

② 带门窗洞口预制平面墙板（封闭洞口墙板、开放洞口墙板）。

③ 预制三维墙板（凸窗及带壁柱、装饰线墙板）。

（4）根据预制墙体与主体结构的空间关系分类

① 内嵌式预制墙板。包括预制墙板与现浇混凝土墙/柱连接，预制墙板与预制墙/柱连接。

② 外挂式预制墙板。包括平移式、旋转式，上挂式、下承式，线连接，点连接，点＋线连接。

2. 预制楼板推陈出新

装配式建筑预制混凝土楼板主要有钢筋桁架叠合楼板、钢管桁架预应力叠合楼板、预应力空心板、预应力双T板。对于柱距较大、跨度较大，建筑使用上希望有自由分隔敞开空间功能的，预应力空心板和预应力双T板是较好选择，目前也广泛用于工厂车间、停车库、办公楼等。钢筋桁架叠合楼板和钢管桁架预应力叠合楼板由于上面有混凝土现浇层，整体性较强，有利于防水、隔声等要求，因此多用于住宅项目（图2-35～图2-38）。

图2-35　钢筋桁架叠合楼板

图2-36　钢管桁架预应力叠合楼板

图2-37　预应力空心板

图2-38　预应力双T板

3. 预制框架技术持续发展

框架结构在我国多用于公共建筑，如办公楼、商场、酒店、学校、医院、仓库等。从装配式混凝土结构角度，框架结构又可分为装配整体式框架结构、装配整体式框架-现浇剪力墙结构、装配整体式框架-现浇核心筒结构，其中预制部分主要为柱、梁、板构件。上下层预制框架柱通过钢筋套筒灌浆连接形成整体，与框架梁的连接大多通过核心区节点现浇的形式。

预制框架构件常见形式：

（1）预制柱单层杆式构件。

（2）预制柱多层杆式构件。

（3）预制柱含梁柱节点。

（4）预制梁单跨杆式构件（图 2-39）。

图 2-39　装配整体式框架结构常见预制构件

4. 预制楼梯最具标准化潜力

现浇施工时，楼梯一直是施工难点，模板支架操作空间狭小，混凝土浇筑不易成型等都会影响施工质量。预制楼梯能很好地解决这个问题，干法安装无支撑后吊装工法大大提升施工效率且质量可靠，被施工单位广泛应用。

预制楼梯的结构形式通常采用板式楼梯，预制部分集中于梯段板。现代城市建筑以高层建筑为主，楼梯在高层建筑中大多位于封闭的楼梯间内，属于功能性部件，其形式较为固定，在一定条件下（控制建筑层高：常用建筑层高适用90％以上建筑物）可实现较高程度标准化生产（楼梯宽度变化可简便实现），如图 2-40 所示。

5. 预制阳台

住宅中常用阳台按结构形式分为挑板式阳台和挑梁式阳台，按预制形式分为全预制阳台和叠合阳台。集中放置室外空调机、热水器等的设备平台也可参照阳台做法。单独的空调板由于体积较小，一般为全预制空调板较多（图 2-41）。

2.4.2　预制构件与建筑立面

预制装配建造方式对建筑立面设计产生显著影响。

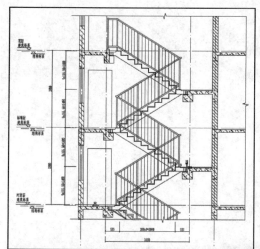 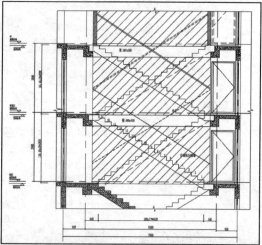

图 2-40　预制楼梯

1. 预制外墙采用面砖、石材反打饰面的建筑立面

其建筑面宽、层高、门窗洞口需与面砖、石材排板设计统一。面砖反打的预制外墙，应避免出现非整砖的情况；石材反打的预制外墙，应仔细设计石材几何尺寸，使整栋建筑建成后墙面石材排列有序。

2. 建筑立面有较多装饰的立面

建筑采用预制外挂墙板时，可采用如下设计方法：

（1）装饰线条与外围护构件（如墙板/阳台）整体预制。当前建筑外立面装饰线条以

(a) 装饰线条与外围护整体预制　　　　　　　　(b) 装饰线条与外围护分别预制

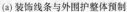

图 2-41　预制阳台

外挑或内收的多层线条为主要形式，其相邻面进退关系不超过 50mm 时，装饰线条与外围护构件整体预制是较为合理的方法。

（2）装饰线条与外围护构件（墙板/阳台）分别预制，现场组装。对于几何尺寸较大的装饰构件，将其优化之后从相应的预制外墙构件拆分，拆分之后使构件几何尺寸简化。拆分后的装饰线条可采用轻质材料（根据工程项目特征满足现行规范要求）或预制混凝土制作，构件吊装前或主体结构完成后组装。

3. 建筑立面设计运用基本立面单元

通过不同组合、排列方式形成丰富多变的立面效果。

4. 建筑立面设计合理利用预制装配产品化构件

不断涌现的装饰混凝土、透光混凝土等新型材料融合了建筑外墙的功能属性与装饰属性、对于创造预制装配时代的建筑作品有较强的技术支撑作用。

2.4.3　预制构件设计要点

1. 设计原则

（1）装配式建筑部品设计应遵循受力合理、连接简单、施工方便、重复使用率高的原则。

（2）部品设计应有完整的构件深化图，图纸深度需满足工厂生产、施工装配等工序和安全要求。

（3）部品设计应与构件生产工艺结合，满足规格尺寸优化和便于生产加工的要求。

（4）部品设计应在满足功能、结构、经济性要求的同时，满足建筑的物理性能、力学性能、耐久性及装饰性要求。

（5）主体构件设计应与施工组织紧密结合，考虑不同施工外界条件的影响，以及模板和支撑系统的选用，并满足装配化施工的安装调节和公差配合要求。

2. 考虑要素

（1）建筑要求。在建筑方案阶段从装配式专业角度对提出适宜性、合理化的预制构件布置方案。发挥工业化批量生产集成优势，尽量考虑把饰面、保温、门窗、线脚等一体化集成。建筑平面布置应规则化，尽量考虑预制构件尺寸标准化，如柱网距离、开间面宽等。优先考虑大开间、空间可变的布置方式。外立面造型变化不宜太多，即使局部造型复杂但要有较高重复率，外墙门窗洞口排布宜规整有序。

（2）结构要求。承重构件布置应上下对齐贯通，截面变化尽量少且有规律，钢筋根数变化及直径变化按级递进。尤其对于钢筋交叉关系较为复杂的节点，预制构件设计时需考虑先后顺序及避让关系。

（3）机电要求。机电线管如需在构件中预留预埋，应考虑线管互相交叉关系，以及与现浇线管相接的位置和操作便利性。局部区域集中线管较多时，需考虑对结构的局部削弱作用，进行适当补强。预埋点位应根据室内装修要求和机电设备型号提前确定精准位置。

（4）生产要求。构件设计时需考虑在工厂生产的可能性，尤其应掌握模台尺寸，常见为 3.5m×9m 和 4m×12m 两种。脱模形式也分为吊钩起吊和翻转直立两种。养护形式分为进入高温养护窑集中养护和在模台上独立养护，由于受养护窑入仓口高度限制，构件平躺时最大高度为 0.4m，模台独立养护则不受限制。

（5）运输要求。预制构件通过平板大货车装载，需满足城市道路交通管理要求，构件平置时宽度不宜大于 2.5m，直立时高度不宜超过 3m。因此，在设计时需考虑运输车辆的装载方式以及载重规定。

（6）施工要求。构件通过塔吊、汽车吊等起重设备吊运至施工楼面，构件重量是主要限制条件。构件设计时需兼顾市面上常用起重设备类型及吊重规定，明确掌握重量、宽高等限制要求。同时，对于模板支护、外脚手架等施工措施也应有相当了解。

第**3**章

结构专业相关知识

3.1 装配式混凝土结构简介

在装配式混凝土结构体系方面，基本可归纳为通用结构体系和专用结构体系两大类。通用结构体系是指通常结构意义上的框架、框-剪、剪力墙体系，专用结构体系一般在通用结构体系的基础上，结合具体建筑功能和性能要求发展完善而来，如多螺箍框架柱、PCF剪力墙、采用套筒灌浆的全预制剪力墙、双层叠合剪力墙、夹芯保温剪力墙等。本章将以通用结构体系为基础开展各项主要专用体系的介绍。

3.1.1 基本概念

装配式混凝土结构的基本概念参照现行行业标准《装配式混凝土结构技术规程》（JGJ 1—2014，以下简称《装规》）"2.1 术语"。

1. 装配式混凝土结构

由预制混凝土构件或部件通过各种可靠的连接方式装配而成的混凝土结构，包括装配整体式混凝土结构、全装配混凝土结构等。在建筑工程中，简称装配式建筑；在结构工程中，简称装配式结构。

2. 装配整体式混凝土结构

由预制混凝土构件或部件通过各种可靠的方式进行连接并与现场后浇混凝土形成的装配式混凝土结构，简称装配整体式结构。

3. 装配整体式混凝土框架结构

全部或部分框架梁、柱采用预制构件构建成的装配整体式混凝土结构，简称装配整体式框架结构。

4. 装配整体式混凝土剪力墙结构

全部或部分剪力墙采用预制墙板构建成的装配整体式混凝土结构，简称装配整体式剪力墙结构。

3.1.2 设计基本要求

装配式结构的设计，应注重概念设计和结构分析模型的建立，以及预制构件的连接设计。对于装配整体式结构设计的主要概念，是在选用可靠的预制构件受力钢筋连接技术的基础上，采用预制构件与后浇混凝土相结合的方法，通过连接节点合理的构造措施，将装配式结构连接成一个整体，保证其结构性能具有与现浇混凝土结构等同的整体性、延性、承载力和耐久性能，达到与现浇混凝土等同的效果。

预制构件的连接部位宜设置在结构受力较小的部位，在预制构件之间及预制构件与现浇及后浇混凝土的接缝处当受力钢筋采用安全可靠的连接方式，且接缝处新旧混凝土之间采用粗糙面、键槽等构造措施时，结构的整体性能与现浇结构类同，设计中可采用与现浇结构相同的方法进行结构分析。

1. 装配式结构的设计规定

（1）应采取有效措施加强结构的整体性。

（2）装配式结构宜采用高强混凝土、高强钢筋。

（3）装配式结构的节点和接缝应受力明确、构造可靠，并应满足承载力、延性和耐久性等要求。

（4）应根据连接节点和接缝的构造方式和性能，确定结构的整体计算模型。

2. 装配式结构预制构件的尺寸和形状规定

（1）应满足建筑使用功能、模数、标准化要求，并应进行优化设计。

（2）应根据预制构件的功能和安装部位、加工制作及施工精度等要求，确定合理的公差。

（3）应满足制作、运输、堆放、安装及质量控制要求。

3.1.3 连接方式

装配整体式结构中，接缝是影响结构受力性能的关键部位。接缝的压力通过后浇混凝土、灌浆料或坐浆材料直接传递；拉力通过由各种方式连接的钢筋、预埋件传递；剪力由结合面混凝土的粘结强度、键槽或者粗糙面、钢筋的摩擦抗剪作用、销栓抗剪作用承担；接缝处于受压、受弯状态时，静力摩擦可承担一部分剪力。预制构件连接接缝一般采用强度等级高于构件的后浇混凝土、灌浆料或坐浆材料。

1. 套筒连接

套筒连接技术是将连接钢筋插入带有凹凸槽的高强套筒内，然后注入高强灌浆料，硬化后将钢筋和套筒牢固结合在一起形成整体，通过套筒内侧的凹凸槽和变形钢筋的凹凸纹之间的灌浆料来传力（图3-1）。

钢筋套筒灌浆连接接头的工作机理，是基于灌浆套筒内灌浆料有较高的抗压强度，同时自身还具有微膨胀特性，当它受到灌浆套筒的约束作用时，在灌浆料与灌浆套筒内侧筒壁间产生较大的正向应力，钢筋借此正向应力在其带肋的粗糙表面产生摩擦力，藉以传递钢筋轴向应力。因此，灌浆套筒连接接头要求灌浆料有较高的抗压强度，灌浆套筒应具有较大的刚度和较小的变形能力。

2. 浆锚连接

浆锚连接又称为间接锚固或间接搭接，是将搭接钢筋拉开一定距离后进行搭接的方式，连接钢筋的拉力通过剪力传递给灌浆料，再通过剪力传递到灌浆料和周围混凝土之间的界面上去。浆锚式连接的特点是利用高强砂浆锚固住纵向受力钢筋，取消了现场焊接和后浇混凝土，施工方便（图3-2）。这种连接多用于民用框架或轻板框架中。关键是浆锚孔和插筋的位置要准确，并保证浆锚质量。通常，为保证浆锚插筋有可靠的约束，应在浆

图 3-1　灌浆连接套筒

锚孔范围内设置必要的封闭措施。

钢筋浆锚搭接连接，是钢筋在预留孔洞中完成搭接连接的方式。这项技术的关键，包括孔洞内壁的构造及其成孔技术、灌浆料的质量以及约束钢筋的配置方法等各个方面。鉴于我国目前对钢筋浆锚搭接连接接头尚无统一的技术标准，因此提出较为严格的要求，直径大于 20mm 的钢筋不宜采用浆锚搭接连接，直接承受动力荷载的构件其纵向钢筋不应采用浆锚搭接连接。

(a) 螺旋筋约束浆锚　　　　　　　　　　　　　　　(b) 波纹管约束浆锚

图 3-2　钢筋浆锚搭接

3. 灌浆料

钢筋套筒灌浆是连接接头的另一个关键技术，在于灌浆料的质量。灌浆料应具有高强、早强、无收缩和微膨胀等基本特性，以使其能与套筒、被连接钢筋更有效地结合在一起共同工作。

3.1.4　结合面要求

预制构件与后浇混凝土、灌浆料、坐浆材料的结合面应设置粗糙面或键槽，并应符合下列规定：

（1）预制板与后浇混凝土叠合层之间的结合面应设置粗糙面。

（2）预制梁与后浇混凝土叠合层之间的结合面应设置粗糙面。预制梁端面应设置键槽（图3-3）且宜设置粗糙面。键槽的深度（t）不宜小于30mm，宽度（w）不宜小于深度的3倍且不宜大于深度的10倍；键槽可贯通截面，当不贯通时槽口距离截面边缘不宜小于50mm；键槽间距宜等于键槽宽度；键槽端部斜面倾角不宜大于30°。

（3）预制剪力墙的顶部和底部与后浇混凝土的结合面应设置粗糙面。侧面与后浇混凝土的结合面应设置粗糙面，也可设置键槽；键槽深度（t）不宜小于20mm，宽度（w）不宜小于深度的3倍且不宜大于深度的10倍，键槽间距宜等于键槽宽度，键槽端部斜面倾角不宜大于30°。

（4）预制柱的底部应设置键槽且宜设置粗糙面，键槽应均匀布置，键槽深度不宜小于30mm，键槽端部斜面倾角不宜大于30°，柱顶应设置粗糙面。

（5）粗糙面的面积不宜小于结合面的80%，预制板的粗糙面凹凸深度不应小于4mm，预制梁端、预制柱端、预制墙端的粗糙面凹凸深度不应小于6mm。

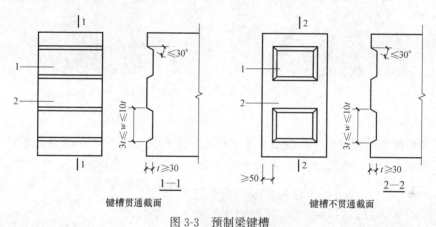

图3-3　预制梁键槽

3.2　楼盖设计

3.2.1　装配式混凝土建筑楼盖类型

装配式建筑楼盖包括叠合楼盖、全预制楼盖和现浇楼盖。

1. 叠合楼盖

叠合楼盖是预制底板与现浇混凝土叠合而成的楼盖。预制底板包括普通叠合楼板、预应力空心板叠合底板、预应力双T叠合底板和预应力叠合底板。

（1）普通叠合楼板

普通叠合楼板的预制底板一般厚度为60mm，包括有桁架钢筋预制底板和无桁架钢筋预制底板。预制底板安装后绑扎叠合层钢筋，浇筑混凝土，形成整体受弯楼盖（图3-4）。

叠合楼盖也可做成"空心"叠合板，在桁架钢筋之间铺聚苯乙烯板或其他减重材料（图3-5）。空心楼盖的设计需满足现行行业标准《现浇混凝土空心楼盖技术规程》（JGJ/T

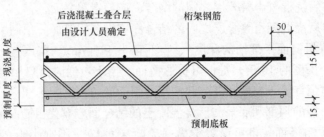

图 3-4　普通叠合楼板楼盖

图 3-5　在桁架间铺设减重材料形成"空心"板

268）的相关规定。

普通叠合楼板是装配整体式混凝土建筑应用最多的楼盖类型。普通叠合板按《装规》的规定可做到 6m 长。普通叠合板适用于框架结构、框架-剪力墙结构、剪力墙结构、筒体结构等结构体系的装配式建筑，也可用于钢结构。

图 3-6　预应力 SP 叠合底板

（2）预应力空心板叠合底板

SP 预应力空心板是指采用美国 SPANCRETE 公司（SMC）的生产设备、工艺流程、专利技术生产的预应力混凝土空心板，简称 SP 板（图 3-6）。该板挤压成型，为 1.2m 宽的标准板，最大跨度可达 18m，且具有承载力高、抗震、隔声性能好等特点。具体设计可参考标准图集《SP 预应力空心板》（05SG408）。

SPD 板系指对 SP 板顶面经过人工处理成凹凸不小于 4mm 的粗糙面后与现浇细石混凝土叠合层粘结成整体，共同受力的板。SPD 板可用作装配整体式混凝土结构的预制底板。

（3）预应力双 T 叠合底板

预应力双 T 板在美国公共建筑中被大量使用，特别是汽车停车库中应用非常广泛，被用作屋面板、楼面板及围护外墙。在欧洲也应用较多，一些机场小型的候机楼屋面采用双 T 板,并且在地下车库中用作地库顶板。

国内双 T 板的应用,早期主要应用于工业厂房的屋面和楼面,多为 1～3 层,层高基本不受限制。现浇的框排架体系,双 T 板直接搁置在梁顶,施工方便,应用相当广泛。目前,预制双 T 板作为叠合底板,在公建项目中开始广泛应用。具体设计可参考标准图集《预应力混凝土双 T 板》(18G432-1)。

图 3-7 预应力双 T 叠合底板

预制双 T 板的搁置节点一般是采用柱或墙出牛腿或梁做成倒 T 形、倒 L 形的支座支承方式的做法(图 3-7)。对于外墙或边梁,也常采用预留槽口、预制牛腿或钢牛腿作为搁置点。

(4)预应力 PK 叠合底板

PK 是中文"拼装、快速"的首写字母,PK 叠合板的全称为 PK 预应力混凝土叠合板。PK 板(一代)为采用矩形混凝土肋,肋孔为矩形;PK 板(二代)为采用 T 形混凝土肋,肋孔为椭圆形,两者的刚度和承载力均较大。

PK 板(三代,即 PKⅢ型板)最小厚度 35mm,叠合后达 115～125mm,钢管桁架上弦杆采用钢管灌注微膨胀高强砂浆,腹杆采用 HPB300 级直径 6mm 钢筋,自重轻,宽度大,生产效率高,方便穿插管线(图 3-8)。具体设计可参考图集《预应力混凝土钢管桁架叠合板》(L18ZG401)。

图 3-8 预应力 PKⅢ型叠合底板

2. 全预制楼盖

全预制楼盖多用于全装配式建筑,即干法装配的建筑,可在非抗震或低抗震设防烈度工程中应用,包括预应力空心板和预应力双 T 板。

3. 现浇楼盖

装配式建筑的现浇楼盖与现浇混凝土结构的楼盖没有区别,故而在此不作介绍。

3.2.2 楼盖设计内容

(1)根据规范要求和工程实际情况,选择合适的楼盖类型并确定现浇和预制楼盖范围。

（2）当结构中竖向构件全部为现浇且楼盖采用叠合梁板时，房屋的最大适用高度可按现行行业标准《高层建筑混凝土结构技术规程》（JGJ 3）中的规定采用。

（3）装配整体式结构楼盖宜采用叠合楼盖。结构转换层、平面复杂或开洞较大的楼层、作为上部结构嵌固部位的地下室楼层宜采用现浇楼盖。

（4）根据所选预制楼板类型及其与支座的关系，确定计算简图，进行结构分析和计算。

（5）进行预制楼板加工图及连接节点详图设计，绘制楼板装配图。

3.2.3 选择楼板类型

1. 一般规定

（1）叠合板的预制厚度不宜小于 60mm，后浇混凝土叠合层厚度不应小于 60mm。

（2）跨度大于 3m 的叠合板，宜采用桁架钢筋混凝土叠合板。跨度大于 6m 的叠合板，宜采用预应力混凝土预制板。板厚大于 180mm 的叠合板，宜采用混凝土空心板。

（3）当叠合板的预制板采用空心板时，板端空腔应封堵。

2. 有桁架钢筋的普通叠合板

（1）非预应力叠合板设置桁架钢筋可增加预制板的整体刚度和水平界面的抗剪性能，且在吊装过程中可兼作吊钩使用，在钢筋施工过程中充当马凳作用，还可作为密拼双向板钢筋间接搭接辅助钢筋用。

（2）桁架钢筋混凝土叠合板的桁架钢筋沿主要受力方向布置。桁架钢筋距离板边不应大于 300mm，间距不宜大于 600mm。桁架钢筋弦杆钢筋直径不宜小于 8mm，腹杆钢筋直径不应小于 4mm。桁架钢筋弦杆混凝土保护层厚度不应小于 15mm。

3. 无桁架钢筋的普通叠合板

（1）跨度小于 3m 的叠合板，当验算能满足脱模、运输、吊装过程中不出现开裂，也可不设置桁架钢筋（图 3-9）。跨度大于 3m 的叠合板，宜采用桁架钢筋混凝土叠合板。

图 3-9 无桁架钢筋叠合楼板

（2）当单向叠合板跨度大于 4.0m 或双向叠合板短向跨度大于 4.0m 时，在距支座 1/4 范围内，预制叠合板与后浇混凝土之间应设置抗剪构造钢筋。

（3）当悬挑叠合板的上部纵向受力钢筋在相邻叠合板的后浇混凝土内锚固时，预制叠合板与后浇混凝土之间应设置抗剪构造钢筋。

（4）抗剪构造钢筋宜采用马凳形，间距不大于 400mm，钢筋直径不小于 6mm。

（5）马凳钢筋宜伸到叠合板上、下部纵向钢筋处，预埋在预制板内的总长度不应小于15d，水平段长度不应小于50mm。

4. 常见拼缝及倒角形式

（1）楼盖根据叠合板拆分的不同，接缝效果也不同（图3-10、图3-11）。

图3-10　后浇带式整体接缝

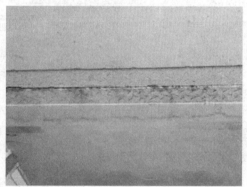

图3-11　整体式密拼接缝

（2）国外工厂的预制构件上下倒角的实现方法，值得借鉴（图3-12、图3-13）。

图3-12　上倒角做法　　　　　　　　图3-13　下倒角做法

5. 拼缝施工方法

（1）预制叠合底板采用密拼接缝时，板缝上侧可用腻子＋砂浆封堵，避免后浇混凝土漏浆（图 3-14）。

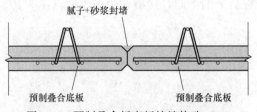

图 3-14　预制叠合板底板接缝构造（一）

（2）单向叠合板板缝宽度 30～50mm 时，接缝部位混凝土后浇，通常利用预制叠合板底板作吊模。预制叠合板底板下部通常加工预留凹槽，将木模板嵌入，避免拆模后后浇节点下侧混凝土面凸出于叠合板。板缝下部通常不设支撑（图 3-15）。

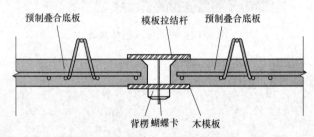

图 3-15　预制叠合板底板接缝构造（二）

（3）双向叠合板接缝宽度达到 200mm 以上时，应单独支设接缝模板及下部支撑（图 3-16）。

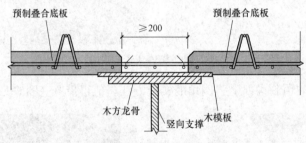

图 3-16　预制叠合板底板接缝构造（三）

6. 分离式与密拼式接缝对比

（1）分离式后浇带接缝方式（图 3-17）。施工时，接缝两侧叠合板底面木方与支撑难以保证在同一水平面，板底成形效果不佳，且现场后浇部位钢筋碰撞问题较多。

（2）密拼式接缝（图 3-18）。现场施工没有板侧伸出钢筋碰撞问题，施工便利，安装速度快。板底木方与支撑连续，容易保证平整度。

7. 密拼缝案例

（1）上海某高层住宅。楼板为普通预制板 50mm＋130mm 现浇层叠合而成，双向板设计（图 3-19）。拼缝倒角内填充延性砂浆，粘贴玻纤网格布，批腻子刮平（图 3-20、图 3-21）。

图 3-17　后浇带式整体接缝连接

图 3-18　密拼式整体接缝连接

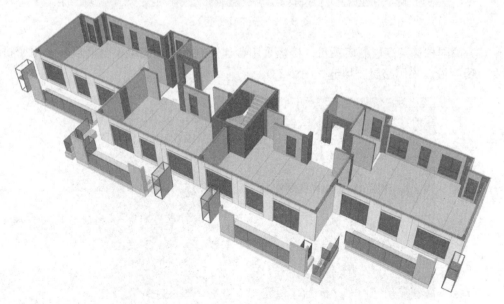

图 3-19　上海某高层住宅密拼板拆分

图 3-20　密拼板施工

图 3-21　密拼板板缝

（2）深圳某高层住宅。楼板为普通预制板 60mm＋80mm 现浇层叠合而成，按双向板设计，缝的位置避开跨中。窄缝同楼板整体浇筑混凝土，底部贴耐碱网格布，批腻子刮平（图 3-22）。

图 3-22　密拼窄缝施工

（3）德国柏林某高层酒店项目。楼板采用普通预制板＋现浇层叠合而成，采用密拼缝做法，留明缝，采用密封胶填缝（图 3-23）。

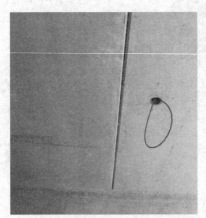

图 3-23　楼板采用密拼做法

（4）上海某高层住宅项目。该项目预制楼板类型为预应力 SP 板，楼板组合为
SPD180＋60mm 叠合现浇层，采用密拼缝做法。板缝采用有弹性不收缩的材料嵌缝，粘
贴玻璃纤维网片，批腻子刮平（图 3-24）。

图 3-24　密拼 SP 效果

（5）济南某高层公租房项目。预制楼板类型为预应力 PK 板，楼板为预制 PK 板与现
浇层叠合而成。采用密拼缝，密拼缝内采用打胶处理（图 3-25）。

图 3-25　密拼 PK 效果

（6）上海某高层办公楼，楼板为普通预制板＋现浇层叠合而成，楼板组合为 60mm
（预制）＋70mm（现浇层）。采用密拼缝，密拼缝内采用专用拼缝砂浆嵌缝（图 3-26）。

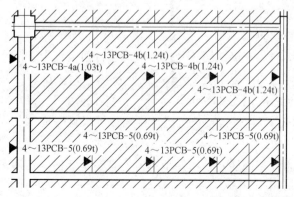

图 3-26　密拼叠合板效果

（7）深圳某配套幼儿园项目。预制楼板类型为预应力倒双 T 板带肋底板，按单向板设计，密拼缝采用密封胶填缝，现场效果如图 3-27 所示。

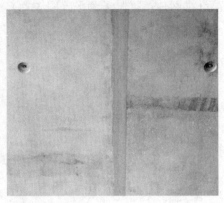

图 3-27　密拼双 T 板拼缝施工及效果

（8）上海某高层办公项目。预制楼板类型为预应力双 T 板，按双向板设计，密拼缝采用吊模浇筑混凝土，现场效果如图 3-28 所示。

图 3-28　密拼双 T 板拼缝施工及效果

8. 采用密拼缝的设计要求

（1）后浇混凝土厚度不宜小于预制板厚度的 1.3 倍，且不应小于 75mm。

（2）接缝处应设置垂直于接缝的搭接钢筋，搭接钢筋总受拉承载力设计值应不小于桁架预制板底纵向钢筋总受拉承载力设计值，直径不应小于 8mm，且不应大于 14mm。

（3）接缝处搭接钢筋与桁架预制板底板纵向钢筋对应布置，搭接长度不应小于 $1.6l_a$（l_a 为按较小直径钢筋计算的受拉钢筋锚固长度），且搭接长度应从距离接缝最近一道钢筋桁架的腹杆钢筋与下弦钢筋交点起算。

（4）垂直于搭接钢筋的方向应布置横向分布钢筋，在搭接范围内不宜少于 3 根，且钢筋直径不宜小于 6mm，间距不宜大于 250mm。

（5）接缝处的钢筋桁架应平行于接缝布置，在一侧纵向钢筋的搭接范围内，应设置不少于两道钢筋桁架，且上弦钢筋的间距不宜大于桁架叠合板板厚的 2 倍，且不宜大于 400mm。

（6）靠近接缝的桁架上弦钢筋到桁架预制板接缝边的距离不宜大于桁架叠合板板厚，且不宜大于 200mm。

（7）具体可参考《钢筋桁架混凝土叠合板应用技术规程》（T/CCES 715—2020）。

3.2.4 预制叠合板设计要素

（1）在楼板次要受力方向布置，也就是板缝应当垂直于板的长边（图 3-29），在板受力小的部位分缝（图 3-30）。

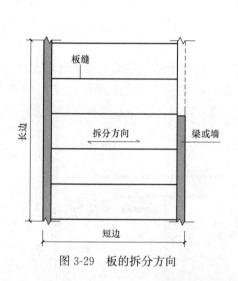

图 3-29 板的拆分方向   图 3-30 双向板分缝适宜位置

（2）原则上在一个房间内进行等宽拆分，板宽一般不大于 2.5m，以方便车辆运输。

（3）顶棚无吊顶时，楼板拆分要考虑板缝避开灯具、接线盒或吊扇位置。

（4）当楼板跨度不大时，板缝也可设置在有内隔墙部位，这样部分板缝在内隔墙施工完成后不用再处理，同时也避免板底附加钢筋在模具上开孔。

（5）电梯前室处楼板如果强弱电管线密集，现浇层管线布置困难，此处楼板可采用全部现浇或增加叠合现浇层厚度。

（6）卫生间楼板采用小降板设计时，该部位楼板建议采用现浇，可结合小降板的高度选择该部位板厚。

（7）卫生间采用同层排水时，降板较大，且防水要求较高，建议现浇。

（8）有管线穿过的楼板，拆分时需考虑避免与钢筋或桁架钢筋的冲突。

3.2.5 确定叠合板受力形式

叠合板设计分为单向板和双向板两种情况，根据接缝构造、支座构造和长宽比确定。当预制板之间采用分离式接缝时，宜按单向板设计。对长宽比不大于 3 的四边支承叠合板，当其预制板之间采用整体式接缝或无接缝时，可按双向板计算。叠合板的预制板布置形式如图 3-31 所示。

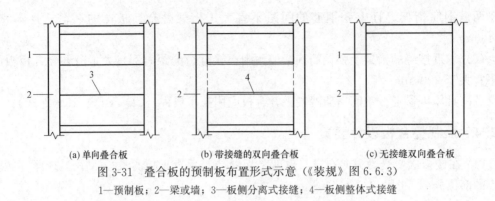

(a) 单向叠合板　　　(b) 带接缝的双向叠合板　　　(c) 无接缝双向叠合板

图 3-31　叠合板的预制板布置形式示意 (《装规》图 6.6.3)
1—预制板；2—梁或墙；3—板侧分离式接缝；4—板侧整体式接缝

3.2.6　预制楼板连接节点

1. 叠合板支座节点

（1）板端支座处，预制板内的纵向受力钢筋宜从板端伸出，并锚入支承梁或墙的后浇混凝土中，锚固长度不应小于 $5d$（d 为纵向受力钢筋直径），且宜伸过支座中心线（图 3-32a）。

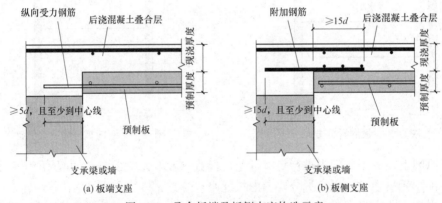

(a) 板端支座　　　　　　　　(b) 板侧支座

图 3-32　叠合板端及板侧支座构造示意

（2）当叠合板底分布钢筋不伸入支座时，宜在紧邻预制板面的后浇混凝土叠合层中设置附加钢筋，附加钢筋截面面积不宜小于预制板内的同向分布钢筋面积，间距不宜大于 600mm，在板的后浇混凝土叠合层内锚固长度不应小于 $15d$，在支座内锚固长度不应小于 $15d$（d 为纵向受力钢筋直径）且宜伸过支座中心线（图 3-32b）。

2. 密拼式接缝节点

（1）预制板顶面宜设置垂直于板缝的附加钢筋，附加钢筋伸入梁侧后浇混凝土叠合层的锚固长度不应小于 $15d$（d 为纵向受力钢筋直径），如图 3-33 所示。

（2）附加钢筋截面面积不宜小于预制板中该方向钢筋面积，钢筋直径不宜小于 6mm，间距不宜大于 250mm。

3. 分离式后浇带接缝节点

（1）后浇带宽度不宜小于 200mm，两侧板底纵向受力钢筋可在后浇带中焊接、搭接连接、弯折锚固。

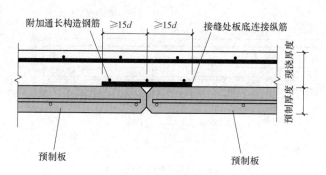

图 3-33　单向叠合板板侧分离式拼缝构造示意

（2）两侧底板纵向受力钢筋在后浇带中弯折锚固时（图 3-34），叠合板厚度不应小于 $10d$（d 为弯折钢筋直径的较大值），且不应小于 120mm；接缝处预制板侧伸出的纵向受力钢筋应在后浇混凝土叠合层内锚固，且锚固长度不应小于 l_a；两侧钢筋在接缝处重叠的长度不应小于 $10d$，钢筋弯折角度不应大于 30°，弯折处沿接缝方向应配置不少于两根通长构造钢筋，且直径不应小于该方向预制板内钢筋直径。

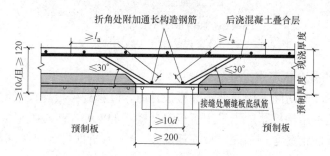

图 3-34　双向叠合板整体式接缝构造示意

（3）预制板板底外伸钢筋为直线形时（图 3-35a），钢筋搭接长度应符合现行国家标准《混凝土结构设计规范》（GB 50010）的有关规定；预制板板底外伸钢筋端部为 90°或 135°弯钩时（图 3-35b、图 3-35c），钢筋搭接长度应符合现行国家标准《混凝土结构设计规范》（GB 50010）有关钢筋锚固长度的规定，90°和 135°弯钩钢筋弯后直段长度分别为 $12d$ 和 $5d$（d 为钢筋直径）。

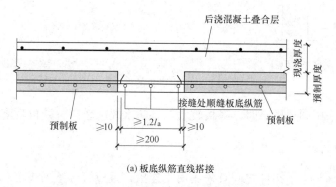

（a）板底纵筋直线搭接

图 3-35　双向叠合板整体式接缝构造示意（一）

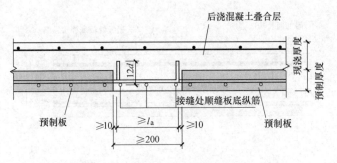

(b) 板底纵筋末端带90°弯钩搭接

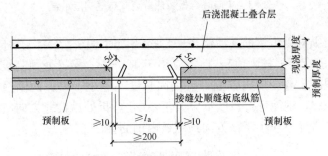

(c) 板底纵筋末端带135°弯钩搭接

图 3-35 双向叠合板整体式接缝构造示意（二）

4. 降板部位的叠合板节点

（1）卫生间等功能房间采用局部小降板设计时，降板处楼板建议采用现浇，结合小降板的高度选择合适的结构板厚。当采用折板时，楼板的钢筋在折板处形成互锚；当采用板底齐平时，叠合板底钢筋弯折锚固，板面钢筋按 1∶6 弯折即可（图 3-36）。

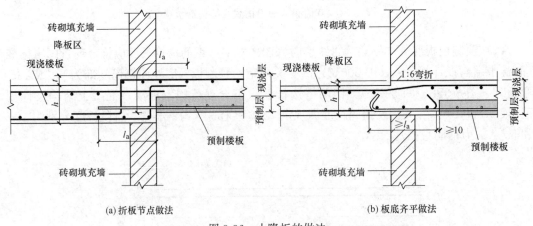

(a) 折板节点做法　　　　　　　　　　(b) 板底齐平做法

图 3-36 小降板的做法

（2）卫生间采用同层排水时，降板较大，且防水要求较高，建议现浇。

3.2.7 楼梯设计

（1）预制楼梯与支承构件之间宜采用简支连接，且应符合下列规定：

① 预制楼梯宜一端设置固定铰，另一端设置滑动铰，其转动及滑动变形能力应满足

结构层间位移的要求，且预制楼梯端部在支承构件上的最小搁置长度应符合表 3-1 的规定。

② 预制楼梯设置滑动铰的端部应采取防止滑落的构造措施。

预制楼梯在支承构件上的最小搁置长度　　表 3-1

抗震设防烈度	6 度	7 度	8 度
最小搁置长度(mm)	75	75	100

（2）各式各样的预制楼梯使得模具的通用性低、构件成本高。故而，针对不同的预制楼梯特点进行综合分析，见表 3-2、表 3-3。

上下无外伸钢筋楼梯做法　　表 3-2

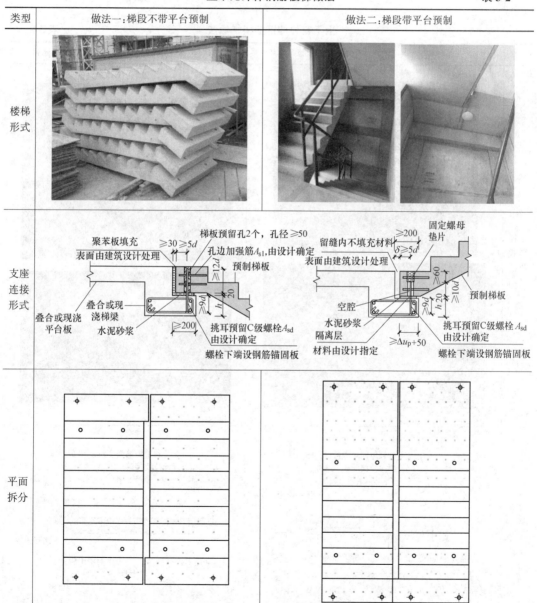

续表

类型	做法一:梯段不带平台预制	做法二:梯段带平台预制
做法介绍	上下梯段预制,采用套洞的形式与梯梁挑耳上预埋插筋连接,后装法施工	楼梯梯段带半平台一起预制,外墙上需设置牛腿,以便梯段的滑动。后装法施工
优点	(1)上下梯段一致,一套模具,节约模具成本; (2)构件制作简单,安装方便	(1)带平台预制,施工方便; (2)因无平台梁,当平台有净高要求时占优势
缺点	(1)梯板为滑动,在预制梯板内预埋管线较难; (2)简支受弯构件需做型式检验	(1)跨度比不带平台大,板厚需根据跨度计算确定,构件重量增加; (2)上下两个梯段因直段长度不同为两套模具; (3)梯板带平台板预制采用滑动,管线预埋困难; (4)简支受弯构件需做型式检验

上下有外伸钢筋楼梯做法　　　　　　　　　　　　　表 3-3

类型	做法三:梯段上下有外伸钢筋	做法四:梯段上下有外伸钢筋且中间设梯梁
楼梯形式		
支座连接形式		

类型	做法三:梯段上下有外伸钢筋	做法四:梯段上下有外伸钢筋且中间设梯梁
平面拆分		
做法介绍	预制梯段上下端伸出钢筋,先装法施工:(1)先吊装楼梯梯段,设置好支撑,绑扎梯梁钢筋;(2)浇筑楼梯梯梁及平台板,形成整体	预制梯段上下端伸出钢筋,锚入现浇的梯梁内,中间设置结构梁,梁的外伸钢筋锚入梯柱内,浇筑混凝土形成整体,先装法施工
优点	(1)与现浇结构形成整体,整体性好;(2)适用于梯梁无法后退做不出牛腿的楼梯梯段预制	梯板厚度减薄,在公共建筑中有一定的使用空间
缺点	(1)楼梯两端有出筋,模具复杂,构件制作困难,安装时与梯梁面纵筋冲突,施工极其不便;(2)这样的楼梯,必须与主体结构同步安装,而此时没有支承牛腿,因此需要在楼板下设置临时支撑;(3)由于楼梯板底是斜面,还得要专门加工板底可调支托	

3.3　装配整体式框架结构

3.3.1　体系介绍

全部或部分框架梁、柱采用预制构件构建成的装配整体式混凝土结构,简称装配整体式框架结构。根据预制构件的种类,该体系又可分为以下两种类型:预制柱+叠合梁+叠合板(图3-37、图3-38)、现浇柱+叠合梁+叠合板。

图3-37　装配整体式框架体系

(a) 叠合梁

(b) 叠合楼板

(c) 连接节点(一)

(d) 连接节点(二)

图 3-38　装配式框架构件及节点

3.3.2　设计要点

1. 一般规定

（1）装配整体式框架结构设计时，必须遵循强柱弱梁、强剪弱弯、强节点弱构件等原则，且结构分析模型与结构实际情况一致。根据国内外多年的研究成果，在地震区的装配整体式框架结构，当采取了可靠的节点连接方式和合理的构造措施后，其性能可等同于现浇混凝土框架结构，可以采用"等同现浇"的方法进行结构分析和设计，目前的设计规范均基于此理论进行。例如现行行业标准《装配式混凝土结构技术规程》（JGJ 1）中，关于装配整体式框架结构的房屋最大适用高度、结构适用的最大高宽比、结构构件抗震等级的取值，以及结构计算中楼层层间最大位移与层高之比的限制等要求都与普通现浇结构一致。当采取其他措施，能满足结构设计基本原则，可采用相应计算方法进行设计。

（2）预制构件的结合面同样是保证等同现浇的关键，叠合梁端结合面主要包括框架梁与节点区的结合面、梁自身连接的结合面以及次梁与主梁的结合面等几种类型。结合面的受剪承载力的组成主要包括：新旧混凝土结合面的粘结力、键槽的抗剪能力、后浇混凝土叠合层的抗剪能力、梁纵向钢筋的销栓抗剪作用。预制柱底结合面的受剪承载力的组成主要包括：新旧混凝土结合面的粘结力、粗糙面或键槽的抗剪能力、轴压产生的摩擦力、梁纵向钢筋的销栓抗剪作用或摩擦抗剪作用，其中后两者为受剪承载力的主要组成部分。

（3）在预制柱叠合梁框架节点中，梁钢筋在节点中锚固及连接方式是决定施工可行性以及节点受力性能的关键。设计中，梁、柱构件尽量采用较粗直径、较大间距的钢筋布置方式，节点区的主梁钢筋较少，有利于节点的装配施工，保证施工质量。设计过程中，应充分考虑到施工装配的可行性，合理确定梁、柱截面尺寸及钢筋的数量、间距及位置等。在中间节点中，两侧梁的钢筋在节点区内锚固时，位置可能冲突，可采用弯折避让的方式，弯折角度不宜大于节点区施工时，应注意合理安排节点区箍筋、预制梁、梁上部钢筋的安装顺序，控制节点区箍筋的间距满足要求。

需要指出的是：由于建筑功能的需要，框架结构底部或首层不太规则，地震作用下截面大、配筋多，不适用于采用预制构件或不利于预制构件的连接。因此，现行行业标准《装配式混凝土结构技术规程》（JGJ 1）规定：对于预制混凝土框架，当设置地下室时，地下室宜采用现浇混凝土；框架结构首层柱宜采用现浇混凝土，顶层宜采用现浇楼盖结构，或采取其他相应措施。此外，试验研究表明，预制柱的水平接缝处，受剪承载力受柱轴力影响较大。当柱受拉时，水平接缝的抗剪能力较差，易发生接缝的滑移错动。因此，在结构整体布置时，应通过合理的结构布局，避免柱的水平接缝处出现拉力。

2. 构造要点

（1）预制柱的设计应满足现行国家标准《混凝土结构设计规范》（GB 50010）的要求，并应符合下列规定：

① 矩形柱截面边长不宜小于 400mm，圆形截面柱直径不宜小于 450mm，且不宜小于同方向梁宽的 1.5 倍。

② 柱纵向受力钢筋在柱底连接时，柱箍筋加密区长度不应小于纵向受力钢筋连接区域长度与 500mm 之和；当采用套筒灌浆连接或浆锚搭接连接等方式时，套筒或搭接段上端第一道箍筋距离套筒或搭接段顶部不应大于 50mm。

③ 柱纵向受力钢筋直径不宜小于 20mm，纵向受力钢筋的间距不宜大于 200mm 且不应大于 400mm。柱的纵向受力钢筋可集中于四角配置且宜对称布置。柱中可设置纵向辅助钢筋且直径不宜小于 12mm 和箍筋直径；当正截面承载力计算不计入纵向辅助钢筋时，纵向辅助钢筋可不伸入框架节点。

（2）叠合梁的箍筋配置应符合下列规定：

① 抗震等级为一、二级的叠合框架梁的梁端箍筋加密区宜采用整体封闭箍筋；当叠合梁受扭时宜采用整体封闭箍筋且整体封闭箍筋的搭接部分宜设置在预制部分（图 3-39a）。

② 当采用组合封闭箍筋（图 3-39b）时，开口箍筋上方两端应做成 135°弯钩，对框架梁弯钩平直段长度不应小于 10d（d 为箍筋直径），次梁弯钩平直段长度不应小于 5d。现场应采用箍筋帽封闭开口箍，箍筋帽宜两端做成 135°弯钩，也可做成一端。

3.3.3　接缝承载力验算

（1）叠合梁端竖向接缝的受剪承载力设计值应按下列公式计算：

① 持久设计状况

$$V_u = 0.07 f_c A_{cl} + 0.10 f_c A_k + 1.65 A_{sd} \sqrt{f_c f_y}$$

② 地震设计状况

$$V_{uE} = 0.04 f_c A_{cl} + 0.06 f_c A_k + 1.65 A_{sd} \sqrt{f_c f_y}$$

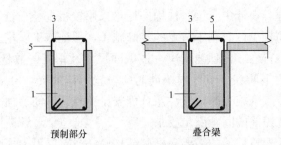

预制部分　　　　　　　　　叠合梁

(a) 采用整体封闭箍筋的叠合梁

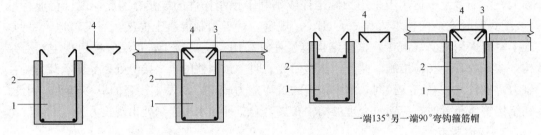

两端135°钩箍筋帽　　　　　　　　　　　　　　　　　　一端135°另一端90°弯钩箍筋帽

(b) 采用组合封闭箍筋的叠合梁

图 3-39　竖向分布钢筋"梅花形"套筒灌浆构造示意

1—预制梁；2—开口箍筋；3—上部纵向钢筋；4—箍筋帽；5—封闭箍筋

式中：A_{c1}——叠合梁端截面后浇混凝土叠合层截面面积；

$\quad\quad f_c$——预制构件混凝土轴心抗压强度设计值；

$\quad\quad f_y$——垂直穿过结合面钢筋抗拉强度设计值；

$\quad\quad A_k$——各键槽的根部截面面积之和，按后浇键槽根部截面和预制键槽根部截面分别计算，并取二者的较小值；

$\quad\quad A_{sd}$——垂直穿过结合面所有钢筋的面积，包括叠合层内的纵向钢筋。

(2) 由于后浇混凝土、灌浆料或坐浆材料与预制构件结合面的粘结抗剪强度往往低于预制构件本身混凝土的抗剪强度，因此接缝一般采用强度等级高于构件的后浇混凝土、灌浆料或坐浆材料，当穿过接缝的钢筋不少于构件内钢筋且构造符合规范要求时，节点及接缝的正截面受压、受拉及受弯承载力可不必进行验算，但接缝仍需进行受剪承载力计算。

在地震设计状况下，预制柱底水平接缝的受剪承载力设计值应按下列公式计算：

① 当预制柱受压时：

$$V_{uE}=0.8N+1.65A_{sd}\sqrt{f_cf_y}$$

② 当预制柱受拉时：

$$V_{uE}=1.65A_{sd}\sqrt{f_cf_y\left[1-\left(\frac{N}{A_{sd}f_y}\right)^2\right]}$$

式中：f_c——预制构件混凝土轴心抗压强度设计值；

$\quad\quad f_y$——垂直穿过结合面钢筋抗拉强度设计值；

$\quad\quad N$——与剪力设计值 V 相应的垂直于结合面的轴向力设计值，取绝对值进行计算；

$\quad\quad A_{sd}$——垂直穿过结合面所有钢筋的面积；

$\quad\quad V_{uE}$——地震设计状况下柱端接缝受剪承载力设计值。

3.4　装配整体式剪力墙结构

部分或全部剪力墙采用预制墙板，通过可靠的方式进行连接并与现场后浇混凝土、水泥基灌浆料形成整体的剪力墙结构，称为装配整体式剪力墙结构体系。其中，预制墙板根据叠合的情况，目前国家标准和上海地标中较常见的有三种类型：（1）整体预制墙；（2）单层叠合墙；（3）双层叠合墙。

3.4.1　整体预制墙

1. 体系介绍

整体预制墙板是指整个剪力墙墙体均在工厂预制完成之后运输至现场，采用套筒灌浆或浆锚搭接的方法，将上、下两片剪力墙的钢筋进行连接的墙体。

预制墙中竖向接缝对剪力墙刚度有一定影响，为了安全起见，结构整体适用高度有所降低。在 8 度（0.3g）及以下抗震设防烈度地区，对比同级别抗震设防烈度的现浇剪力墙结构最大适用高度通常降低 10m，当预制剪力墙底部承担总剪力超过 80％时，建筑适用高度降低 20m。

2. 设计要点

装配整体式实心剪力墙结构体系是目前国内外应用最广泛的装配整体式混凝土剪力墙结构体系（图 3-40）。国内的装配整体式剪力墙结构体系中，水平接缝处上、下层剪力墙的竖向连接构造是影响该结构体系受力性能的关键因素之一。预制墙体竖向接缝基本采用后浇混凝土区段连接，墙板水平钢筋在后浇段内锚固或者搭接。预制剪力墙水平接缝处及竖向钢筋的连接划分为以下几种：

（1）竖向钢筋采用套筒灌浆连接，拼缝采用灌浆料填实。

（2）竖向钢筋采用螺旋箍筋约束浆锚搭接连接，拼缝采用灌浆料填实。

（3）竖向钢筋采用金属波纹管浆锚搭接连接，拼缝采用灌浆料填实。

（4）竖向钢筋采用套筒灌浆连接，结合预留后浇区搭接连接。

（5）其他方式，包括竖向钢筋在水平后浇带内采用环套钢筋搭接连接；竖向钢筋采用挤压套筒、锥套锁紧等机械连接方式并预留混凝土后浇段；竖向钢筋采用型钢辅助连接或者预埋件螺栓连接等。

其中，以上（1）~（4）连接方式相对成熟，应用较广泛。钢筋套筒灌浆连接技术成熟，在美国和日本等地震多发国家得到普遍的应用，目前国内已有相关行业和地方标准，对施工要求也较高；钢筋浆锚搭接连接技术成本较低，工程应用通常为剪力墙全截面竖向分布钢筋逐根连接；螺旋箍筋约束钢筋浆锚搭接和金属波纹管钢筋浆锚搭接连接技术是目前应用较多的钢筋间接搭接连接两种主要形式，各有优缺点，已有相关地方标准，国内已经列入《装规》中，但使用上有限制。底部预留后浇区钢筋搭接连接剪力墙技术体系尚处于深入研发阶段，该技术由于其剪力墙竖向钢筋采用搭接、套筒灌浆连接技术进行逐根连接，技术简便，成本较低，但增加了模板和后浇混凝土工作量，还要采取措施保证后浇混凝土的质量，暂未纳入《装规》中。

上、下层预制剪力墙的竖向钢筋连接应符合下列规定：

(a) 预制剪力墙

(b) 预制带门洞墙

(c) 预制飘窗

图 3-40　整体预制墙板

（1）边缘构件的竖向钢筋应逐根连接。

（2）预制剪力墙的竖向分布钢筋宜采用双排连接，当竖向分布钢筋采用套筒连接，并"梅花形"部分连接时（图 3-41），连接钢筋的配筋率不应小于现行国家标准《建筑抗震设计规范》（GB 50011）规定的剪力墙竖向分布钢筋最小配筋率要求，连接钢筋的直径不应小于 12mm，同侧间距不应大于 600mm，且在剪力墙构件承载力设计和分布钢筋配筋率计算中不得计入未连接的分布钢筋；未连接的竖向分布钢筋直径不应小于 6mm。

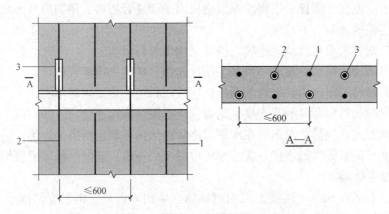

图 3-41　竖向分布钢筋"梅花形"套筒灌浆构造示意
1—未连接的竖向分布钢筋；2—连接的竖向分布钢筋；3—灌浆套筒

（3）除下列情况外，墙体厚度不大于 200mm 的丙类建筑预制剪力墙的竖向分布钢筋可采用单排连接，且在计算分析时不应考虑剪力墙平面外刚度及承载力：抗震等级为一级的剪力墙；轴压比大于 0.3 的抗震等级为二、三、四级的剪力墙；一侧无楼板的剪力墙；一字形剪力墙、一端有翼墙连接但剪力墙非边缘构件区长度大于 3m 的剪力墙，以及两端有翼墙连接但剪力墙非边缘构件区长度大于 6m 的剪力墙。

当竖向分布钢筋采用套筒连接并单排连接时（图 3-42），剪力墙两侧竖向分布钢筋与配置于墙体厚度中部的连接钢筋搭接连接，连接钢筋位于内、外侧被连接钢筋的中间；连接钢筋受拉承载力不应小于上、下层被连接钢筋受拉承载力较大值的1.1倍，间距不宜大于300mm。下层剪力墙连接钢筋自下层预制墙顶算起的埋置长度不应小于 $1.2l_{aE}+b_w/2$（b_w 为墙体厚度），上层剪力墙连接钢筋自套筒顶面算起的埋置长度不应小于 l_{aE}，上层连接钢筋顶部至套筒底部的长度尚不应小于 $1.2l_{aE}+b_w/2$，l_{aE} 按连接钢筋直径计算。钢筋连接长度范围内应配置拉筋，同一连接接头内的拉筋配筋面积不应小于连接钢筋的面积；拉筋沿竖向的间距不应大于水平分布钢筋间距，且不宜大于150mm；拉筋沿水平方向的间距不应大于竖向分布钢筋间距，直径不应小于6mm；拉筋应紧靠连接钢筋，并勾住最外层分布钢筋。

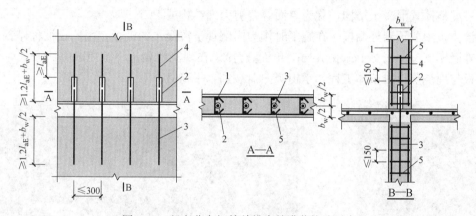

图 3-42　竖向分布钢筋单排套筒灌浆构造示意

1—上层预制剪力墙竖向分布钢筋；2—灌浆套筒；3—下层剪力墙连接钢筋；4—上层剪力墙连接钢筋；5—拉筋

（4）抗震等级为一级的剪力墙以及二、三级底部加强部位的剪力墙，剪力墙的边缘构件竖向钢筋宜采用套筒灌浆连接。

3. 接缝承载力验算

参考我国现行国家标准《混凝土结构设计规范》（GB 50010）、现行行业标准《高层建筑混凝土结构技术规程》（JGJ 3）、国外规范［如美国规范 ACI 318-08、欧洲规范 EN 1992-1-1：2004、美国 PCI 手册（第七版）等］，并对大量试验数据进行分析的基础上，给出了预制剪力墙水平接缝受剪承载力设计值的计算公式，公式与《高层建筑混凝土结构技术规程》（JGJ 3）中对一级抗震等级剪力墙水平施工缝的抗剪验算公式相同，主要采用剪摩擦的原理，考虑了钢筋和轴力的共同作用。

在地震设计状况下，剪力墙水平接缝的受剪承载力设计值应按下式计算：

$$V_{uE}=0.6f_yA_{sd}+0.8N$$

式中：f_y——垂直穿过结合面的钢筋抗拉强度设计值；

N——与剪力设计值 V 相应的垂直于结合面的轴向力设计值，压力时取正，拉力时取负；

A_{sd}——垂直穿过结合面的抗剪钢筋面积。

从以上公式可以看出，当出现拉力时，将严重削弱剪力墙水平接缝承载力。因此，剪力墙应采取合理的结构布置、适宜的高宽比，避免墙肢出现较大的拉力。进行预制剪力墙底部水平接缝受剪承载力计算时，计算单元的选取分以下三种情况：

（1）不开洞或者开小洞口整体墙，作为一个计算单元。

（2）小开口整体墙可作为一个计算单元，各墙肢联合抗剪。

（3）开口较大的双肢及多肢墙，各墙肢作为单独的计算单元。

3.4.2　单面叠合预制墙

1. 体系介绍

将预制混凝土外墙板作为外墙外模板，在外墙模板内侧绑扎钢筋、支模并浇筑混凝土，预制混凝土外墙板通过粗糙面和叠合筋（也称桁架筋）与现浇混凝土结合成整体（图3-43、图3-44），这样的墙体称为单面叠合墙。全部或部分剪力墙采用单面叠合墙板构建成的装配整体式混凝土结构，称为单面叠合剪力墙结构或PCF剪力墙。

该体系中的预制外墙板，在施工时作为内侧现浇混凝土的模板，因此也被称作预制混凝土外墙模（precast concrete form，单面叠合）。在现浇混凝土浇筑完成并终凝后，预制外墙板与现浇层形成整体工程，承担竖向荷载和水平荷载。

图3-43　单层叠合墙板　　　　　　　　图3-44　单面叠合剪力墙板施工

2. 设计要点

（1）一般规定

单面叠合剪力墙是实现剪力墙结构住宅产业化、工厂化生产的一种方式。和其他预制混凝土构件相同，单面叠合剪力墙的预制部分即预制剪力墙板在工厂加工制作、养护，达到设计强度后运抵施工现场，安装就位后和现浇部分整浇形成预制叠合墙。带建筑饰面的预制外墙板不仅可作为外墙模板，外墙立面也不需要二次装修，可完全省去施工外脚手架。

日本是较早推广、应用这种剪力墙的国家，技术也相对成熟。目前，预制叠合剪力墙在日本作为框架填充墙或框架结构中的抗震墙使用，真正作为受力构件用于纯剪力墙结构的工程实例还不多见。同时，日本工程界对于结构高度超过60m的建筑中采用预制叠合剪力墙态度谨慎。现行上海地区规范规定，预制叠合剪力墙结构只适用于结构总高度不大于60m，层高不大于5.5m，抗震等级为三级及以下的小高层、高层剪力墙结构住宅外墙。

我国试验研究表明,预制叠合剪力墙的受力变形过程、破坏模式和普通剪力墙相同,且试验承载力大于与其有效厚度相当的普通剪力墙的计算承载力。因此,对于部分墙肢采用预制叠合剪力墙的剪力墙结构,在进行结构整体设计计算时遵循和一般剪力墙结构相同的原则、标准,而预制叠合剪力墙的截面设计可采用和普通剪力墙相同的方法。

（2）构造要求

单面叠合墙板安装时,垂直拼缝宽宜控制在 10～25mm,水平拼缝宽宜控制在 20～30mm。拼装时,应在现浇部分紧贴预制墙板内侧布置补强筋（图 3-45、图 3-46）。补强筋是指沿预制墙板竖向及水平拼缝放置、用以增强接缝强度和叠合剪力墙整体性的短钢筋。单位长度配置的拼缝补强筋面积不应小于预制墙板内与补强筋平行的分布钢筋的面积。拼缝补强筋位置处于预制墙板内侧和钢筋桁架上弦钢筋之间,跨缝布置,单侧长度不应小于 $30d$（d 为补强筋直径）及现行行业标准《高层建筑混凝土结构技术规程》（JGJ 3）规定的剪力墙分布钢筋搭接长度的较大值。

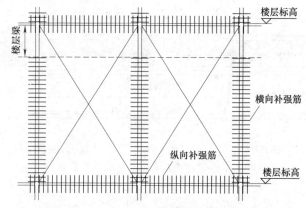

图 3-45 单面叠合剪力墙板拼缝补强筋布置

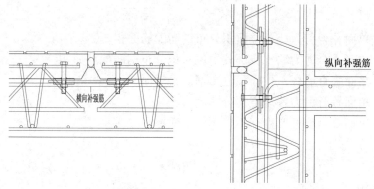

图 3-46 单面叠合剪力墙水平及垂直拼缝处补强筋设置

3. 墙体厚度验算

预制混凝土外墙板还可作为预制叠合剪力墙的一部分参与结构受力,其中墙体总厚度扣除预制剪力墙饰面及接缝切口深度后剩余墙体的厚度,称为单面叠合剪力墙的有效厚度,该厚度为配筋率及承载力计算的基准厚度。根据预制叠合层是否参与主体受力,可将

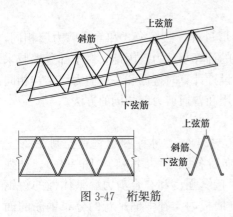

上弦筋

斜筋

下弦筋

上弦筋

斜筋

下弦筋

图 3-47 桁架筋

PCF 体系分为参与主体受力和不参与主体受力两种类型。预制剪力墙板叠合筋的主要作用是连接预制叠合剪力墙预制部分（PCF 板）和现浇部分，增强预制叠合剪力墙的整体性，同时保证预制剪力墙板在制作、吊装、运输及现场施工时有足够的强度和刚度，避免损坏、开裂（图 3-47）。

预制叠合剪力墙现浇部分厚度应不小于 120mm，当设置边缘构件及连梁时，不应小于 160mm。混凝土设计强度等级应和预制剪力墙板保持一致。现浇部分可根据板厚配置单层或多层双向钢筋网，配筋数量除应根据承载力要求计算确定外，尚应和预制剪力墙板内分布钢筋配筋水平保持一致。预制叠合剪力墙现浇部分单位面积配筋量宜满足下列计算公式要求（图 3-48）。

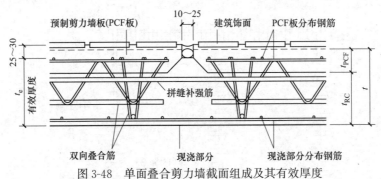

预制剪力墙板(PCF板)   10～25   建筑饰面   PCF板分布钢筋

拼缝补强筋

双向叠合筋   现浇部分   现浇部分分布钢筋

图 3-48 单面叠合剪力墙截面组成及其有效厚度

$$A_{sj} = A_s \times \frac{t_{RC}}{t_{PCF} + t_{RC}}$$

$$A_{sPCF} \geq A_s \times \frac{t_{PCF}}{t_{PCF} + t_{RC}}$$

式中：A_s——单面叠合剪力墙单位面积分布钢筋配筋面积；

A_{sj}——单面叠合剪力墙现浇部分单位面积分布钢筋配筋面积；

A_{sPCF}——单面叠合墙板单位面积分布钢筋配筋面积；

t_{RC}——单面叠合剪力墙现浇部分厚度；

t_{PCF}——单面叠合墙板厚度（不含建筑饰面厚）。

3.4.3 双层叠合墙

1. 体系介绍

预制双面叠合墙板由内外叶双层预制混凝土板、中间空腔及连接双层预制混凝土板的钢筋桁架在工厂制作而成，简称双面叠合墙板。现场安装就位后，在内外叶预制板中间空腔浇筑混凝土，整体共同参与结构受力，形成双面叠合剪力墙。组成双面叠合墙板的内、外侧预制板，称为内叶板和外叶板。

该体系由两层预制板与格构钢筋制作而成，现场安装就位后，在两层板中间浇筑混凝土并采取规定的构造措施，同时整片剪力墙与暗柱等边缘构件通过现浇连接，形成预制与后浇之间的整体连接（图3-49）。叠合楼板是在现场安装预制混凝土楼板，以其为模板，辅以配套支撑，设置与竖向构件的连接钢筋、必要的受力钢筋以及构造钢筋，再浇筑混凝土叠合层，与预制板共同受力的结构体系。预制墙板、楼板充当现场模板，省去了现场支模拆模的烦琐工序，整个体系在制作过程中工业化程度较高，是发展住宅工业化行之有效的方式。

(a) 双面叠合剪力墙住宅

(b) 双面叠合剪力墙

(c) 叠合楼板

图 3-49　双层叠合墙板

2. 设计要点

（1）一般规定

双面叠合剪力墙结构的最大适用高度参照现行国家标准《装配式混凝土建筑技术标准》（GB/T 51231）和行业标准《高层建筑混凝土结构技术规程》（JGJ 3）、《装配式混凝土结构技术规程》（JGJ 1）中的相关规定。根据相关试验研究成果以及大量有限元数值模拟分析结果，叠合剪力墙结构在构造合理的情况下具有良好的抗震性能，与现浇结构接近。由于叠合剪力墙结构墙体之间接缝数量多且构造复杂，接缝的构造措施和施工质量对结构整体抗震性能影响较大，因此规范从严要求，与现浇结构相比，适当降低其最大适用高度。双面叠合剪力墙建筑适用高度，在 7 度抗震设防烈度地区为 80m，在 8 度抗震设防烈度地区为 60m；当预制剪力墙底部承担总剪力超过 50% 时，最大建筑适用高度应适当降低。

叠合剪力墙结构的设计，应注重概念设计，建立合理的结构分析模型。叠合剪力墙结构采用预制构件与后浇混凝土相结合，通过在连接节点处进行合理的构造措施，将预制构件和现浇节点连接成一个整体，保证整体结构性能具有与现浇混凝土结构等同的整体性、延性、承载力和耐久性能。叠合剪力墙结构的关键点在于预制构件之间以及预制构件与现浇混凝土之间的连接技术，其中包括连接附加钢筋的选用和连接节点的构造设计。节点连接构造不仅应满足结构的力学性能要求，还应满足建筑的物理性能要求。预制叠合墙板的技术在德国已经相当成熟，并在欧洲和其他工业发达国家中得到广泛使用。

（2）构造要求

双面叠合墙板中钢筋桁架在双面叠合墙板中有如下作用：①双面叠合墙板中内、外叶预制板通过钢筋桁架连接形成整体；②提高双面叠合墙板的整体刚度，避免运输和安装期间墙板产生较大变形和开裂，保证生产、运输、吊装及安装过程中的安全；③与结构的水平及竖向连接钢筋形成整体传递荷载；④拉结内外叶预制板共同承担浇筑空腔混凝土时的侧压力。规范规定了单块双面叠合墙板内钢筋桁架不应少于两榀，当双面叠合墙板内竖向通长设置封闭箍筋笼时，箍筋笼可替代钢筋桁架（图3-50）。

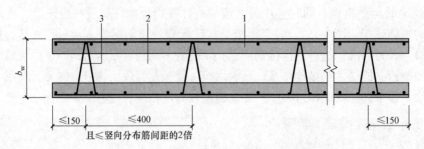

图 3-50　双面叠合墙板中钢筋桁架布置示意

1—预制部分；2—现浇部分；3—钢筋桁架

双面叠合剪力墙墙身水平接缝处应设置竖向分布筋的连接钢筋，竖向分布筋的连接钢筋应通过计算确定，并满足下列要求：

① 竖向分布筋的连接钢筋锚入上下墙板后浇混凝土中的长度不应小于 $1.2l_{aE}$（图 3-51）。

② 竖向分布筋的连接钢筋的间距不应大于双面叠合剪力墙预制墙板中竖向分布筋的间距，且不宜大于 200mm；竖向分布筋的连接钢筋的直径不应小于双面叠合剪力墙预制墙板中竖向分布筋的直径。

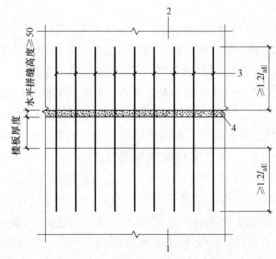

图 3-51　竖向分布筋的连接搭接构造

1—下层剪力墙；2—上层双面叠合剪力墙；3—竖向连接钢筋；4—楼层水平拼缝

3. 接缝承载力验算

双面叠合剪力墙结构中，叠合剪力墙的水平接缝是影响结构受力性能的重要部位，接缝要实现强连接，避免在接缝处发生剪切破坏。水平接缝承载力验算，参照现行行业标准《高层建筑混凝土结构技术规程》（JGJ 3）中对抗震等级为一级的剪力墙和现行国家标准《装配式混凝土建筑技术标准》（GB/T 51231）中剪力墙水平拼缝的受剪承载力计算方法进行计算。水平施工缝的抗滑移验算要求（采用剪摩擦原理），仅考虑钢筋和轴力的共同作用，不考虑混凝土抗剪作用。在地震设计状况下，双面叠合剪力墙水平接缝处承载力设计值计算公式同全截面剪力墙。

第**4**章

电气、给水排水、暖通专业相关知识

4.1 装配式建筑与电气专业的关系

4.1.1 装配式建筑电气设计内容

装配式混凝土建筑的电气设计应采用标准化、系统化的设计方法，做到设备布置和安装、管线敷设和连接的标准化和系统化。

电气专业应与其他专业协同设计，在预制构件深化图中准确确定电气设备与管线，满足预制构件工厂化生产及机械化安装的需要。

装配式建筑电气设计应包含以下内容：

（1）明确装配式建筑电气设备的设计原则及依据。

（2）对预埋在建筑预制墙及现浇墙内的电气预埋箱、盒、孔洞、沟槽及管线等要有做法标注及详细定位。

（3）电气预埋管、线、盒及预留孔洞、沟槽及电气构件间的连接做法。

（4）墙内预留电气设备时的隔声及防水措施；设备管线穿过预制构件部位采取相应的防水、防火、隔声、保温等措施。

（5）采用预制结构柱内钢筋作为防雷引下线时，应绘制预制结构柱内防雷引下线间连接大样，标注所采用防雷引下线钢筋、连接件规格以及详细做法。

4.1.2 装配式建筑电气点位的设计要点

装配式混凝土建筑是预制构件在工厂一次性加工完成，设备与管线设计应与建筑设计同步进行，预留预埋应满足结构专业相关要求，不得在现场对预制构件剔凿沟槽、打孔开洞等，这就需要提高土建阶段机电设施预埋准确率。

项目交付有两种规格，一种是毛坯房交付，一种是精装修房交付。毛坯房按照电气专业施工图的设计要求，根据毛坯房电气施工图图纸内容进行预埋和预留。精装修房按照精装户型图纸和精装电气施工图图纸内容进行预埋预留。

室内设计根据机电配置标准提供精装机电点位图纸。精装图纸需要提供机电点位平面、立面和细节资料。电气专业需要复核内容为：各电气设备点位的位置和数量；配电箱、弱电箱、可视对讲机的位置及安装空间；箱体位置是否避开剪力墙或框架柱，各箱体进出线管间是否受影响。

　　装配式建筑的电气设计应进行管线综合设计，优化设计布置，减少平面交叉。

　　（1）住宅项目根据区域划分为户内和公共区域。电气和智能化系统的主干线应在公共区域的电气井内设置。

　　（2）电气管线和智能化管线在楼板内铺设时，应做好管线的综合排布。楼板中同一位置交叉铺设的电气管线数量，需要综合管线的管径、埋深要求、板内钢筋等因素，并结合楼板现浇层厚度综合考虑。

　　（3）装配式混凝土建筑中，电气竖向管线宜集中敷设，满足维修更换的需要。电气水平管线宜在架空层或吊顶内设置，必要时宜敷设在现浇层或建筑垫层中。

　　（4）户内配箱和弱电箱的进出线较多，不宜安装在预制构件上。在叠合楼板处配电箱和弱电箱位置宜分开布置，减少电气管线在预制楼板处的交叉。

　　（5）入户门侧的开关、可视对讲机等线盒不宜安装在预制构件上。

　　（6）竖向电气管线不宜设置在预制柱内，尽量不设置在预制剪力墙内。若不能避开剪力墙，宜避开钢筋密集范围，且宜布置在现浇部位。

　　建筑电气管线与预制构件的关系应考虑以下几个方面：

　　（1）凡在预制墙体上设置的终端配电箱、开关、插座及其必要的接线盒、连接管等及相关孔洞均应进行预留预埋，并应采取有效措施，满足隔声和防火要求（图4-1、图4-2）。

　　（2）沿预制墙体预埋的电气接线盒及其管路与现浇层内相应电气管路连接时，墙面预埋盒下（上）宜预留接线空间，便于施工接管操作（图4-2）。

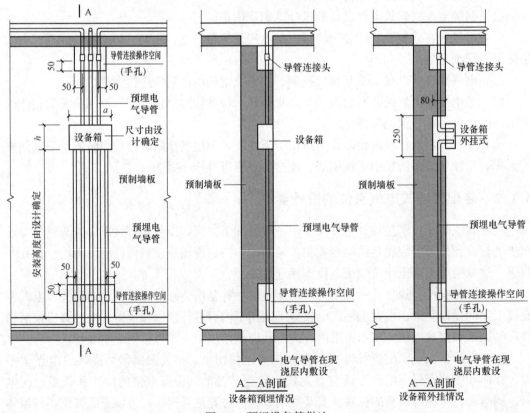

图4-1　预埋设备箱做法

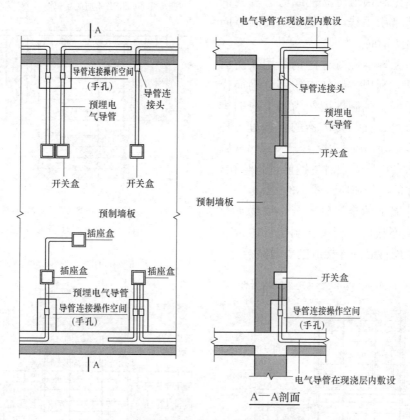

图 4-2 预埋开关、插座、管线及手孔做法

（3）电气线路预埋暗敷在预制墙体上时，应采用穿导管保护，并应预埋在不燃烧体的结构内，消防线路保护层厚度不应小于 30mm，其他线路保护层厚度不应小于 15mm。

（4）沿叠合楼板现浇层暗敷的照明等管线，应在预制楼板设备处预埋深型接线盒。

4.1.3 装配式建筑防雷接地设计

一般现浇混凝土结构建筑，均优先利用钢筋混凝土梁、板、柱或剪力墙内的钢筋作为雷电防护装置，钢筋和钢筋间采用绑扎、机械连接等，很容易形成雷电电气通路。而装配式混凝土结构，预制构件工厂生产，现场装配，并不能保证构件与构件之间的钢筋形成雷电电气通路。

装配式混凝土结构有装配整体式框架（框剪）结构和装配整体式剪力墙结构。一般情况下框架结构的底层柱采用现浇，二层以上会采用预制柱，框架柱的纵筋连接宜采用套筒灌浆连接；剪力墙结构的底部加强部位采用现浇，上部剪力墙的暗柱几乎都采用现浇，预制剪力墙竖向钢筋的连接可根据不同部位，分别采用套筒灌浆连接、浆锚搭接连接。钢筋与套筒之间隔着混凝土砂浆，钢筋不能连续，不能满足电气贯通的要求。

装配式混凝土建筑的防雷设计应符合现行国家标准《建筑物防雷设计规范》（GB 50057）和《民用建筑电气设计标准》（GB 51348）的规定，并应充分考虑预制结构的特点，满足以下要求：

（1）优先利用现浇立柱或剪力墙内的钢筋作为防雷引下线，避免利用预制竖向受力构件内的钢筋。

（2）当无现浇混凝土内钢筋用作防雷引下线时，宜利用预制柱内的部分钢筋作为防雷引下线。预制柱内作为引下线的钢筋在柱连接处、柱与接闪器的连接处、柱与基础连接等处，应采用不小于 $\phi 10mm$ 圆钢作为附加专用导体来对主钢筋进行连接，并形成可靠的电气通路（图 4-3～图 4-5）。

（3）外墙上的金属管道及金属物需要与防雷装置连接时，相关预制构件内部与连接处的金属件必须连接成电气通路。

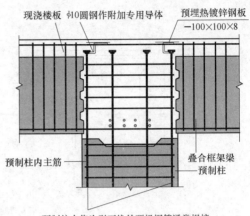

图 4-3　顶层预制柱引下线连接

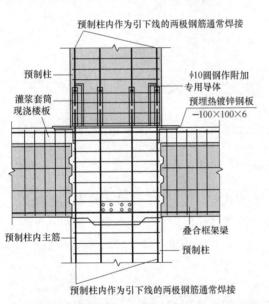

图 4-4　标准层预制柱内引下线连接

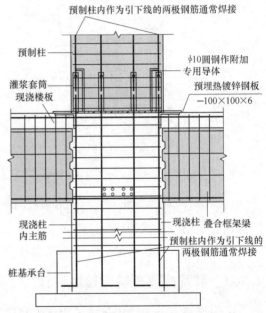

图 4-5　底层预制柱内引下线与基础连接

（4）根据现行国家标准《建筑物防雷设计规范》（GB 50057—2010）第 4.3.9 条、第 4.4.9 条规定，高度超过 45m（二类防雷）或 60m（三类防雷）的建筑物尚应考虑防侧击措施。对于装配式建筑，其凸出外墙的阳台、平台、空调板等需要采取措施将各预制构件内部钢筋与建筑结构柱钢筋可靠连接。铝合金门窗、栏杆和金属百叶等建筑物金属体连接的防雷接地做法如图 4-6～图 4-9 所示。

（5）幕墙防雷接地与该建筑物采用共用接地。其接地装置的要求和处置按现行国家标准《建筑物防雷设计规范》（GB 50057）规定。装配式建筑中采用的连接节点如图 4-10 所示。

（6）有洗浴设施的卫生间内的等电位联结端子箱 LEB 宜设置在现浇墙体或砌筑墙上，不宜设置在预制墙上。当卫生间内的等电位联结端子箱 LEB 必须设在预制墙上时，由于其出线较多，宜在其下部预留线槽及接线手孔，方便线管连接，如图 4-11 所示。

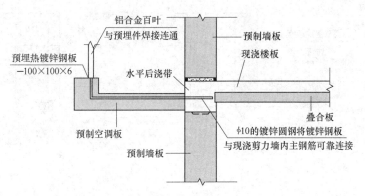

图 4-6　预制空调板防雷等电位联结大样

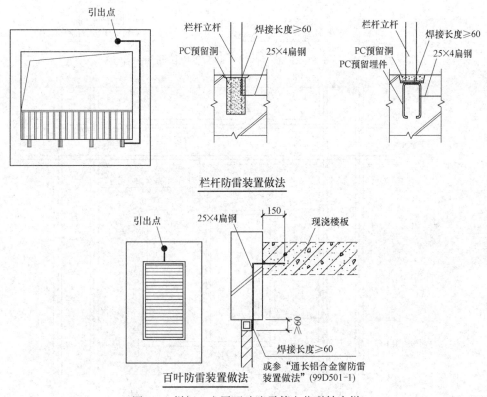

图 4-7　栏杆、金属百叶防雷等电位联结大样

4.1.4　装配式建筑电气点位的提资

电气专业提资应在室内、PC深化专业、电气专业共同确定好点位图后，绘制电气连线图，并根据连线图提资预埋线盒、线管和预留套管、预留洞等资料。

（1）所有在预制墙及预制楼板上的电气设备均应有定位尺寸。

（2）配电箱及弱电箱尽量不要设在预制墙上，电气竖井的外墙尽量不要预制，当结构资料上出现上述情况时，应及时与各专业协商避免。

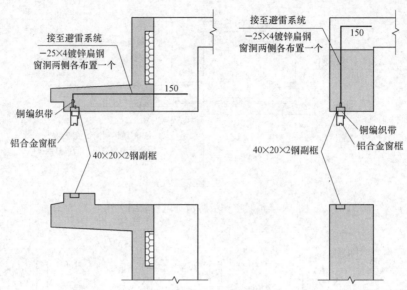

图 4-8 预制围护墙（凸窗）防雷等电位联结大样

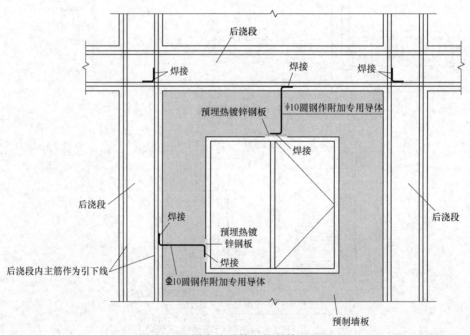

图 4-9 金属窗防雷等电位联结通用图

（3）当满足电气设备的使用功能时，灯具、开关、插座、报警按钮、红外探测器等电气设备尽量不要设在预制楼板、预制墙上，且应与室内设计单位协商，满足上述要求。

（4）各线盒均须标出出线管数量，数量应根据电气平面图中线盒的进出线管的数量来确定，照明开关的出线管数量应根据其出线管内导线数量来确定。

（5）线盒间有水平连接管时，应在平面资料图中表示连接管数量及方位。

（6）预制叠合楼板中预留的线盒宜采用不小于 100mm 高的深型接线盒，但还应根据 PC 板厚度作调整，保证线盒出线空间，一般是叠合板厚度＋40mm。

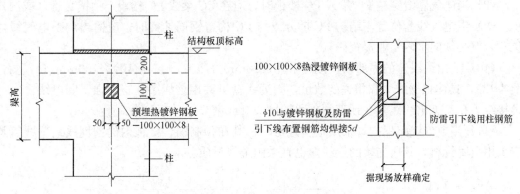

图 4-10　幕墙用的防雷接地联结节点

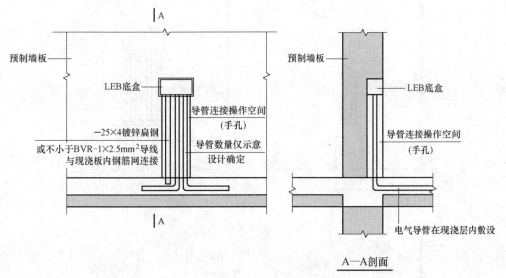

图 4-11　等电位端子箱预埋做法

（7）当墙体上出线线盒引至吊顶内时，宜在吊顶空间内增设线盒或孔洞，方便管线引出。当隔墙上的开关线盒引管线走顶部预制叠合楼板时，需要在叠合板上预留线盒或留孔洞，预留线盒做法如图 4-12 所示。

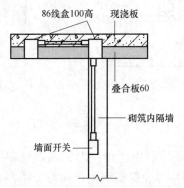

图 4-12　隔墙上方叠合板预留线盒做法

（8）当电气管线穿越 PC 梁或 PC 楼板时，应在 PC 梁或 PC 楼板上预留套管（或洞）。

（9）当电气线盒位置与结构 PC 拆分或与 PC 构造钢筋冲突时，应适当调整电气线盒位置，但必须向室内专业提资确认。

（10）下出线线盒的底部须设接线手孔（$180mm(H)\times100mm(W)\times100mm(D)$左右，图 4-13），具体根据线盒和相关的数量，附近线盒可共用接线手孔，但强、弱电线盒宜分设接线手孔；上出线线盒在顶部须预留转接头（或束节），如图 4-13 所示。

（11）当电气线路保护管采用金属管材时，其在预制墙、楼板内的预埋线盒、线管均应采用金属管材，其所连接的接线盒也宜采用金属材质。

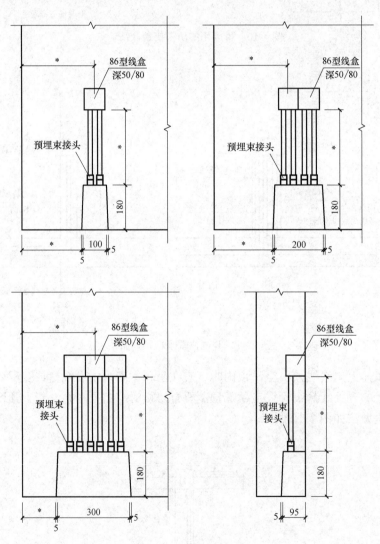

图 4-13　接线手孔大样图

（12）防雷引下线应尽量不要利用预制柱内钢筋，可利用附近现浇内钢筋，当必须利用 PC 柱内钢筋时，必须向结构专业提资，与结构专业协商竖向钢筋的连接方式，可在叠合梁（板）的现浇层内预埋钢板，并在 PC 柱内预留连接钢筋，同时与所有防雷引下钢筋可靠连接；预埋钢板也可设在预制柱底部外侧，但必须避开楼板及梁的高度位置，处于可操作部位。

（13）当女儿墙板采用预制时，需在该构件顶部的室外侧预埋支撑接闪带的预埋钢板。

电气精装主要图纸和预制墙体、预制楼板点位提资示例图，如图4-14～图4-21所示。

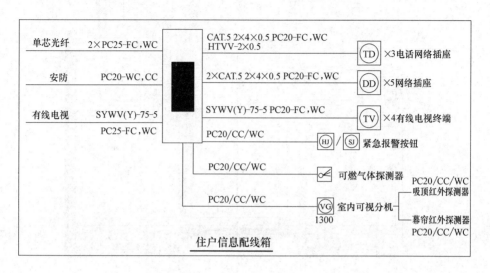

图 4-14　住户信息配线箱

配电箱/柜名称 进线编号/规格 电压(V) 配电箱型号/安装方式		箱/柜内元器件	回路编号	用途	
住户配电箱 ALz(A) 8kW		SJ201NA-C16	25A/2P	-220V交流接触器	
		GSJ201 AC-C16/0.03	WL01	备用	
		GSJ201 AC-C16/0.03	WL02	照明	BV(2×2.5+E2.5)-JDG20 CC
回路编号及管线 规格见电表箱 配电系统图	SH201-C40NA ARVP 自复位过欠压保护器	GSJ201 AC-C16/0.03	WL03	普通插座	BV(2×2.5+E2.5)-PC20 FC
		GSJ201 AC-C16/0.03	WL04	普通插座	BV(2×2.5+E2.5)-PC20 FC
		GSJ201 AC-C16/0.03	WL05	厨房插座	BV(2×2.5+E2.5)-PC20 FC
		GSJ201 AC-C16/0.03	WL06	卫生间插座	BV(2×2.5+E2.5)-PC20 FC
		GSJ201 AC-C16/0.03	WL07	备用	
		GSJ201 AC-C16/0.03	WL08	空调室内机	BV(2×2.5+E2.5)-JDG20 CC
		GSJ202 AC-D32/0.03	WL09	空调室外机3.39kW	BV(2×6+E6)-JDG32 FC
		GSJ201 AC-C16/0.03	WL10	浴霸	BV(2×2.5+E2.5)-JDG20 CC
		GSJ201 AC-C16/0.03	WL11	备用	

图 4-15　住户强电配线箱

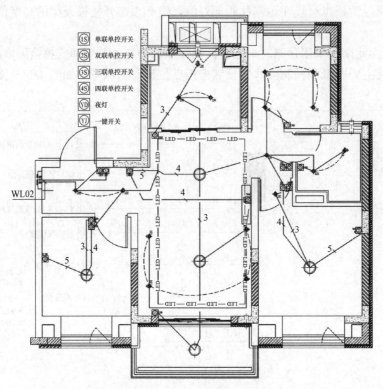

图 4-16 户型照明平面图

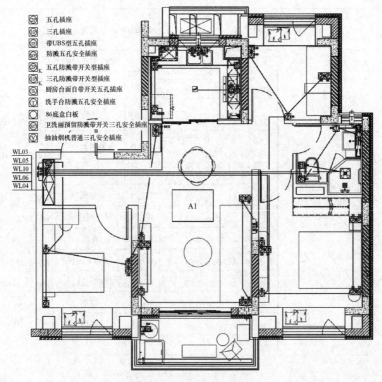

图 4-17 户型插座平面图

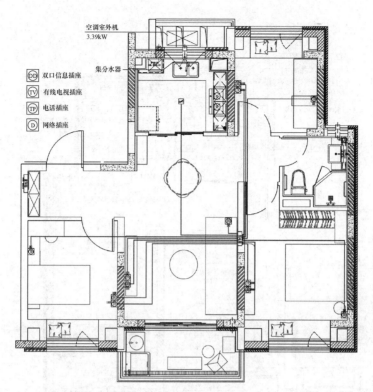

双口信息插座
有线电视插座
电话插座
网络插座

空调室外机
3.39kW

集分水器

图 4-18　户型弱电平面图

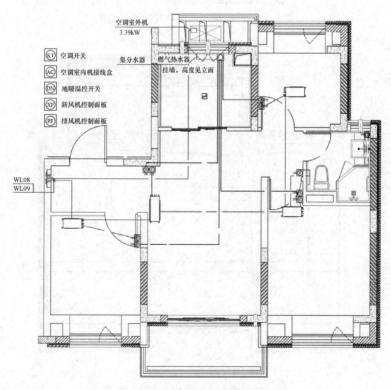

空调开关
空调室内机接线盒
地暖温控开关
新风机控制面板
排风机控制面板

空调室外机
3.39kW

集分水器　燃气热水器
挂墙，高度见立面

WL08
WL09

图 4-19　户型空调平面图

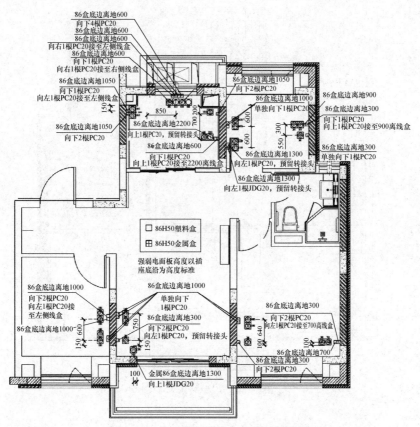

图 4-20 户型预制墙体电气预埋提资图

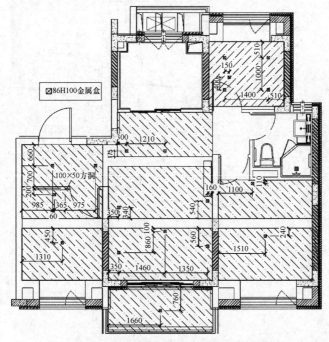

图 4-21 户型预制板电气预埋提资图

4.2　装配式建筑电气常见问题

深化设计单位在接收电气专业提资后，应核对机电预埋点位与预制墙板、叠合楼板、楼梯板、后浇带等的平、立面对应关系。对一些不合理的预埋情况提出调整意见，经电气和室内设计核对确认后，确定最终的预埋资料。

电气点位预埋中的一些问题，需要注意。

（1）点位位于预制墙体与现浇墙体衔接处。

需要调整点位或者移到现浇墙体内，或移到预制墙体内。根据预制墙体构件内钢筋布置原则，线盒中心距构件边不小于100mm，保证预埋线盒的牢固性，如图4-22所示。

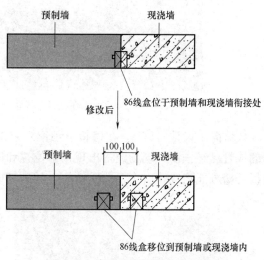

图 4-22　线盒骑缝情况和处理做法

（2）预制叠合板采用预制厚60mm+现浇70mm，现浇层中排布的线管存在三根以上重叠的情况。

预制叠合板上的桁架钢筋高度约84mm，净距仅39mm，电气管线排布在70mm 厚的现浇层中，且需要从桁架筋中穿过。结合电气管线的管径、埋深、板内配筋等因素，至多只能满足两根管线交叉（图4-23）。所以，板上的电气线管要优化走向，避免同一位置有三根及以上电气线管交叉重叠的情况或过于密集布置（图4-24），致使楼板保护层厚度不满足15mm。建议叠合楼板厚度采用预制60mm+现浇80mm。

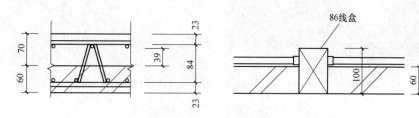

图 4-23　预制叠合板预埋线盒和布导管空间图

（3）预制墙内的线管与现浇层内管线连接有向上接和向下接两种。一般情况下，依据管线最短原则，距地面近的插座等采用向下接，距楼面近的开关可采用向上接。在卫生间和厨房内的线管走向，各设计院间的设计原则会不同。

一般情况为：照明回路CC/WC 敷设，厨房插座回路FC/WC 敷设，卫生间插座回路CC/WC 敷设，普通插座回路FC/WC 敷设，壁挂式空调插座（中央空调室内机）回路CC/WC 敷设，柜式空调插座（中央空调室外机）回路FC/WC 敷设。有的设计院设计的厨房插座回路CC/WC 敷设。

图 4-24 线管布置过于集中

线管向下设计（FC），在墙板下预留安装用的手孔。在施工阶段，构件吊装前，楼板上的线管已经预留，现场经常出现预留位置和构件上孔位对不上的情况，现场需要大面积凿板开槽方能将线管引出，造成结构上的破坏以及时间和人工成本增加（图 4-25）。

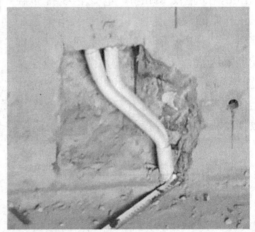

图 4-25 预制墙体下手孔处接线问题

如线管采用向下部走线，墙板下部需预留安装手孔，因精装线盒较多，在墙板两面都有预留的情况下，因灌浆套筒的布置与手孔冲突造成排布比较困难，开洞过多会影响墙体构件连接的安全性。同时，开洞过多（图 4-26），后期混凝土浇筑和振捣的密实性差，削弱混凝土截面的有效截面积；如线管采用向上部走线，不会对套筒的连接产生不利干扰，也不会对主体结构安全性造成隐患；墙板吊装后再接线，就不会有接不上的情况，施工快捷方便，进度能得到保证。

但线管全部向上走线，存在着线管的成本增加。

项目可根据具体情况，对比两种方案的利弊，综合考虑施工、结构安全、成本等方

图 4-26　预制墙开洞过多的情况

面，确定优化方案。卫生间墙体的线管建议向上走，避免下部手孔灌浆封堵质量把控不好，有渗水隐患。

（4）内隔墙上的线盒向上走的管线，位于预制叠合板上，需要在预制叠合板上预留线盒或开孔，往往容易疏漏。深化设计时应该注意避免现场打孔，如图 4-27 所示。

（5）镜像的房型中，镜像的构件上的预埋线盒等不是对称关系。建议镜像房型中的预埋也镜像。

（6）全预制楼板上的线盒，不要疏漏提供线管预埋的数量和方向（图 4-28）。

图 4-27　叠合板上留孔

（7）预埋线盒和线管的材质要说明清楚，实际深化预埋时出现有金属线盒（管）连接 PVC 管或 PVC 管连接金属线盒（管）的不规范情况。

（8）剪力墙上的线盒，最大并列数量不要超过 3 个。由于钢筋间距最大 300mm，第四个线盒会被竖向受力筋隔开。预埋线盒与手孔处的钢筋加强图如图 4-29 所示。

图 4-28　全预制板预埋线管

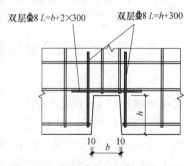

图 4-29　预留手孔钢筋加强示意图

（9）深化设计遗漏线盒、构件加工厂遗漏或后期精装修改等引起现场凿板开槽，影响结构安全，增加工期（图 4-30）。

图 4-30　现场凿板开槽图

4.3　装配式建筑与给水排水专业的关系

4.3.1　装配式建筑给水排水设计内容

装配式混凝土建筑的给水排水设计应符合国家和地方现行相关规范、规程和标准的要求，还应满足现行装配式混凝土建筑的设计、施工和验收的相关规范、规程和标准的要求，做到安全可靠和节能环保，设备布置合理美观。

装配式混凝土建筑的给水排水设计应采用标准化、系统化的设计方法，做到设备布置和安装、管线敷设和连接的标准化和系统化。

给水排水专业应与其他专业协同设计，在预制构件深化图中准确确定管线布置，满足预制构件工厂化生产及机械化安装的需要。

装配式建筑给水排水设计应包含以下内容：

（1）明确装配式建筑给水排水设计的原则及依据。

（2）预埋管道、预留孔洞的做法及详细定位。

（3）管道穿过预制构件部位采取相应的防水、防火、隔声、保温等措施。

（4）与相关专业的技术接口要求。

4.3.2　装配式建筑给水排水的设计要点

预制构件上为管线、设备及吊挂配件预留的孔洞或沟槽宜选择对构件受力影响小的位置，并确保受力钢筋不受破坏。当条件受限制不能满足上述要求时，需要结构专业采取相应的加固处理措施。设计过程中应与结构、建筑和其他设备专业密切沟通，防止遗漏，避免对预制构件剔凿沟槽、打孔开洞。

装配式建筑的给水排水设计要点：

（1）装配式建筑的给水排水、燃气系统应进行管线综合设计，避免各类管道的碰撞，减少管道交叉。

（2）给水排水、燃气管道预留套管、孔洞、止水节和孔洞时，应仔细核对管道管径、平面位置和标高、卫生器具的平面位置，防止遗漏和位置、尺寸差错。

（3）墙体表面管道的安装不应破坏预制建筑构件的保温层。

（4）穿越预制建筑构件管道应避开预埋在预制构件内的电气管线。

（5）敷设在预制墙体表面的管道应与终端配电箱、开关、插座和接线盒避开。

（6）给水、消防、燃气立管穿越预制楼板处应预留钢套管并做好防水措施，其顶部应高出装饰地面 20mm，套管底部与楼板底面齐平；立管与套管间采用防火柔性填料填实并用防水油膏封堵嵌实。钢套管直径尺寸见表 4-1。

（7）排水立管穿越预制楼板处应预留孔洞或止水节，预留孔洞直径尺寸见表 4-2，具体做法如图 4-31 所示。

（8）排水器具和地漏等附件穿越预制楼板处应预留孔洞或止水节，预留孔洞直径尺寸见表 4-3。

（9）预制楼板上的预留孔洞边缘距构件边不宜小于 20mm。

（10）给水排水、燃气管道穿越预制墙体和梁时均应预留钢套管，钢套管直径尺寸见表 4-1，管道与套管间采用柔性填料填实并用防水油膏封堵嵌实；当装配式混凝土墙体为防火分区隔墙和防火墙时，管道与套管间采用防火柔性填料填实（图 4-31）。

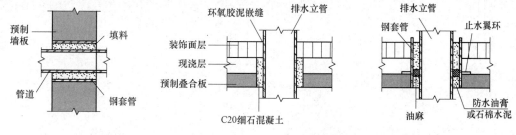

图 4-31　管道穿墙、排水立管预留套管图

给水、消防管穿墙、梁、楼板预留普通钢套管尺寸表（mm）　　　　表 4-1

管道公称直径 DN	15	20	25	32	40	50	65	80	100	125	150	200
钢套管公称直径 $DN1$（适用无保温）	32	40	50	50	80	80	100	125	200	225	250	300

注：保温管道的预留套管尺寸，应根据管道保温后的外径尺寸确定预留套管尺寸。

排水管穿楼板预留孔洞尺寸表（mm）　　　　表 4-2

管道公称直径 DN(mm)	50	75	100	150	200	备注
圆洞 ϕ_1(mm)	125	150	200	250	300	
普通塑料套管公称直径(mm)	100	125	150	200	250	带止水环或橡胶密封圈

排水器具及附件预留孔洞尺寸表（mm）　　　　表 4-3

排水器具及附件种类	大便器	浴缸、洗脸盆、洗涤盆	地漏、清扫口			
所接排水管管径	$DN100$	$DN50$	$DN50$	$DN75$	$DN100$	$DN150$
预留圆洞 ϕ	200	100	200	200	250	300

（11）住宅户内给水支管可暗敷在预制墙体表面；暗敷在预制墙体表面的给水支管应

合理布置，避免给水支管之间的交叉。

（12）暗敷在预制墙体表面的给水支管管径应≤$DN20$，>$DN20$ 管道可采取分支并联的方法，拆分成≤$DN20$ 的管道后暗敷。

（13）当有给水支管需要暗敷时，预制墙体表面应预留供给水支管敷设的管槽。一般管槽深度为 15～20mm，管槽宽为 50mm；横向管槽开槽长度宜比管道实际敷设长度长 100mm（两端各伸出 50mm），竖向管槽宜上下贯通整个墙面。

（14）预制墙体预留管槽需要保证墙体钢筋的混凝土保护层。

给水排水专业预制墙体及预制楼板点位提资示例如图 4-32～图 4-35 所示。

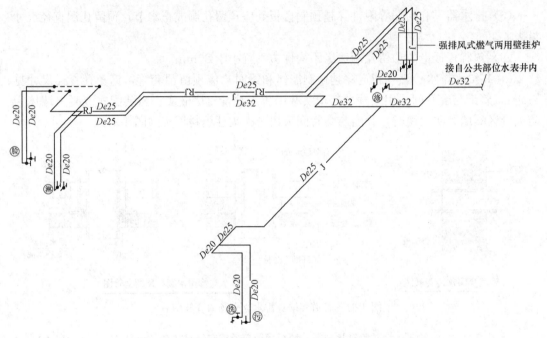

图 4-32　户型给水系统图

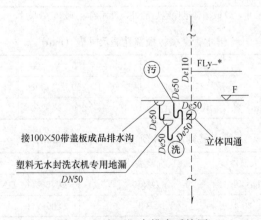

图 4-33　户型阳台排水系统图

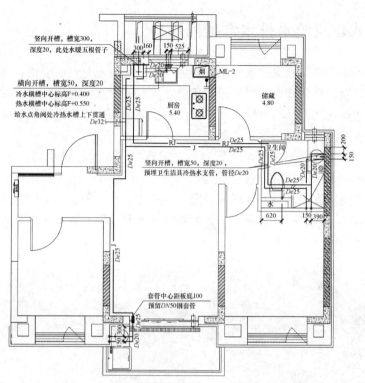

图 4-34 户型预制墙体给水排水专业预埋提资图

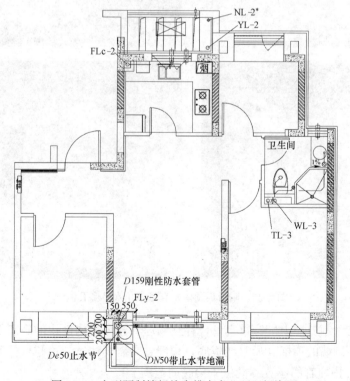

图 4-35 户型预制楼板给水排水专业预埋提资图

4.4 装配式建筑给水排水常见问题

深化设计单位在接收给水排水专业提资后，应核对预埋套管、管槽、预留洞和预留的止水节与预制墙板、叠合楼板、楼梯板、后浇带等的平、立面对应关系。对一些不合理的预埋情况提出调整意见，经给水排水和精装设计核对确认后，确定最终的预留资料。

给水排水预留中的一些问题，需要注意。

（1）镜像房型中，由于冷热水支管右冷左热布置、大便器进水阀在大便器左侧等原因，因此镜像构件上预留的水管管槽位置是不对称的。

（2）阳台上雨水管和地漏的预埋需要提供详细的尺寸。阳台板上的管道有两种预埋方式：一种是预留孔洞或预埋钢套管；一种是预埋止水节。钢套管和止水节高度需要复核建筑面层厚度后再确定（图4-36）。

图4-36 阳台板预留钢套管、止水节和孔洞

（3）预留在预制外墙上的穿墙套管，存在预埋管标高与构件边的距离很近和梁底钢筋的碰撞问题。预制墙的顶标高通常在板底，预埋管时需要注意管边与构件顶边的距离控制在50mm以上；预埋管的位置不能位于梁底筋范围上。

（4）在板上的预埋钢套管和预埋洞的位置要和结构专业复核，满足其安全性要求。对于板开洞过大的构件，需要注意不要遗漏钢筋加强措施，避免开洞过大，引起结构安全问题（图4-37）。

图4-37　预制板预留孔洞过大情况

4.5　装配式建筑与暖通专业的关系

4.5.1　装配式建筑暖通设计内容

装配式混凝土建筑的暖通设计应符合国家和地方现行相关规范、规程和标准的要求，还应满足现行装配式混凝土建筑的设计、施工和验收的相关规范、规程和标准的要求，做到安全可靠和节能环保，设备布置合理美观。

装配式混凝土建筑的暖通设计应采用标准化、系统化的设计方法，做到设备布置和安装、管线敷设和预留的标准化和系统化。

暖通专业应与其他专业协同设计，在预制构件深化图中确定管线布置满足预制构件工厂化生产及机械化安装的需要。

装配式建筑暖通设计应包含以下内容：

（1）明确装配式建筑暖通及空调设计的原则及依据。

（2）预埋管道、预留孔洞的做法及详细定位。

（3）管线穿过预制构件部位采取相应的防水、防火、隔声、保温等措施。

（4）与相关专业的技术接口要求。

4.5.2　装配式建筑暖通的设计要点

预制构件上为管线、设备及吊挂配件预留的孔洞宜选择对构件受力影响小的位置，并确保受力钢筋不受破坏。当条件受限制不能满足上述要求时，需要结构专业采取相应的加固处理措施。设计过程中应与结构和建筑专业密切沟通，防止遗漏，避免对预制构件剔凿沟槽、打孔开洞。

装配式建筑的暖通设计要点：

（1）冷媒管、空调冷热水管、冷凝水管、通风风管穿梁、墙的套管均采用钢管。预埋的钢套管外径应提供给深化设计，套管口径和管道直径关系可参见表4-4～表4-6。

住宅户内的空调配管 表 4-4

管道公称直径	DN25	DN32	DN40	DN50	DN65	DN80	10HP 以内住宅户内冷媒管、冷凝水管（长度不大于 15m）
管道外径(mm)	32	38	45	60	76	89	—
套管公称直径	DN80	DN100	DN100	DN125	DN150	DN150	DN100

住宅户内考虑 15mm 防结露保温层的进风管 表 4-5

风管直径(mm)	≤80	90～110	120～150
套管公称直径	DN125	DN150	DN200

住宅户内不考虑防结露保温层的排风管 表 4-6

风管直径(mm)	≤80	90～100	110～130
套管公称直径	DN100	DN125	DN150

（2）对需要保温的管道，套管口径、留槽均应考虑保温厚度的影响；空调冷凝水管设套管时应满足其敷管坡度不小于 0.003；预制外墙面上预埋套管或预留洞口时，套管或洞体应向外倾斜，内外高差不小于 20mm（图 4-38）。

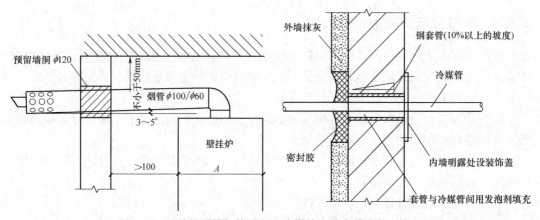

图 4-38　壁挂炉进排气管、空调冷媒管出墙套管安装示意图

（3）明装空调设备（挂壁机、柜机等）、挂壁炉、集分水器的位置，套管中心标高，插座位置及标高，三者均需协调。

（4）卫生间邻外墙时，排气优先采用外墙直接排放，外墙预留排风洞口，排气口避开人员活动区；当房间无可开启的外窗时，要设置有组织的新风；以上管道有条件时均宜穿梁敷设。

（5）公共区域的消防系统的设计，涉及的预留孔和预埋套管，也要满足预埋要求。

（6）钢套管尽量在梁中部预埋，套管位置、标高均需要与结构专业沟通，同时满足套管预埋及暖通系统功能的要求。

（7）空调和设备需要的支架固定在结构上时，宜将预埋件位置提供给结构专业，复核结构和构件的整体性和安全性。当甲方无法确定产品具体安装要求时，与结构沟通是否允许在 PC 墙（板）上采用膨胀螺栓固定，螺栓长度应满足进入 PC 墙（板）100mm（应穿过装饰面层及保温层）。

暖通专业预制墙体点位提资示例如图 4-39 所示。

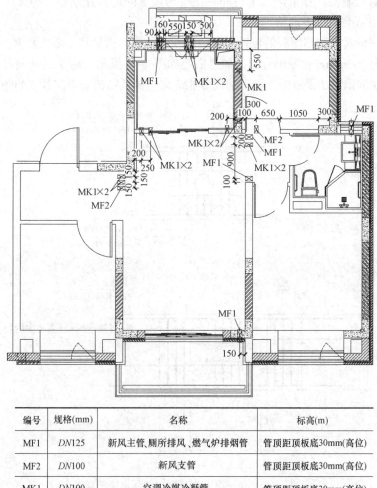

编号	规格(mm)	名称	标高(m)
MF1	DN125	新风主管、厕所排风、燃气炉排烟管	管顶距顶板底30mm(高位)
MF2	DN100	新风支管	管顶距顶板底30mm(高位)
MK1	DN100	空调冷媒冷凝管	管顶距顶板底30mm(高位)

图 4-39　户型暖通预埋平面提资图

4.6　装配式建筑暖通常见问题

深化设计单位在接收暖通专业提资后，应核对预埋套管、预留洞和预埋件与预制墙板、叠合楼板、楼梯板、后浇带等的平、立面对应关系。对一些不合理的预埋情况提出调整意见，经暖通和精装设计核对确认后，确定最终的预留资料。

暖通专业预留中的一些问题，需要注意。

（1）预埋套管或留洞的提资中，一般需说明为其中心距板底的距离；由于厨房、卫生间降板的复杂性和板厚的不同，致使预埋中出现管的预埋绝对标高多样化。建议暖通专业与结构板图复核，提资资料给出绝对标高。

（2）提资时，需要注意外部有空调板的位置。会疏忽空调板标高，致使预埋管标高和空调板冲突。

（3）预留套管或留洞均需与给水排水专业确定管线安装空间；空调内机、地暖温控器，新风机组控制器，挂壁炉设于室外时在厨房设置的远程控制器，加压送风系统压差传感器等位置均需与电气专业协调。

（4）预埋钢套管和预埋洞的位置要和结构专业复核，满足其安全性要求。洞底距梁底一般最小距离为 200mm，预制梁开洞的加强措施如图 4-40 所示。对于梁开洞过多的构件，需要注意不要遗漏钢筋加强措施，同时结构专业应复核确认结构安全问题，如图 4-41 所示。

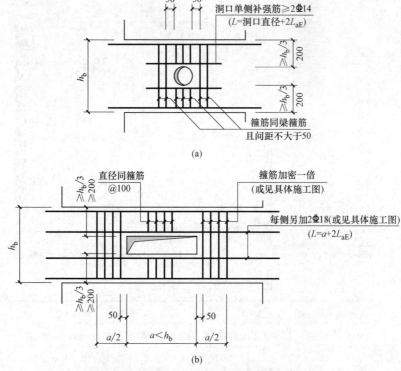

图 4-40　预制梁上开洞洞边加强钢筋示意图

图 4-41　预制梁开洞过多的情况

第5章

装配化装修相关知识

5.1 装配化装修概述

装配化装修是当前室内装饰比较流行的模式，也是建筑室内装饰工业化施工的一种创新。传统装饰装修施工方式是在施工现场大量手工制作加工部品部件，再安装到饰面部位，或者在现场边加工边安装。装配化装修的施工方式改变了原有模式，现场基本不再设立部件加工区，也很少进场原材料，需要安装的部件已在专门的工厂加工后形成成品，再整体打包运送到现场，工人只需将独立编号的部件按照图纸位置装配连接即可。现场施工快捷干净，无加工粉尘和噪声。很多人把装配化装修和传统装修的区别简单地以干湿法施工作为评判标准，发展建筑工业化的实质不在于干湿施工，而在于主要装饰部件与附配件在工厂集中加工，现场进行快速装配施工，并且减少装修事中及装修事后对局部环境的污染和影响。

其中，装配化装修设计是必不可少的环节。需不同的装饰部品在前期进行全方位装配化设计策划，采用通用性或定制化部品，以及根据工程量规模的批零采购对价格成本的差异较大，因此需要熟悉装配化资源及装配化技术的专业设计师。但仅有装配化装修设计是不够的，还需要深化设计才能保证装配化装修施工实际落地。由于图纸与现场实际尺寸总是有偏差，深化设计师需要精准测量现场各处尺寸，再通过建立三维模型，调整工厂批量生产的部品部件尺寸，以符合现场实际情况。只有完成这些工作之后，才能获得匹配的部品部件，才能真正实现装配式施工。

装配化装修适用于大规模批量化的装修装饰工程，如风格一致的品牌连锁店、院校学生宿舍等。不适用个性化装饰工程，因为个性化部品使用量小，成本会大幅提高，失去低成本、高效率的优势。

5.2 装配化装修部品

通常建筑室内装配化部品应用于建筑围护系统、设备与管线系统、装饰系统，各自形成完整配套的部品供应链。部品供应链又细分为：地面饰面、墙面饰面、吊顶饰面、隔墙、门窗、厨房、卫生间等。

5.2.1 按装饰部位分类

1. 室内地面系统

包括石材饰面地面；瓷砖、玻化砖饰面地面；木饰面地面；架空层粘贴各类饰面地面等（图 5-1）。

| 无地暖 | 木地板装饰面 | 地毯·卷材装饰面 | 复合玻化砖 |
| 有地暖 | 木地板装饰面 | 导热瓷石装饰面 | 导热地板装饰面 |

图 5-1　轻型架空地面

2. 室内墙面系统

包括壁纸饰面墙面；壁布饰面墙面；木材饰面墙面；面砖饰面墙面；石材饰面墙面；树脂装饰面板饰面墙面；陶板饰面墙面；金属饰面墙面；玻璃饰面墙面；GRG 饰面墙面等（图 5-2）。

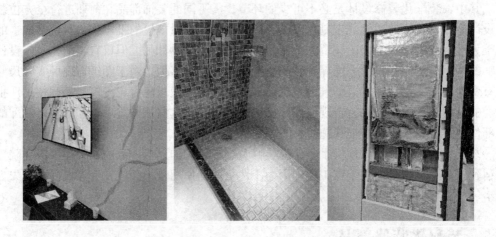

图 5-2　装配化装修墙面

3. 室内吊顶系统

包括轻钢龙骨纸面石膏板系统；木龙骨石膏板系统（传统木结构改造建筑）；铝合金吊顶系统；玻璃吊顶系统；塑料扣板吊顶系统等（图 5-3）。

4. 室内装饰隔墙系统

包括轻钢龙骨石膏板墙；木龙骨石膏板墙；轻质混凝土空心墙板；蒸压加气混凝土墙板（ALC）（图 5-4）。

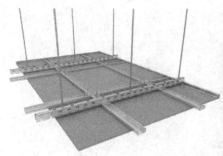

图 5-3　吊顶龙骨系统

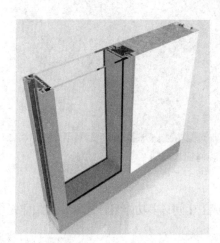

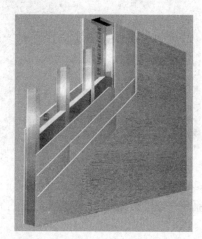

图 5-4　轻质装饰隔墙

5.2.2　按空间功能分类

1. 集成式厨房系统

包括单排形集成厨房；双排形集成厨房；L形集成厨房；U形集成厨房（图 5-5、图 5-6）。

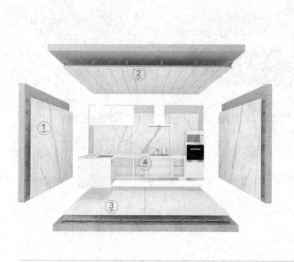

图 5-5　装配化厨房部品分解示意图

图 5-6　装配化装修厨房实景

2. 集成式卫生间系统

包括单一功能集成卫生间；双功能组合式集成卫生间；多功能组合式集成卫生间（图 5-7）。

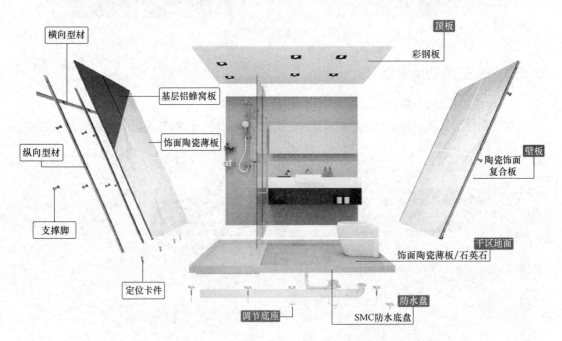

图 5-7　装配化卫生间部品分解示意图

3. 整体收纳柜系统

包括玄关收纳柜；整体储藏收纳柜；鞋子收纳柜；梳洗区收纳柜等。

5.3　装配化装修深化设计

装配化施工经常发现部品与现场实际尺寸不吻合，提前未考虑对称、比例的关系，以及各专业之间不够协调等问题，因此需明确深化设计工作要求，在设计阶段把这些问题解决好。

5.3.1　装配化装修深化设计需具备的条件

1. 完整的装配式装修设计图

（1）设计说明（包括工程信息、设计依据、材料说明、设备说明、环保要求、标识说明、图纸目录）。

（2）平面布置图。

（3）隔墙布置图。

（4）地面饰面图。

（5）天花饰面图。

（6）装饰立面图。

（7）家具布置图。

（8）饰面综合布置图。

（9）门窗表和门窗图。

2. 明确装配式施工要求

（1）明确建筑室内装饰要求，包括隔墙、地面、吊顶、立面、家具、门窗、表面嵌入物等。

（2）确定部品连接方式，如吊顶与楼板、梁等部位的连接构造，墙体饰面与建筑墙体连接构造等。

（3）确定现况实际数据，可利用三维激光扫描仪等现代化仪器取得现场实际尺寸，需精准到1mm。

5.3.2　装配化装修深化设计内容

1. 隔墙深化设计

复核所有隔墙部位，确定隔墙材质、隔墙断面尺寸等。精确测量隔墙现场实际尺寸，比对施工图确定两者偏差，利用该数据深化隔墙装饰部品尺寸，提供给供应商进行加工。装配化装修常用隔墙有轻钢龙骨石膏板墙、木龙骨石膏板墙、轻质混凝土空心墙、蒸压加气混凝土墙（ALC）。

隔墙深化设计时，需明确表示隔墙自身构造，如轻钢龙骨、木龙骨的自身连接构造；轻质混凝土空心墙、蒸压加气混凝土墙（ALC）的互相连接方式。还要明确表示隔墙与主体结构之间的固定形式，尤其考虑抗震刚度的影响以及缝隙的处理。此外，综合考虑隔墙的抗裂、防水、隔声等的做法，以及在隔墙上吊挂重物的补强措施。对于不同隔墙的表面进行不同处理的饰面做法，以及施工要求等也应明确表示（图5-8）。

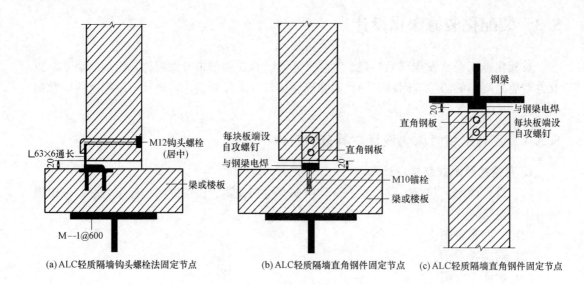

(a) ALC轻质隔墙钩头螺栓法固定节点　　(b) ALC轻质隔墙直角钢件固定节点　(c) ALC轻质隔墙直角钢件固定节点

图 5-8　装配化装修部品轻质隔墙系统常用连接节点

2. 吊顶深化设计

先复核所有顶棚部位，确定吊顶材质、净高尺寸等，精确测量现场实际尺寸。常用吊顶做法有轻钢龙骨纸面石膏板吊顶、木龙骨石膏板吊顶、铝合金吊顶、玻璃吊顶、塑料扣板吊顶等。

吊顶深化设计时，应明确吊顶内部构造要求，如轻钢龙骨、主龙骨的规格型号、布置间距、横纵龙骨互相连接方式。明确表示各类饰面的材质、规格，以及与龙骨的固定形式。明确施工方法，要求防止开裂，控制平整度，尤其需注意重型灯具的固定措施（图 5-9）。

3. 地面深化设计

地面装饰在装修工程中极为重要，其具有影响人们视觉效果及充分体现美观的作用。地面装饰应尽可能与相接墙面装饰对缝对图，中心图案饰面还应与上方吊顶中心对应。常用地面装饰有石材饰面、瓷砖、玻化砖饰面、木饰面、架空层粘贴饰面等。

深化设计时，应根据石材、瓷砖、玻化砖等的材质、颜色、图案、拼花等因素进行排布设计，明确接缝构造要求。如有架空层做法的，应将架空构造和布置做法清晰绘制，满足荷载要求。各类地面饰面材料都需要明确与楼地面连接构造，设计时需考虑防止饰面卷边起鼓的施工措施，以及控制饰面平整度的技术要求。对于木地板等，还要求控制踩踏声响，防止起拱等措施（图 5-10）。

4. 墙面深化设计

墙面装饰尽可能与吊顶、地面的饰面对缝或对应处理。墙面镶嵌的开关面板、灯具、消防报警、风口等需要饰面居中或骑缝居中布置，以达到美观效果。常用材料主要有粘贴类和干挂类两种，粘贴类如壁纸、壁布；干挂类如木饰面、石材、金属、树脂面板等。

深化设计时应明确墙面饰面的材质、规格，以及与墙体基层的连接做法，对于有架空龙骨的基层应反映龙骨排布要求。墙面饰面讲究对称性和比例协调，需设计精准。对于潮湿环境需考虑饰面的吸水率以及变形情况等（图 5-11、图 5-12）。

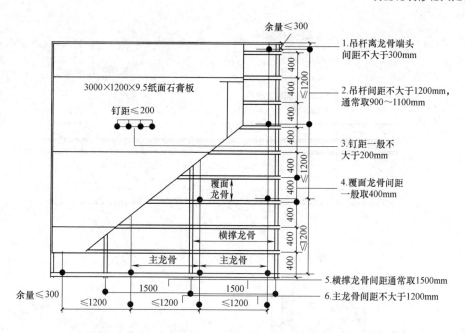

说明：

1.上人吊顶吊杆应取ϕ8，或者大于ϕ8(不上人吊顶吊杆可取ϕ6或者ϕ6以上)

2.上人吊顶主龙骨壁厚可取1.2mm(不上人吊顶主龙骨可取1.0mm)

3.上人吊顶次龙骨壁厚可取0.6mm(不上人吊顶主龙骨可取0.5mm)

4.上人或不上人吊顶主龙骨高度均可以取60mm或者其他高度，根据设计要求定

5.上人或不上人吊顶次龙骨高度均可以取27mm，也可以取其他高度，根据设计定

6.石膏板吊顶沿墙边缘宜留出8～12mm槽，可以削弱因墙面不平，造成墙顶交界阴角不直的视觉观感

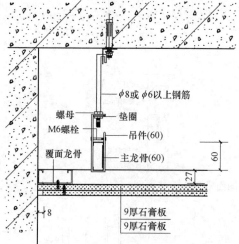

图 5-9　常用吊顶连接结构详图

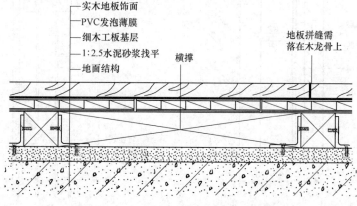

图 5-10　木地板固定常见节点详图（一）

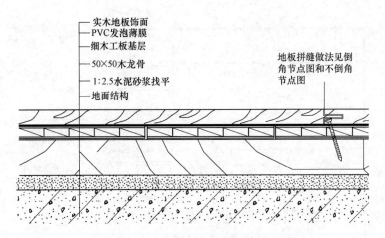

图 5-10　木地板固定常见节点详图（二）

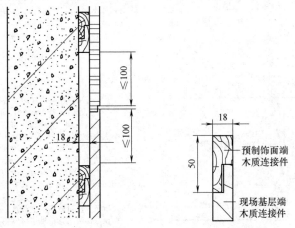

图 5-11　装配式木饰面常用连接节点图

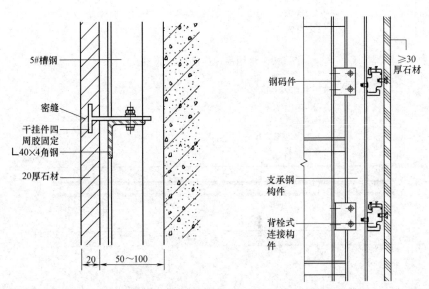

图 5-12　装配式石材常用连接节点图

5. 集成厨房深化设计

确定集成厨房整体布局是否合理，精确测量现场实际尺寸，复核现场接口是否一一对应。特别需要重视以轻质隔墙为墙体基层的集成厨房，当吊挂上部橱柜时需采用局部加强措施，有些需在土建施工或砌筑结构时就介入的补强技术。

深化设计时根据人体工学，合理设置洗涤池、灶具、操作台的位置及高度，根据集中管道设置排油烟机、燃气热水器的位置，根据将来可能配置的电气设备预留电气设施接口。对给水排水、燃气管线等留设必要的检修口及操作空间。考虑到中式餐饮油烟较重的特点，选用容易清洁的墙面材质。地面材质需考虑防滑。顶、墙、地的整体装饰风格保持一致，各种材料及部位之间的收口工艺也需在设计图中明确。

6. 集成卫生间深化设计

确定卫生间的各项功能是否满足设计要求，如淋浴或浴缸、干湿分离等。明确采用整体卫生间还是局部集成拼装，若采用整体安装则需考虑现场施工能否满足吊运作业，以及整体安装的工序插入节点。卫生间的设施接口较多，需一一对应复核。精确测量现场实际尺寸，标注偏差值，以便尽早通过深化设计解决不吻合问题。

特别需要重视集成卫生间防水设计，考虑材料自身防水性能以及接口处的防水构造，尚需考虑一旦漏水后的检修方式，预留检修口。复核洗衣机、排气扇、暖风机等设置位置。复核给水排水、电气管线、等电位、毛巾架等接口位置。

5.4 装配化装修实现个性风格

装配化装修实现个性风格并不是在施工现场增加大量手工制作工作，而是以装饰部品批量化、工业化加工为核心，将个性化饰面分解成标准构件和非标准构件，重点在于策划和设计非标准构件的加工方式和接口形式。个性风格的装配化装修最大难点是具有个性化的、有特点的装饰部品按照装配化施工要求进行加工，且还需适应主体结构偏差。个性风格装配化装修适用于所有个性化设计的装饰工程，推动装饰行业生产进步，为建筑装饰工程全面实施工业化施工奠定了技术基础。个性风格装配化装修与数字化、信息化的紧密结合，带来质的飞跃，拓展了三维异形装饰部品，弥补可选部品不足的问题，被广大业主接受，受到装饰设计师欢迎（图 5-13）。

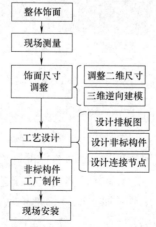

图 5-13　个性风格装配化装修技术路线

5.5 个性风格装配化装修深化设计

1. 深化设计准备工作

确定本工程装饰材料技术标准，确认装饰材料样板并封样，确定装饰综合图。

2. 现场数据测量与建模

采用三维激光扫描仪扫描施工现场，大幅提高测量精度，获取精准数据，提高测量效率，形成数字化数据。三维激光扫描现场若面积较大而不能一站完成扫描时，需设置靶球点，通过靶球点确保分站扫描出来的数据能够精准拼接成整体的现状图。

利用三维激光扫描仪完成的精准实测数据，建立现场模型。建模需覆盖所有装饰饰面基层，可以比对与施工图的偏差及碰撞，为工艺设计提供精准尺寸数据。建模还需覆盖相关联的设备、机电管道走向，甚至覆盖网架、幕墙形状等，将它们的信息全部纳入模型（图 5-14）。

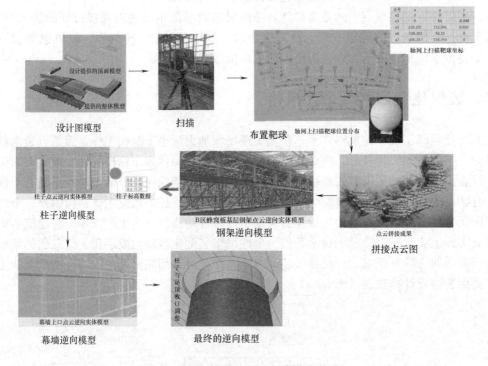

图 5-14 现场测量和逆向建模示意图

3. 对称性、比例性、精准性调整

对称性、比例性、精准性是装饰美观的三个要素。块状饰面的排板要与周边饰面特征性中点形成对称；现场尺寸偏差造成的非标饰面与标准饰面之间的比例关系需协调；充分考虑和吸收饰面构件的加工偏差、安装偏差是体现现代工艺的精准性。由于建筑偏差或其他原因造成不对称、比例不均等需要增加或减少局部饰面，甚至对整个饰面进行整体调整，使之观感自然、舒适（图 5-15）。

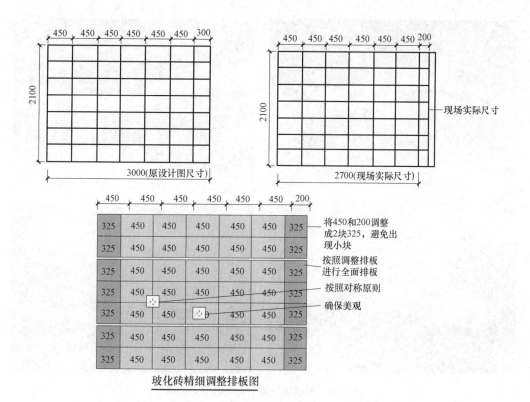

玻化砖精细调整排板图

图 5-15　对称比例精准深化设计示意图

4. 非标构件深化设计

非标构件深化设计需重视整体效果，在建模下进行精准排板，确认非标构件融入整体饰面的观感效果。非标构件设计时需考虑加工偏差、安装偏差等诸多因素。非标构件的连接形式往往也是特殊定制，注意与周边饰面协调变形以及与建筑结构连接的稳定性，考虑在风荷载、较大温差、受潮状态下的变形情况。

完成深化设计后需对加工企业进行设计交底，包括工艺设计、加工尺寸、允许偏差、细部构造、质量要求等。

5.6　个性风格装配化装修典型案例

1. 俄罗斯波罗的海明珠项目装配式装修工程（图 5-16）

（1）工程概况

项目位于俄罗斯历史名城圣彼得堡，建筑面积 $12000m^2$，地上 4 层，地下 1 层。主要功能为展示、接待和办公。室内装饰施工周期为 2006 年 12 月 15 日至 2007 年 6 月初，约 170 天。承揽工程内容包括装饰综合设计、装饰深化设计、装饰材料加工及装饰施工。

（2）项目特点和难点

① 工期至关重要，不容丝毫改变。它是 2007 年俄罗斯中国年上海周开幕式主要活动场所，中俄两国元首已规划参加竣工仪式，是中、俄两国国事活动之地，其竣工日期不容

113

图 5-16　俄罗斯波罗的海明珠项目实景

丝毫改变。

　　② 圣彼得堡无法购买到足够品种的装饰材料，无法保证增补和修改的材料在当地得到及时的补充。

　　③ 上海至圣彼得堡船运期三个月。即使采用工厂加工，现场装配式施工，装配式构件必须一次运输到位，否则，会影响装饰施工工期。

　　（3）装饰深化设计

　　根据现场测量数据调整排板图，确保装配施工符合现场实际尺寸，不出现加工饰面因不符合现场实际返工。

　　深化设计明确加工允许偏差，控制装饰加工构件尺寸偏差检查，保证一次安装成型。

　　异形部分事先在工厂加工，确保深化加工图的准确性，以及加工过程的精准性，是装配式施工极为重要的前置条件。

　　（4）综合效益

　　由于采用个性化装饰装配式施工方式，加工成本上升一些，但是运输量减少，成本反而下降。最终效果比原先传统工艺工程有较大进步，主要体现在装饰饰面的精度有极大提升，减少了很多冬期施工的困难和质量通病。尤其是解决了工期难点，确保按时完成装修装饰工程。

2. 上海中心大厦公共区域装饰工程（图 5-17、图 5-18）

　　（1）工程概况

　　上海中心大厦位于上海浦东陆家嘴金融贸易区，是中国地标式摩天大楼，总高为

632m。办公区个性风格装配化装修工程 20 万 m²，涉及 66 个楼层。

2013 年用了 224 天全部完工。施工内容包括装饰综合深化设计、装饰材料确认、装饰材料加工及装饰施工。

（2）项目特点与难点

① 由于工程量较大，须由几家装饰公司共同承接，每家公司又有多家分公司或项目部。施工队伍多，产品差异大，影响工程美观和质量。

② 装饰重复饰面多，采用装配式施工优势明显。

③ 超高层垂直运输效率直接影响施工工期，采用装配化装修减少建筑垃圾产生，减轻运输负荷。

（3）采用装配化装修部品（表 5-1）

图 5-17 上海中心大厦

图 5-18 上海中心大厦办公区装修实景

装修装饰部品 表 5-1

材料编号	装饰部品	施工工艺
B-700	烤漆金属踢脚线	工业化工艺（现场全装配）
MT-701	和纹不锈钢	工业化工艺（现场全装配）
MT-710	烤漆钢板	工业化工艺（现场全装配）
MT-711	肌理喷涂蜂窝铝板	工业化工艺（现场全装配）
WD-700	木饰面	工业化工艺（现场全装配）
SS-702	实心面层	工业化工艺（现场全装配）
PL-700	防火板	工业化工艺（现场全装配）
GL-700	防火钢化玻璃	工业化工艺（现场全装配）
GL-702	超白蚀刻夹胶玻璃	工业化工艺（现场全装配）
GL-707	纯白玉砂玻璃	工业化工艺（现场全装配）
GL-708	钢化夹胶玻璃	工业化工艺（现场全装配）
GL-710	银镜	工业化工艺（现场全装配）
CT-700	瓷砖	半工业化工艺（现场半装配）

续表

材料编号	装饰部品	施工工艺
CT-709	石材马赛克	半工业化工艺（现场半装配）
CL-700	金属吸声天花	半工业化工艺（现场半装配）
CL-701	石膏板天花	半工业化工艺（现场半装配）
CL-702	防水石膏板天花	半工业化工艺（现场半装配）
ST-601	大理石（地面）	半工业化工艺（现场半装配）
ST-701	人造水磨石	半工业化工艺（现场半装配）
ST-707	大理石（墙面）	半工业化工艺（现场半装配）
ST-708	花岗石（地面）	半工业化工艺（现场半装配）
CP-702A	地胶	半工业化工艺（现场半装配）
GB-700	预制式 GRG	工业化工艺（现场全装配）
CP-702	防静电架空地板	工业化工艺（现场全装配）

（4）深化设计质量控制措施

现场精确测量，控制测量偏差小于 1mm，保证排板图和加工图符合现场实际情况。加强装饰排板图的对称、比例、精准控制。明确加工允许偏差，控制装饰加工构件尺寸偏差检查，确保加工构件尺寸完全准确，保证一次安装成功。强化连接构造稳定性深化设计，确保超高层建筑自振情况下不松动、不变形。

（5）造价及最终效果

① 个性化装修在非标构件加工费上会增加成本，但是省掉很多施工人工费，总体上造价没有提高。

② 整个公共部位采用装配式施工，确保了整个工程外观的统一，实现大体量装饰工程质量保障。

③ 非标构件全部工厂加工，机械加工实现了加工的精准性，比传统手工做法提升了一个层次。

3. 北京大兴机场航站楼装饰工程（图 5-19、图 5-20）

图 5-19　北京大兴国际机场实景　　　　图 5-20　北京大兴国际机场实景

（1）工程概况

北京大兴国际机场位于北京市大兴区和河北省廊坊市交界处，为 4F 级国际机场、世界级航空枢纽、国家发展新动力源。装饰工作标段由三个部分组成：3 万 m^2 曲面铝合金造型吊顶；放射发散象征"如意祥云"；8 根拔地而起的曲面装饰 C 形柱，树冠如伞。巨大的中央核心区采光天窗。装饰工作建设周期为 2014 年 12 月 26 日开工建设，2019 年 9 月 25 日机场正式通行。

（2）项目特点与难点

① 整个吊顶、矩形柱、采光天窗都是曲面立体造型，为装饰中建造最困难部分。铝合金饰面和加强基层需要弧形制造，基层钢架需要吻合弧形饰面，难度远大于普通装饰工程。

② 为了全面立体施工，吊顶安装不能采用登高落地脚手架。只有全装配吊装才能实现不用登高设施。

③ 弧形设计需要毫米级的精确度；构件需要毫米级加工精度；单元体组装需要毫米级偏差。超常规的精度要求，只有数字化施工技术才能实现。

（3）技术手段

采用现场数字化三维激光扫描仪实测并逆向精准三维建模（图 5-21）。

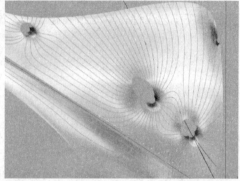

图 5-21　激光扫描实测与逆向建模

利用三维设计软件精细深化设计，确保每个构件的细部尺寸及构造满足加工与组装要求（图 5-22、图 5-23）。

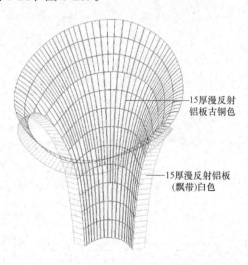

15厚漫反射铝板古铜色

15厚漫反射铝板(飘带)白色

图 5-22　曲面柱及吊顶设计图与实物图

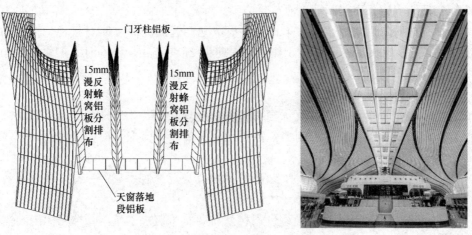

图 5-23　吊顶天窗设计图与实物图

（4）深化设计主要内容

单元饰面与内部结构工艺设计；灯带附属物连接工艺设计；单元之间连接固定工艺设计；单元加工工艺设计；单元组装施工工艺设计；单元维修工艺设计等。

第6章

预制构件生产与施工相关知识

6.1 不同类型构件的生产工艺

6.1.1 预制构件类型

这里所说预制构件指的是预制混凝土构件（PC 构件），预制构件类型多达几十种。预制构件可以根据不同的方法进行分类，如按是否装饰一体化分类、按是否保温一体化分类、按是否预应力进行分类等。笔者尝试对预制构件进行了分类和举例说明，具体见表 6-1。

预制构件分类及举例
表 6-1

分类方法	类别	预制构件举例
是否预应力预制构件	预应力预制构件	双 T 板、SP、PK-Ⅲ板等
	非预应力预制构件	普通叠合板、叠合梁、柱、楼梯等
是否出筋预制构件	不出筋预制构件	楼梯、双 T 板、SP 板等
	出筋预制构件	叠合板、叠合梁、柱、墙板等
水平预制构件及竖向预制构件	水平预制构件	叠合板、叠合梁、楼梯、阳台、空调板等
	竖向预制构件	墙板、飘窗、柱等
结构体系	剪力墙结构	剪力墙板、叠合板、阳台板、空调板、楼梯、外围护墙板等
	柱梁结构(框架、框剪、框筒等)	柱、叠合梁、楼梯、叠合板、外围护墙板等
是否保温一体化预制构件	保温一体化预制构件	夹芯保温剪力墙板、夹芯保温外围护墙板、夹芯保温柱、夹芯保温梁等
	非保温一体化预制构件	剪力墙板、外围护墙板、柱、梁等
是否装饰一体化预制构件	装饰一体化预制构件	装饰材(石材或面砖)反打墙板、装饰材反打柱、装饰材反打梁、装饰混凝土墙板、装饰混凝土柱、装饰混凝土梁等
	非装饰一体化预制构件	普通剪力墙板、外围护墙板、柱、梁等
是否叠合预制构件	叠合类预制构件	叠合板、叠合梁、叠合阳台、叠合柱、单面叠合剪力墙板(PCF墙板)、双面叠合剪力墙板等
	非叠合类预制构件	全预制板、全预制梁、预制空调板、预制楼梯、全预制柱、全预制剪力墙板、预制外围护墙板等
是否结构预制构件	结构预制构件	柱、叠合梁、剪力墙板、楼梯、叠合板等
	非主体结构预制构件	外围护填充墙、外挂墙板、女儿墙、装饰柱等

下面将常用预制构件按楼板、楼梯、梁、柱、剪力墙板、外围护非受力墙板和其他构件分别进行介绍。

1. 楼板

（1）叠合楼板

叠合楼板分为普通叠合楼板和预应力叠合楼板。

普通叠合楼板按是否出筋，分为出筋的叠合楼板和不出筋的叠合楼板（图 6-1）；按单双向受力，分为单向密拼叠合楼板（图 6-2）和双向叠合楼板。

图 6-1　不出筋的叠合楼板　　　　　　　图 6-2　单向密拼叠合楼板

预应力叠合楼板常见的有预应力 PK 板（图 6-3）和预应力肋板（图 6-4）。

图 6-3　预应力 PK 板　　　　　　　　　图 6-4　预应力肋板

（2）全预制楼板

全预制楼板按是否预应力，分为普通预制板和预应力预制板。全预制预应力楼板常见的有预应力空心楼板（图 6-5）、预应力双 T 板（图 6-6）；按是否空心，分为实心板和空心板；按功能位置，分为楼板、空调板（图 6-7）、阳台板（图 6-8）等。

2. 楼梯

常见的预制楼梯为一端滑动铰，一端固定铰的铰接楼梯（图 6-9），当没有设置牛腿条件时，也会采用梁端固接的预制楼梯。

3. 梁

预制梁按是否叠合，分为预制叠合梁（图 6-10）和全预制梁，按结构梁类型分为预制框架梁、预制次梁、预制连梁等。

图 6-5　预应力空心楼板

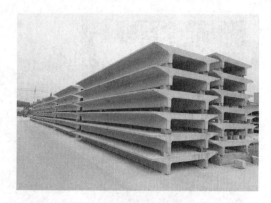

图 6-6　预应力双 T 板

图 6-7　预制空调板

图 6-8　预制阳台板

图 6-9　两端铰接的预制楼梯

图 6-10　预制叠合框架梁

4. 柱

预制柱按截面形状，分为预制矩形柱（图 6-11）和预制圆形柱等；按是否跨层，分为预制单层柱和预制多层柱（图 6-12）等；按是否空心，分为全预制柱和预制空心柱（预制叠合柱）等。

图 6-11　预制矩形柱　　　　　　　　　　　　图 6-12　预制多层柱

5. 剪力墙板

预制剪力墙板按其构造形式，分为预制实心墙板、预制夹芯保温墙板（图 6-13）和预制双面叠合墙板（图 6-14）等。

图 6-13　预制夹芯保温墙板　　　　　　　　　图 6-14　预制双面叠合墙板

6. 外围护非受力墙板

（1）外挂墙板

外挂墙板按是否集成保温和装饰，分为保温装饰一体化墙板、保温一体化墙板、装饰一体化墙板（图 6-15）、实心墙板等。

（2）内嵌式预制填充墙板

内嵌式预制填充墙板可以用在框架结构和剪力墙结构的外围护填充墙（图 6-16），与主体结构采用柔性构造弱连接。

（3）飘窗

预制飘窗根据与主体结构连接的受力关系，分为外挂式预制飘窗（图 6-17）和内嵌式预制飘窗（图 6-18）。

图 6-15　面砖反打装饰一体化外挂墙板

图 6-16　内嵌式预制外围护填充墙板

图 6-17　外挂式预制飘窗

图 6-18　内嵌式预制飘窗

7. 其他构件

常见其他预制构件有预制女儿墙（图 6-19）、预制遮阳板（图 6-20）等。

图 6-19　预制女儿墙

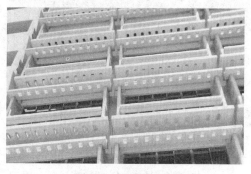

图 6-20　预制遮阳板

6.1.2 预制构件制作工艺

预制构件制作工艺通常分为两类：固定工艺和流动工艺。其中，固定工艺包括固定模台工艺、独立立模工艺和预应力工艺等，流动工艺包括流动模台工艺和自动流水线工艺等。不同制作工艺的适用范围各有不同。

1. 固定模台工艺

固定模台是一块平整度较高的钢结构平台，也可以是高平整度、高强度的水泥基材料平台。以固定模台作为预制构件的底模，在模台上固定预制构件侧模，组合成完整的模具（图6-21）。

固定模台工艺组模、放置钢筋与预埋件、混凝土浇筑振捣、构件养护和拆模都在固定的模台上进行。固定模台工艺的模台是固定不动的，各工序作业人员按工艺次序依次在固定模台上作业。钢筋骨架用吊车送到各个固定模台处；混凝土用送料车或送料吊斗送到固定模台处，养护蒸汽管道也通到各个固定模台下，预制构件就地养护；预制构件脱模后再用转运设备送到存放场地。

图6-21 固定模台工艺

固定模台工艺是预制构件制作应用范围最广的工艺，可制作除了先张法预应力构件以外的所有构件，包括各类标准化构件、非标准化构件及异形构件，如柱、梁、叠合梁、后张法预应力梁、叠合楼板、剪力墙板、夹芯保温剪力墙板、外挂墙板、楼梯、阳台、飘窗、空调板、曲面造型构件等。

2. 立模工艺

立模是由侧板和独立的底板（不需要模台）组成的模具。立模工艺中组模、放置钢筋与预埋件、混凝土浇筑振捣、构件养护和拆模与固定模台一致，只是构件是立式浇筑成型。

立模工艺又分为独立立模工艺（图6-22）和集约式立模工艺（图6-23）两种。

独立式立模的适用范围较窄，可用于柱、剪力墙板、楼梯、T形板和L形板等预制构件的制作。

图6-22 独立立模-楼梯模具

图6-23 集约式立模-墙板模具

3. 预应力工艺

预应力有先张法和后张法两种工艺，预制构件制作采用先张法工艺（图 6-24）较多，先张法预应力预制构件生产时，首先将预应力钢筋按规定在模台上铺设并张拉至初应力，再整体张拉到规定的张力，然后浇筑混凝土成型或者挤压混凝土成型，混凝土经过养护、达到放张强度后拆卸侧模和肋模，放张并切断预应力钢筋，切割预应力楼板。先张法预应力混凝土具有生产工艺简单、生产效率高、质量易控制、成本低等特点。除钢筋张拉和楼板切割外，其他工艺环节与固定模台工艺接近。

预应力工艺主要适用于有预应力特殊要求的预制构件，适用范围窄、产品比较单一，多用于预应力普通楼板、空心楼板等。

图 6-24　预应力工艺

4. 流动模台工艺

流动模台工艺（图 6-25）是将定制的标准模台放置在滚轴或轨道上，使其能在各个工位循环流转。首先在组模工位组模；然后移动到放置钢筋骨架和预埋件工位，进行钢筋骨架和预埋件入模作业；再移动到浇筑振捣工位进行混凝土浇筑，浇筑后利用模台下的震动平台对混凝土进行振捣；之后，模台移动到养护窑进行构件养护；构件养护结束出窑后移到脱模工位脱模，进行必要的修补后将构件运送存放区存放。

流动模台工艺通用性不强，可制作非预应力的标准化板类预制构件，包括叠合楼板、剪力墙外墙板、剪力墙内墙板、夹芯保温剪力墙板、外挂墙板、双面叠合剪力墙板、内隔墙板等。

图 6-25　流动模台工艺

5. 自动流水线工艺

自动流水线工艺就是高度自动化的流水线工艺，可分为全自动流水线工艺（混凝土自动成型和钢筋自动加工）和半自动流水线工艺（混凝土自动成型和钢筋非自动加工）两种。

全自动流水线通过电脑编程软件控制，将自动混凝土成型流水线设备（图6-26）和自动钢筋加工流水线设备（图6-27）两部分自动衔接起来，能根据图纸信息及工艺要求通过控制系统自动完成模板自动清理、机械手画线、机械手组模、隔离剂自动喷涂、钢筋自动加工、钢筋机械手入模、混凝土自动浇筑、机械自动振捣、电脑控制自动养护、翻转机、机械手抓取边模入库等全部工序。

与全自动流水线相比，半自动流水线仅包括了自动混凝土成型流水线设备，不包括自动钢筋加工流水线设备。

全自动流水线适用范围较窄，一般用来生产不出筋且标准化程度高的叠合楼板和双面叠合墙板，以及实心墙板等板式预制构件，而在我国现行装配式混凝土建筑标准和规范的约束下，目前几乎没有完全适合自动流水线的预制构件。另外，全自动流水线需要投资较大，也限制了全自动流水线在国内的广泛应用。

图6-26　全自动混凝土成型流水线设备　　　　图6-27　全自动钢筋加工流水线设备

6.1.3　生产工艺流程及生产案例举例

1. 生产工艺流程举例

固定模台工艺适用范围较广，适合各类预制构件的生产制作，下面以固定模台生产工艺流程（图6-28）为例进行说明。

2. 生产案例举例

预制构件制作时，采用装饰材反打工艺，包括石材反打工艺、装饰面砖反打工艺，可以制作出精致、耐久的装饰一体化预制构件。

下面介绍由上海城业建筑构件有限公司生产制作的陶砖反打夹芯保温一体化墙板的制作案例：硅胶模拼装固定（图6-29）—陶砖铺贴排板（图6-30）—浇筑彩色砂浆（图6-31）—涂刷隔离剂（图6-32）—外叶板钢筋入模及浇筑（图6-33）—铺设保温板后内叶墙板钢筋入模及浇筑（图6-34）—脱模起吊（图6-35）—成品保护及存放（图6-36）。

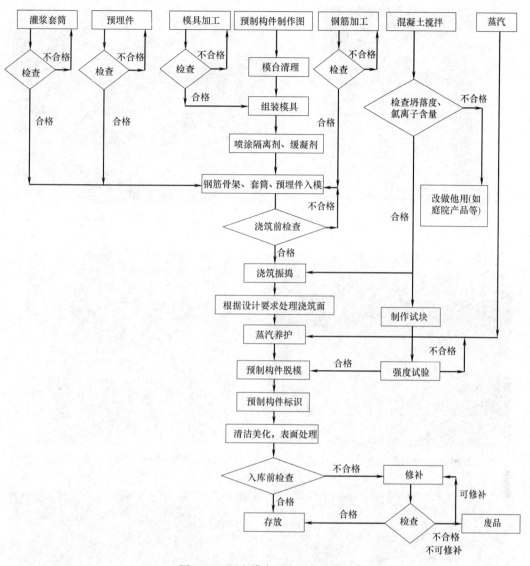

图 6-28　固定模台生产工艺流程

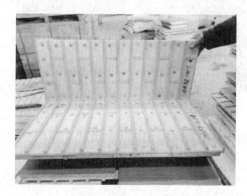

图 6-29　硅胶模拼装固定

图 6-30　陶砖铺贴排板

图 6-31　浇筑砖缝彩色砂浆

图 6-32　涂刷隔离剂

图 6-33　外叶板钢筋入模及浇筑

图 6-34　铺设保温板后内叶板钢筋入模及浇筑

图 6-35　脱模起吊

图 6-36　成品保护及存放

6.1.4　深化设计应关注的生产工艺要点

进行预制构件深化设计时，需要结合预制构件各类生产工艺特点和要求，在预制构件加工图中进行详细设计。

（1）脱模吊点设置及验算。

（2）脱模斜度构造要求。

（3）构件装饰线条尺寸的控制要求。

（4）需要翻转时，翻转吊点设置及验算。

（5）构件出筋方式对生产脱模的影响。

（6）预制构件变截面薄弱位置设计加强措施。

（7）预埋件预埋物的干涉避让。

（8）构件制作模台尺寸约束条件。

（9）构件运输限高限宽约束条件。

（10）构件要考虑脱模的可行性和便利性。

（11）构件脱模强度的控制及验算。

（12）构件存放及运输支点设置要求及验算等。

6.2　不同类型构件的施工工艺

6.2.1　水平预制构件安装工艺

水平预制构件有叠合楼板、预制楼梯、叠合梁、预制空调板、预制阳台等。下面以叠合板为例介绍水平预制构件的安装工艺。

国内普通叠合楼板一般都有外伸锚固钢筋，外伸钢筋与梁或墙支座处整体浇筑锚固连接，叠合板伸出钢筋对生产和施工安装效率影响较大。辽宁省地方标准和近期发布的《钢筋桁架混凝土叠合板应用技术规程》（T/CECS 715）降低了叠合板支座出筋的要求，大多数叠合板均可以做到不出筋，这样可大大降低支座处钢筋干涉，提高安装效率，降低装配式建筑成本。叠合楼板具体安装工艺步骤如下：

（1）板底支撑设置完毕并验收后，方可开始吊装叠合板。

（2）叠合板起吊时，要保证各个吊点均匀受力，构件平稳起吊。如果构件较大时，宜采用平面钢架吊具进行起吊，使吊索在各个吊点均匀受力。

（3）叠合板起吊时要先进行试吊，吊起距地 50cm 左右停止，检查钢丝绳、吊钩处于正常情况，叠合板保持水平状态，然后再吊运至作业面楼层。

（4）就位时，叠合板要从上往下垂直就位，在作业楼层标高上空约 50cm 处略作停顿，安装人员手扶稳定叠合板并调整方向，将板边与支座安放位置对准。注意避免叠合板上的外伸钢筋与支座处钢筋干涉，就位时要平稳慢放，严禁快速猛放，避免冲击力过大造成叠合板损坏。

（5）调整校正时，叠合板要做好保护，不要直接使用撬棍撬动叠合板，以免损坏板的边角，板的位置偏差要保证不大于 5mm，接缝宽度应满足设计要求。

（6）叠合板安装就位后，采用红外线标线仪进行板底标高和接缝高差的检查及校核，如偏差过大可通过调节板下的可调支撑高度进行调整。

（7）叠合板安装校正完成后，进行现浇区域的模板支设，并绑扎钢筋及布设水电管线，然后再进行后浇混凝土浇筑。

（8）板底支撑应在后浇混凝土强度达到设计要求后，方可进行拆除。

6.2.2 竖向预制构件安装工艺

常见竖向预制构件有预制柱、预制剪力墙、预制填充墙等。下面以预制柱为例介绍竖向预制构件的安装工艺。

（1）施工面清理

柱吊装就位之前要将结合面的混凝土表面和钢筋表面清理干净，不得有混凝土残渣、油污、灰尘等，以防止构件灌浆后产生隔离层影响结构性能。

（2）预制柱标高控制

首层柱标高可采用垫片控制，标高控制垫片设置在柱下面，铁垫片应有不同厚度，最薄厚度为1mm，总厚度为20mm，每根柱在下面设置三点或四点，位置均在距离柱外边缘100mm处，铁垫片要提前用水平仪抄测好标高，标高以柱顶标高上20mm为准，如果过高或过低可通过增减铁垫片的数量进行调节，直至达到要求标高为准。

上部楼层柱标高可采用设计预埋的调节螺栓控制（图6-37），利用水平仪将调节螺栓标高测量准确，标高以柱顶标高上20mm为准，过高或过低可采用松紧调节螺栓的方式来控制预制柱的高度及垂直度。若预制设计未采用预埋调节螺栓时，也可采用垫片控制。

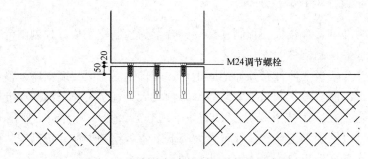

图6-37 预制柱标高控制调节螺栓示意图

施工中，特别注意本操作环节的控制精度，以防止柱吊装就位后垂直度发生偏差。

（3）预制柱起吊

柱起吊采用专用吊具与预制柱顶的预埋吊点接驳紧固。起吊过程中，柱不得与其他构件发生碰撞。柱翻转起吊如图6-38所示。

（4）预制柱起立

柱起立之前，在柱起立与地面接触部位铺垫两层橡胶垫，以防柱起立时造成破损。

（5）预制柱吊装

用塔吊缓缓将柱吊起，待柱的底边升至距起吊作业面约50cm时略作停顿，再次检查吊具与吊点是否处于正常连接情况，若有问题须立即处理。确认无误后，继续提升使之慢慢靠近安装作业楼面。

（6）预制柱就位

在距作业楼面标高上约50cm略作停顿，安装人员可以手扶稳定预制柱，控制柱下落方向，待到距预埋钢筋顶部2cm处，柱两侧挂线坠对准地面上的控制线，预制柱底部套筒位置与楼面预埋钢筋位置对准后，将柱缓缓下降，使之平稳就位。柱安装就位如图

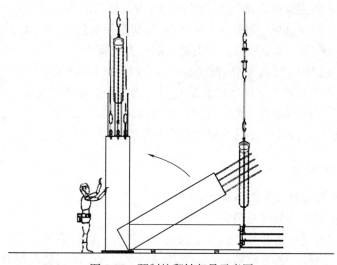

图 6-38　预制柱翻转起吊示意图

6-39 所示。

（7）预制柱就位调节及临时固定

① 安装时，由专人负责柱底定位、对线，并用 2m 靠尺找直。安装首层预制柱时，应特别注意安装精度控制，使之成为以上各层的基准。

② 采用可调节斜支撑将柱进行临时固定，每个预制柱两个垂直方向的临时支撑不宜少于两道，其支撑点距离柱底的距离不宜小于柱高的 2/3，且不应小于柱高的 1/2。

③ 柱安装精调采用斜支撑螺杆上的可调螺杆进行调节。垂直方向、水平方向、标高均校正达到规范规定及设计要求。

④ 柱的临时固定斜支撑应在灌浆料或后浇混凝土达到设计强度要求后方可拆除。

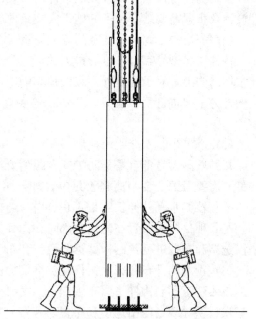

图 6-39　预制柱安装就位示意图

（8）灌浆作业

① 用木方或专用封堵料对预制柱底部与结合面接缝的外沿进行封堵，使接缝部位处于密闭状态，确保灌浆作业时灌浆料不会溢出，并充满整个接缝部位。

② 按照灌浆料厂家提供的水料比及灌浆料搅拌操作规程进行灌浆料搅拌。

③ 将灌浆机用水湿润，避免设备机体干燥吸收灌浆料拌合物内的水分，影响灌浆料拌合物流动度。

④ 对灌浆料拌合物流动度进行检测，记录检测数据，灌浆料拌合物流动度合格则进行下一步操作。

⑤ 将搅拌好的灌浆料拌合物倒入灌浆机料斗内，开启灌浆机。

⑥ 预制柱各套筒底部接缝联通时，对所有的套筒采取连续灌浆的方式，连续灌浆是用一个灌浆孔进行灌浆，其他灌浆孔、出浆孔都作为出浆孔。

⑦ 待出浆孔流出圆柱体灌浆料拌合物后，将封堵塞塞紧出浆孔。

⑧ 待所有出浆孔全部流出圆柱体灌浆料拌合物并用封堵塞塞紧后，灌浆机持续保持灌浆状态 5～10s，关闭灌浆机，灌浆机灌浆管继续在灌浆孔保持 20～25s 后，迅速将灌浆机灌浆管撤离灌浆孔，同时用堵孔塞迅速封堵灌浆孔，灌浆作业完成。

6.2.3 塔吊选型布置

塔吊选型及布置需要关注以下要点：

（1）塔吊起重臂覆盖范围及最大起重量

塔吊选型和布置需要结合预制构件平面布置图进行，确保塔吊起重臂覆盖单体建筑中所有的预制构件。此外，需要复核每个预制构件所在位置塔吊所能吊起的最大起重量，确保每个位置塔吊最大起重量大于构件重量和吊具重量之和。当塔吊由于各种原因无法覆盖所有预制构件时，需要调整预制构件的布置范围，或者采用轮式起重机进行吊装，预制构件设计及布置需要结合现场的施工安装条件进行。

（2）塔吊独立起升高度及附着支撑点

每种塔吊型号都有各自的最大独立起升高度，当建筑高度超过时，需要设置附着支撑在主体结构上，对于建筑外围交圈预制的项目，需要对附着在预制外墙构件上的支撑点产生的外力工况进行复核验算，当可以避免将附着支撑点设置在预制构件上时，应当尽量避免。

（3）塔吊吊装安全距离控制

每种塔吊型号都有塔身防护安全距离要求，预制构件吊装时，对于离塔吊塔身最近的构件，需要考虑安装距离是否足够，如：离塔身最近且跨度较大的梁类预制构件，吊装时，要复核梁水平外伸长度是否超过塔身防护安全距离。当大型商业广场等平面尺寸较大的装配式项目塔吊布置在建筑内部时，尤其更要注意复核吊装的塔身安全防护距离，结合塔吊选型和布置进行预制构件拆分设计和布置。

（4）预制构件布置图上构件吨位准确标注

单体建筑预制构件平面布置图上，需要准确地标注预制构件的重量，预制构件重量标注错误将误导现场塔吊选型和布置，若将大吨位构件误标成小吨位构件，超出塔吊在这个位置的最大起重量时，会导致塔吊倾覆的严重安全事故，应严格避免。

（5）预制构件存放场地布置需要考虑塔吊吊装能力

预制构件现场存放场地布置，需要满足在该位置塔吊起重能力大于每个构件重量。同样的，直接从运输车上起吊时，运输车所停靠的位置，也需要满足同样的要求。

（6）塔吊选型经济性

不同吊装能力的塔吊租赁费用差异较大，预制构件拆分设计时，需要考虑塔吊选型经济性，以获取最佳的施工安装成本。例如，笔者曾遇到一个项目，总共 10 栋 23～27 层的装配式住宅，其中有一个较重构件通过调整拆分方案后，重量从 5.9t 调整为 4.7t，所有塔吊均可以选用低一个型号的塔吊，每台塔吊月租费节约 1.5 万元，住宅楼使用塔吊施工周期为 15 个月，总计节约塔吊租赁费用：10×1.5×15＝225 万元，成本节约相当可观。

6.2.4　深化设计应关注的安装工艺要点

进行预制构件深化设计时，需要结合各类预制构件安装工艺特点和要求，在预制构件加工图中进行预埋预留，以及碰撞干涉避让的详细设计。

（1）吊装吊点设置及验算。

（2）相邻预制构件安装顺序及干涉避让要求。

（3）吊具与预制构件外伸钢筋干涉避让要求。

（4）预制构件底部支撑设置要求及支撑拆除要求，重点关注悬挑构件及叠合板类构件底部支撑设置及拆除要求。

（5）后浇连接段结合面粗糙度设置构造要求。

（6）各类预制构件拼缝连接构造设计要求。

（7）开口构件临时辅强设置要求。

（8）构件薄弱部位及应力集中部位构造加强设计要求。

（9）灌浆作业分仓间距要求。

（10）墙板类构件斜支撑设置要求及验算。

（11）灌浆孔布置的方位朝向要求等。

6.3　设计不足引起的生产问题

1. 预制柱灌浆孔集中设置在一侧

预制柱下部的灌浆孔朝向设计不合理，会给预制构件制作造成较大影响。灌浆孔一般采用就近原则，由于预制柱常规生产均采用平躺式，因此底模面一般不设置灌浆孔，需根据实际情况将灌浆孔朝向分布于其他几个面，若集中于一个面引出全部灌浆孔，则会导致混凝土浇捣不密实、灌浆导管脱落或水泥浆侵入灌浆导管造成堵塞等情况（图 6-40）。

设计灌浆孔位置时需结合柱子所在平面位置考虑。

图 6-40　灌浆孔集中布置

（1）位于中柱时，若四周有楼板且具有操作空间，可将灌浆孔设置在底模面之外的其余三个面。

（2）位于边柱时，可将临边侧作为底模面，灌浆孔设置在其余三面。

（3）位于角柱时，将临边两侧的灌浆孔分别引至另两侧。

2. 脱模斜度设计不足

预制构件制作需用到钢模，构件外凸则钢模就内凹，构件内凹则钢模就外凸。当构件与钢模接触面垂直于底模面时，通常都需设置脱模斜度，斜度一般取 1/10（图 6-41）。若不了解这项工艺未设置脱模斜度或斜度设置不足时，会导致构件难以脱模，即使生拉硬拽脱出来了也会造成构件缺棱掉角的破损。

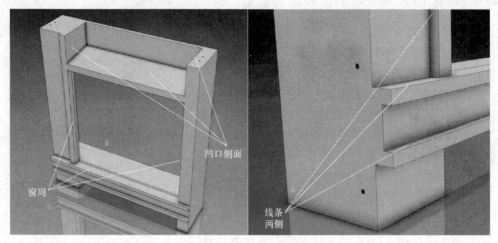

图 6-41 预制构件凹凸位置

3. 双向交叉伸出筋干涉

对于常规单向预制构件伸出筋，模具有两种对应措施：

（1）柱顶伸出筋，对应模具采用平移套入式，模具上对应钢筋位置的开孔直径大于钢筋直径，便于横向平移脱模（图 6-42）。

图 6-42 柱平移套入式模具

（2）墙侧伸出筋，对应模具采用梳子式，对应钢筋位置在模具上开槽，形状为单侧长通槽（图 6-43）。

同一预制构件中，有时根据结构设计的要求会出现双向交叉伸出钢筋的情况，会使得脱模变得较为困难。若是阳台板面筋交叉，两侧都做成梳子状模具还可以实施（图 6-44），若是梁筋与板筋交叉时就难以实施，在不影响结构性能的前提下，须把一侧伸出筋改为后接驳的形式（图 6-45）。

4. 预制叠合楼板桁架钢筋与板底筋交织

预制混凝土叠合楼板中桁架钢筋在生产、运输、安装工况中起到保障叠合板整体刚度的作用。桁架筋由 5 根钢筋组成，类似三角形截面，整体高度以及钢筋直径根据结构楼板厚度及工况受力计算结果进行选取。桁架筋的加工有机械与人工两种方式，机械加工效率约是人工加工的 20 倍。目前的机械加工设备支持桁架筋最小高度为 75mm，且以 5mm 为调整模数（图 6-46）。

叠合板底筋为单层双向呈网片形式，间距及直径根据结构设计的要求设置。形状较为规则的网片筋若采用自动机械化加工可以大幅提高生产效率，钢筋间距须以 50mm 为调整模数，如 100mm、150mm、200mm 等（图 6-47）。

图 6-43　梳子式预制墙侧模具

图 6-44　预制阳台板面筋交叉

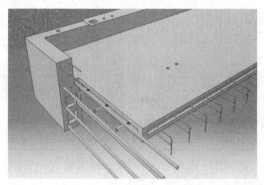

图 6-45　伸出筋为后接驳

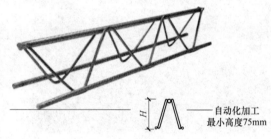

图 6-46　自动化加工桁架筋

桁架筋与网片筋均采用机械加工，在提高生产效率的同时也降低了生产成本，因此可作为优先推荐方案，但有时与结构设计会有冲突。楼板底筋受力方向的钢筋一般置于外侧，当受力主筋与桁架筋方向一致时，为控制桁架筋在 $60mm$ 厚叠合楼板中的埋深而采取交织形式（图 6-48a），此时网片筋就无法采用机械加工，而不得不进行人工逐根绑扎，效率非常低。要解决这个问题，需改变"主筋置于外侧"的惯性思维，将主筋与分布筋调换位置即可

图 6-47　叠合板底筋间距

（图 6-48b）。此时需注意结构计算楼板有效 H_0 值时会有减小，因此需在结构设计时同步考虑配筋构造，而不是到了后期深化设计时才进行设计变更。

5. 预制构件变截面部位开裂

预制墙板往往会有变截面设计，如预制单面叠合墙与全截面墙的结合处，在构件脱模、运输、吊装时由于刚度突变造成应力集中而容易开裂（图 6-49）。

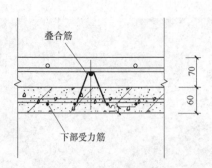

(a) 桁架筋位于分布筋外侧

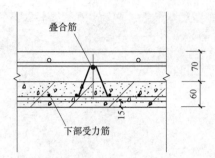

(b) 桁架筋位于分布筋内侧

图 6-48　叠合板桁架筋位置

图 6-49　构件变截面部位断裂

针对变截面的阴角可采取以下补强措施：

（1）在原横向钢筋排布基础上，间隔增加补强筋。

（2）在不影响施工现场排布现浇构件钢筋的情况下，阴角由直角改为斜角，并增加八字形补强筋（图 6-50）。

（3）若单面叠合墙设计有桁架筋的，可将桁架筋伸入全截面墙内，模具侧面开三角形口子。

（4）增设脱模专用槽钢，利用槽钢使得两端共同受力。

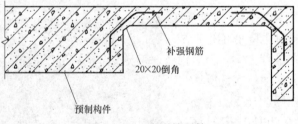

图 6-50　八字形补强筋

6. 机电点位与灌浆套筒位置冲突

现浇混凝土结构施工时，机电暗盒与线管都是在墙体钢筋绑扎后置入，机电点位与结构墙体的矛盾不是很突出，装配式混凝土结构设计时这个问题则要非常重视。预制剪力墙竖向连接大多采用套筒灌浆连接，底部设置套筒且连接区域的水平筋要求加密布置，此处若设计有机电点位的话，需要预留接线操作手孔，若不能很好协调相互位置关系，则会影响套筒布置以及水平钢筋连接，甚至影响结构性能（图 6-51）。因此，在分别满足各专业需求的同时，还需提前进行综合协调。

7. 设计构件脱模吊点位置时未考虑构件重心

有些构件形状不规则，脱模用的金属件预埋位置需要周围有一定范围的混凝土，而有时选择余地非常有限，如带窗口的构件则不得不选择预埋在窗洞边侧狭窄的混凝土边框上，往往由于脱模点与重心不对称而使构件起吊时偏斜，容易造成构件磕碰破损，也使得预埋件和拉索受力不均匀产生安全隐患。

遇到类似情况时，可设计脱模用辅助型材，如角钢、槽钢等，脱模前通过预埋件将型材紧固在构件上，在型材上按重心对称位置事先焊接吊耳，脱模时可拉拽吊耳起吊构件（图 6-52）。

图 6-51　预制剪力墙底部机电接线手孔　　　　图 6-52　脱模辅助型材

8. 构件伸出筋与抗剪键槽冲突

预制剪力墙侧面以及预制梁端部与现浇结合面设置抗剪键槽时，键槽内凹深度一般为 30mm，为便于脱模，内凹侧面必须设置斜坡（图 6-53）。键槽面积大小除了结合抗剪计算要求之外，需考虑避让预制剪力墙侧面以及预制梁端部的伸出钢筋。构件脱模时，往往先脱离有伸出筋一侧的模具，为便于模具拆卸，伸出筋不宜设置在键槽内部，更不应设置在斜坡上。

9. 变截面墙板构件薄板一端设置的预埋物距离变截面过近

墙板类构件有变截面时，通常一端为 PCF 叠合薄板，另一端为全厚预制板。厚薄截面变化处形成直角侧面，该处需设置架空侧模（图 6-54），侧模并不仅仅是一块钢板，而是 L 形的角钢形式，且为了保证整体刚度还需间隔设置加劲肋板，一般占用宽度约60mm，若在此范围内设置凸出预埋物会与侧模冲突。

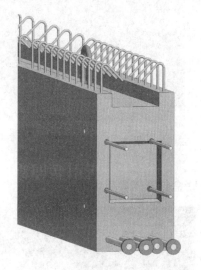

图 6-53　预制构件伸出筋
与键槽相互关系

10. 带栏板阳台一体化预制使得混凝土浇筑质量难以控制

阳台外侧栏杆除了金属以及玻璃制品之外，也会用钢筋混凝土形成栏板矮墙，栏板高度约 1.1m。若与阳台底板一体化预制，对防水会有很大作用，但对构件生产品质管控提出很高要求，很多厂家技术实力不强则难以保障质量，且吊装时由于重心向外偏斜，也增加施工难度。预制阳台生产时大多采用平置方式，栏板一体化预制需要增加侧模，由于栏板薄而高，混凝土浇筑时振捣困难，容易形成空洞或蜂窝麻面，成型质量不佳（图 6-55）。

图 6-54　变截面预制构件生产模具

图 6-55　阳台扶手栏板与底板一体化预制

因此，建议将栏板与阳台底板分开预制，通过倒插钢筋灌浆连接，钢筋间距及连接长度根据计算确定，水平接缝采用灌浆密实或灌防水密封胶（图 6-56）。

11. 梁侧设置线盒使得钢筋多次弯折难以准确加工

当结构梁设计有暗埋线盒且与梁筋位置重合时，为了避让线盒，钢筋必须弯折但难以做到准确加工，影响生产效率和质量（图 6-57）。因此，建议通过调整装修与机电布局，尽量不在结构梁上设置暗埋线盒，即使需设置也应调整暗盒位置以避让梁筋。

图 6-56　阳台底板与扶手栏板分开预制

12. 预制夹芯保温墙板外叶板宽度超出内叶板较多时需考虑补强

预制夹芯保温墙板的外叶板是 PCF 的一种形式，起到保护保温层以及兼作施工外侧

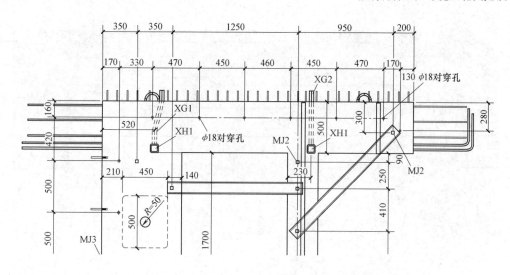

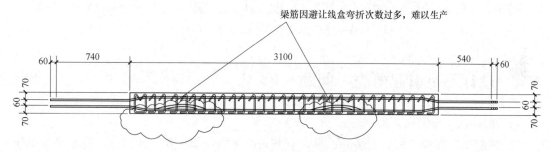

图 6-57　结构梁范围设置暗埋线盒

模板的作用，外叶板宽度往往会超出内叶板（图 6-58）。当超出 500mm 以上时形成变截面构件，外叶板悬臂在外，在构件脱模、安装时容易发生开裂，因此需考虑采用补强措施。可以通过增加外叶板横向桁架筋或者特制型钢拉结内外叶板等方法，再精准计算脱模吊点有利位置，确保外叶板不受损。同时，也需考虑在混凝土浇筑时对悬臂外叶板的侧压力，合理设置对拉螺杆，防止外叶板向外胀模而开裂。

13. 预制夹芯保温墙板加工图未明确拉结件样式及位置

预制夹芯保温墙板的外叶板通过保温拉结件与内叶板相连，拉结件选用是否正确、位置布置是否合理等都直接影响到外叶板连接安全性。拉结件的配置需根据墙板形状、保温材质、使用环境、产品性能等条件为参数，经综合计算后确定（图 6-59）。应在预制墙板加工图中明确标注产品规格与布置尺寸，对于一些容易错误使用的拉结件，还应注明与内外叶板的连接形式或技术要求。

图 6-58　预制夹芯保温外墙板外叶板桁架筋补强

图 6-59　预制夹芯保温墙板保温拉结件

6.4　设计不足引起的施工问题

1. 构件吊具与钢筋冲突

构件起吊时需要使用后安装的吊具，有些是国标品，如吊环、卸扣等。有些是定制加工品，需根据实际使用条件特别设计后加工。起吊埋件一般都设置在构件顶部，当构件为叠合梁等顶部有伸出箍筋时，需考虑后安装的吊具是否与箍筋冲突，尤其当箍筋比较密集时，为了安装吊具会将箍筋掰弯撇出空档，钢筋来回弯折影响强度，也降低施工效率（图6-60）。

图 6-60　安装吊具时弯折箍筋

2. 结构上翻梁导致施工不便

剪力墙结构中，有时根据内力计算出所需梁高截面较大，而梁底标高受建筑窗洞高度影响已被限定，梁高只能向上翻，形成梁上端超过结构楼面标高的上翻梁。

对于装配式建造方式会带来不利情况，上翻梁的混凝土浇筑往往分两次，梁的下半部随着下层混凝土浇筑至楼面平齐，梁上半部随着上层混凝土同层浇筑。在梁上半部混凝土尚未浇筑时给预制墙板构件安装带来很大困难，此时需将墙板临空架设极易发生安全事故（图 6-61）。

图 6-61   预制墙板临空架设

若通过结构计算调整后设计成两根上下双梁，梁间接缝设在楼面标高处，上梁可随墙板一体预制。但此时需注意梁端伸出钢筋与现浇暗柱伸出纵筋的避让关系，梁筋与柱筋均需精准定位，以及暗柱箍筋绑扎工序等要做到精细化施工技术管理（图 6-62）。

3. 板式阳台的挑梁伸出钢筋与现浇暗柱箍筋干涉

预制梁板式阳台受力形式为两侧悬挑梁伸出钢筋锚固到现浇暗柱里，预制阳台安装时一般都是从上至下吊装，两侧伸出梁筋为满足锚固要求，长度都较长（图 6-63）。梁高范围内的暗柱上的数道箍筋会与梁筋碰撞，妨碍预制阳台下落，因此箍筋不能提前绑扎。当预制阳台安装到位后，梁筋与柱筋形成交叉，安装暗柱箍筋则成了问题。

如果周围有足够操作空间，或许可将箍筋掰开喇叭口设法绕弯合上去。再则就是先断后焊，焊接形式需满足相关技术要求。

建议若是常规住宅阳台，优先考虑设计成挑板式受力形式（图 6-64）。全预制阳台外伸受力钢筋为一

图 6-62   下部预制梁外伸钢筋与暗柱纵筋避让关系

排板面钢筋，安装不会发生钢筋干涉问题。如果阳台结构标高比室内降低时，阳台上部钢

图 6-63　预制梁板式阳台

图 6-64　预制挑板式阳台

筋锚固于室内结构楼板中部，有利于锚固受力，但需考虑两个细节：（1）相邻梁上部筋需待预制阳台安装后才能绑扎；（2）室内叠合楼板的桁架筋方向与阳台上部受力筋方向垂直交叉时的避让，阳台上部筋与室内楼板筋绑扎牢固。

4. 现浇与预制转换层的外边缘未设计挑出牛腿

上层预制外墙落于下层现浇楼面时，由于饰面做法不同，一般预制外墙与现浇外墙的结构面不平齐，大多情况是预制外凸于现浇。尤其当采用预制夹芯保温外墙或单面叠合外墙时，这种情况较为普遍。为了安装预制外墙时能让墙体立稳，现浇楼面的外围边缘应增设一圈混凝土构造牛腿，与楼面混凝土一起浇筑（图 6-65）。这需要设计时在图中标明，同时建筑构造上需考虑牛腿的后期装饰处理等。

图 6-65　楼面外围边缘牛腿

5. 相邻预制梁外伸钢筋互相干涉

装配整体式剪力墙结构中，预制叠合梁往往与预制墙体连为一个构件，一字形或 T 形现浇暗柱两侧梁的底部筋从构件中伸出，分别在暗柱中形成交错锚固。当两侧的梁尺寸与配筋信息相同时，容易发生外伸钢筋互相干涉的情况（图 6-66）。

为便于施工安装又能满足结构设计，可将一侧的梁筋由向上弯折改为向下弯折。但需注意的是，梁筋向下弯折的预制构件必须先安装，因此需统筹考虑相邻预制构件的安装顺

图 6-66　叠合梁外伸钢筋互相干涉

序，并进行说明标注。

　　当两侧垂直交叉的梁底筋有类似干涉冲突时可采用同样方法（图 6-67），或者采取一端梁筋 1∶6 弯折后伸出的方法。

图 6-67　一侧梁筋向下弯折

6. 楼梯间窗户错半层布置，增加施工难度

　　高层住宅的楼梯大多采用回转梯或剪刀梯，楼梯间设有窗户。回转楼梯间的窗户一般都在楼层半高位置的休息平台上，为方便开启，窗户高度以休息平台为站立点按常规人体工学设置。但是，从建筑立面上看，楼梯间的窗户和楼层其他窗户相比就会相错半层（图 6-68）。

　　楼梯间带窗户的预制外墙安装时，由于相错半层，在已经高出半层的墙体上要安全可靠地架设上层预制墙体，安装难度很大（图 6-69）。主要困难在于因为预制楼梯板尚未安装，所以预制墙板的斜撑无处落点连接，即使勉强找到地面连接点，也由于斜撑长度很长而容易失稳。

图 6-68　楼梯间窗户错层设计　　　　　图 6-69　楼梯间错层设计的预制外墙安装难度大

建议，在设计时优先考虑将楼梯间窗户位置与楼层其他窗户高度保持一致。尽管在楼梯间内部开启窗户时较为不便，但高层楼梯平时使用率不高，不会有很大影响。其次，考虑楼梯预制外墙设计成 H 形，目的是构件安装时与楼层施工面保持一致（图 6-70）。

图 6-70　楼梯间预制外墙宜按同层设计

7. 预制墙板斜撑位置需考虑干涉冲突

当预制墙体较多且房间开间较小时，临时支撑预制墙体的斜撑就容易互相干涉，不但占用大量施工空间，还影响其他工种施工效率（图 6-71）。

通常一块预制墙板使用四根斜撑，上部两根长，下部两根短。当横向与纵向墙板布置较近时，设计需考虑到斜撑的空间关系，有意互相错开。当内墙上的斜撑可在两面任意设置时，应将斜撑设置在空间宽裕的一侧。特殊场合可用其他措施代替下部两根短斜撑，如角钢定位件、板板连接件等。

图 6-71　预制墙体临时支撑互相干涉

8. 叠合楼板密拼缝设置批嵌抹平构造

叠合楼板厚度一般为 60mm，尺寸较大时容易产生弯曲变形。密拼式的叠合楼板施工时互相紧贴不留缝隙，由于构件变形或施工荷载不均匀，后期会导致拼缝两侧叠合楼板底面接槎不平，仅靠批嵌腻子等饰面做法难以遮盖，不得不进行人工砍切磨平，费工费时。

建议，设计时拼缝处的叠合楼板边缘不要做成直角，改为斜倒角等形状，即使两侧有不协同变形也不会形成直接对比（图 6-72）。如果需进行整体批嵌，由于倒角形成的接触面较大，也易于涂抹找平。

图 6-72　叠合楼板边角斜倒角

9. 叠合楼板分离缝设置批嵌抹平构造

当设计为分离式叠合楼板时，中间留有宽 300～400mm 现浇带，需现场支设模板，但由于叠合楼板不协同变形以及支设模板不贴合等原因，使得施工后现浇带与两侧叠合楼板的底面不平整（图 6-73），需要花费人工进行土建修整。

建议，设计时拼缝处的叠合楼板边缘做成内凹 5mm，宽度 50mm 的浅槽（图 6-74），现浇带模板紧贴浅槽，拆模后即使有漏浆或不平整也可以不用人工处理，通过粘贴网格布批嵌腻子等措施进行抹平遮盖。

图 6-73　后浇带混凝土外溢

图 6-74　分离式叠合楼板边缘内凹

10. 叠合楼板密拼缝与分离缝未明确现场配筋形式

预制叠合楼板的下层钢筋需根据不同的拼缝形式进行配置（图 6-75）。密拼缝时，需配置垂直于拼缝的钢筋，设计图中应明确标注钢筋搭接长度、直径和间隔。为使钢筋排列

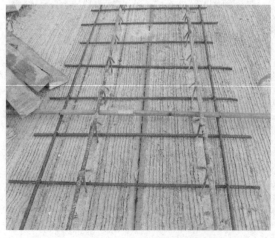

图 6-75　叠合楼板拼缝处附加钢筋

整齐，在两端各绑扎或焊接一根构造钢筋形成"云梯"状。分离缝时，需配置平行于拼缝的钢筋，设计图中应明确标注钢筋直径、数量、间隔。由于设计图中往往疏漏相关详图节点，导致现场施工时容易遗漏钢筋或者配置钢筋随意性较大。

11. 叠合楼板现浇层厚度不满足线管暗埋要求

住宅设计和施工中习惯将机电线管暗埋在结构中，尤其暗埋在楼板中的线管更多。住宅空间跨度一般在 4.5m 以下，大多采用叠合楼板总厚度 130mm，其中预制层厚 60mm，现浇层厚 70mm。线管暗埋在现浇层 70mm 之内（图 6-76），扣除钢筋保护层与钢筋直径后的净空仅 39mm，再加上叠合层拉毛上翻、桁架钢筋阻碍、线管交叉等因素，使得线管暗埋施工很难做到符合要求，经常出现楼板表面"露筋、露管"的情况。因此，建议设计时现浇层厚度不宜小于80mm，有条件的可取 90mm。

图 6-76　线管交叉

以前住宅交付多为毛坯房，线管暗埋的做法虽有利于交房时的整洁干净和直接使用，但不利于小业主装修时因改造线管排布而破坏主体结构的情况。随着越来越多的住宅采用全装修交付，线管可以不必暗埋在结构内，通过装饰装修的面层进行遮盖处理，有利于提高结构性能，也有利于以后线管改造。

12. 预制外墙板之间空腔接缝被遮蔽引起鼓胀

预制外墙之间横向与纵向都设有缝，宽度一般为 20mm，是为了吸收构件生产偏差、安装施工偏差、结构或温度变形等。缝内有防水构造和排水空腔，外侧用建筑耐候胶密封。有时建筑方案设计师觉得预制外墙之间的横纵接缝影响立面视觉效果，就会用粘贴网格布、批嵌腻子和饰面涂料等对接缝进行遮蔽。由于接缝内部是空腔，在夏季炎热气候时缝内密闭的空气会膨胀，向外顶起遮蔽的网格布，产生接缝鼓胀现象（图 6-77）。在热胀冷缩环境下，密封胶外层的饰面涂料也容易脱落反而影响美观。遮蔽接缝还会导致空腔内一旦有雨水渗入而无法排出，雨水积压在空腔内也会向外鼓胀，或者向室

图 6-77　预制外墙接缝鼓胀及铲除修补

内渗漏影响居住使用。

设计时，建议预制外墙的接缝明露（图 6-78），提前考虑接缝位置并作为建筑立面表现元素之一，进行合理规划。还可以通过对密封胶颜色的调色，使接缝对建筑立面的影响减到最小。明露的接缝有利于设置排水导管，一旦有渗漏现象也便于修补。

13. 模板拉结埋件缺失导致混凝土浇筑胀模

预制单面叠合墙或夹芯保温墙的外侧预制薄板兼作外侧模板，现浇区域施工时需配置内侧模板，内外模板之间使用拉结螺杆紧固之后浇筑混凝土。混凝土振捣时会产生侧向压力，拉结螺杆的间距配置过大或螺杆拉结不牢固都会造成胀模（图 6-79）。

图 6-78　预制外墙接缝明露　　　　　　　　　　图 6-79　外墙胀裂

预制薄板的内侧为了拧入螺杆，预埋了内螺纹套管埋件，埋件是在工厂制作构件时根据设计图纸埋入，因此设计时就应考虑实际施工中的状态，合理设置埋件排布位置与间隔。

不同的模板体系所用的拉结螺杆埋件不同，木模常用的是国标螺纹 M14，铝模常用粗螺纹 M18。埋件竖向排布间隔以 3m 层高为例，木模横向配置背楞 6 道，从下至上为

图 6-80　预制薄板内侧预埋模板拉结件

200mm＋400mm＋450mm＋500mm＋550mm＋550mm＋350mm。铝模配置 4 道，从下至上为 200mm＋800mm＋800mm＋800mm＋400mm。埋件横向排布间隔一般为 450～500mm，遇墙角的阴角时，埋件距墙角以 250mm 为宜。遇现浇段与预制墙平接时，埋件设置在预制墙上，距边 100mm 为宜（图 6-80）。

14. 同一根预制叠合梁未考虑与不同标高楼板结合

楼板结构标高会根据住宅不同的空间使用功能而设计不同的标高，当同一根预制叠合梁与不同标高的楼板结合时，需注意叠合面的顶部高度也应随之升降。若不注意这个问题，有可能会发生降板空间的预制叠合楼板无法安装的情况。预制叠合梁顶部若随着楼板标高变化，侧视会呈台阶状。如果考虑预制构件生产方便，也可以按最低楼板标高设计叠合面顶部高度，但是施工时上顶角部会有空缺，需配置封堵模板，施工会较为烦琐（图 6-81）。

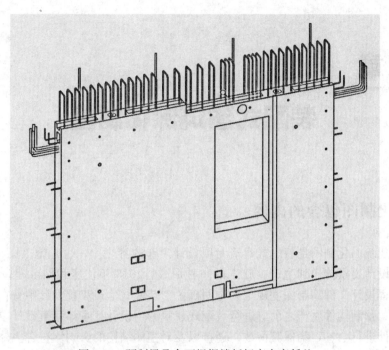

图 6-81　预制梁叠合面根据楼板标高有高低差

第**7**章

装配式建筑深化制图

7.1 深化制图包含的内容

装配式建筑深化制图是装配式建筑专项设计工作内容之一，也是施工图设计的延伸，是把装配式设计要素传递到生产、施工的一种形式。2016 年住房和城乡建设部批准发布的《建筑工程设计文件编制深度规定》中明确了"装配式建筑工程设计中宜在方案阶段进行技术策划；预制构件生产之前应进行装配式建筑专项设计；主体建筑设计单位应对预制构件深化设计进行会签，确保其荷载、连接以及对主体结构的影响均符合主体结构设计的要求"。

深化制图在表达形式上既要符合常规的制图标准，同时也是进一步反映建筑、结构、设备、给水排水、精装等各个专业在工程中的落实。一套完整的深化制图文件通常包括以下部分：图纸封面、图纸目录、设计说明、预制构件布置图、节点详图、预制构件加工图、装配图等。

7.1.1 图纸封面

图纸封面主要是呈现出本册设计文件的概括信息，在实际项目中可以按独立的子项进行分册成套。成套设计文件的首页封面主要明确设计文件基本信息，包括：项目名称、设计单位名称、项目的设计编号、设计阶段、编制单位授权盖章、设计日期。

7.1.2 图纸目录

深化设计中的图纸目录一般依据图纸的功能、类别进行分类排列。图纸目录主要包括：序号排列、图纸名称、图纸编码、图幅规格、版本类别、备注说明。

7.1.3 装配式建筑专项设计说明

装配式建筑专项设计说明结合项目特点和要点进行编制，其目的是对工程实施起到说明性、指导性作用，针对设计、生产、施工等几个方面分别进行说明。当项目采用新型装配式技术或产品的，应对新技术、新工艺、新产品的主要技术要求及产品特征进行表述。装配式建筑专项设计说明包括：工程概况，设计依据，图纸说明，材料说明，构件生产，施工安装，运输堆放，检验验收，及其他必要的说明内容。

1. 工程概况

设计说明首先应对具体所涉及的单体信息概况进行说明，例如该单体的结构体系、建筑高度、抗震设防烈度、预制率或装配率指标、预制构件类别、预制构件分布概况等信息。

2. 设计依据

对于设计依据的标准引用说明，一般按照先规范后规程，先国标后地标，先标准后图集的顺序原则进行。对于一些特殊的指导政策、意见及其他设计依据可最后罗列，其中需要特别说明的是对于预制率或者装配率所涉及的计算依据标准，应在设计依据中给予明确说明。

3. 图纸说明

图纸说明，其本质上是对深化设计文件的组成及功能介绍进行简要的概括说明，目的是让施工人员在不同图纸文件中可以快速便捷的找到所反映的图纸信息。另外，则是对预制构件深化设计中对于不同的预制构件的编码、编号进行说明。

4. 材料说明

材料说明，顾名思义是对装配式生产、施工中所使用的一些材料提出性能、等级、规格及相关技术指标和所执行的技术标准要求进行明确。一般对于构件中所涉及材料种类上除了常见的钢筋混凝土、钢筋、保温材料等类型外，还需要对预埋吊件所用的金属件、预埋套筒、防水密封等材料类别进行明确。同时，对于与材料生产或施工所涉及的主要工艺要求也应在说明中有所体现，例如，混凝土结合面的处理要求，金属件加工工艺要求，预埋金属吊件所涉及的拉拔试验要求等内容。

5. 构件生产

在深化设计说明中，应结合项目所涉及的预制构件类型，有针对性的明确一些对构件质量起到影响的关键工艺流程。例如，预制构件养护的流程及要求，脱模起吊的方式及时机，预埋预留的精度要求等内容。其次，对于生产部分还需要进一步明确预制构件的质量验收检验标准，外观质量，尺寸偏差，以及必要的试验报告的要求。

6. 施工安装

施工安装部分的说明内容，主要是根据项目设计的要求，对于施工的主要施工工艺及注意事项进行说明。施工工艺包括吊装工艺、支撑工艺、模板工艺、外围护工艺等。其中在装配式专项施工中，还应结合项目本身所涉及的灌浆、打胶等专项施工方案进行说明。例如，灌浆的作业条件要求，灌浆封堵的要求，浆料配置，打胶接缝的处理要求等。

7. 运输堆放

为了避免一些异形的构件类型在运输、堆放过程中造成意外破损，对于常规的墙体构件运输，在考虑进行竖向运输的时候，应明确主要的运输注意事项，如墙体构件靠放的方式或者角度，柔性垫块的布置要求等。特别值得注意的是，当堆场范围需要做好地下室顶板加固时，应在说明中进一步说明其注意事项。

8. 检验验收

对于检验验收部分的说明，应针对本项目所涉及的装配式设计、生产、施工所特有的一些工艺类别进行说明。通常情况下，对于一般的检验验收应明确所涉及的检验验收的内容，验收标准，验收环节及流程的注意事项。检验验收的内容一般根据项目的不同可能会涉及以下检验类型：

（1）预制构件生产阶段的检验与验收内容：

① 驻厂要求或实体检验要求。

② 预埋吊件拉拔试验检验要求。

③ 灌浆套筒接头工艺检验要求。

④ 构件的结构性能检验要求。

⑤ 锚固板试件制作及抗拉强度检验要求。

⑥ 保温拉结件、石材反打拉结件锚固检验要求。

⑦ 生产首件验收要求。

（2）现场施工阶段的检验与验收内容：

① 套筒接头平行试件检验要求。

② 浆料试块检验要求。

③ 封堵砂浆试块检验要求。

④ 首段安装验收要求。

⑤ 密封胶进场前相容性检验要求。

⑥ 打胶质量验收要求。

⑦ 拼缝处淋水试验检验要求。

9. 其他

在设计说明中对于一些非统一性但又有必要性的说明内容，一般均可在最后进行归纳说明。例如，防雷的做法及要求，水电预埋的做法等内容。

7.1.4　预制构件布置图

预制构件布置图主要是未来表达建筑单体中各个预制构件的空间排布的基本信息，在形式上一般可划分为平面布置图、立面布置图。布置图是进行深化设计较为前置的内容，是奠定深化设计整体思路与方向的基础。从设计要素上不仅要清晰地反映出预制构件本身的位置尺寸，同时还需要采用不同的图形、图例来表达出预制构件与现浇部分的相互关系，预埋件及预留插筋的做法等。更为重要的是布置图上还需要清晰地反映所对应的详图索引标记，以及剖面标记，从而也起到了串联起深化设计文件纽带的作用。

在图纸呈现的形式上，不仅要做到内容全面，还要满足设计深度的表达内容。有些情况下为便于工程量的统计汇总，预制指标的直观反映在布置图中还需要增加特定的预制构件汇总统计信息。

1. 预制构件平面布置图

预制构件平面布置图可分为竖向构件布置图（图 7-1）和水平构件布置图（图 7-2）。竖向构件布置图主要包括：预制墙、柱、飘窗等。水平构件布置图主要包括：预制楼板、主次梁、楼梯、阳台、设备平台等。

2. 预制构件平面布置图的内容

（1）构件类型及与现浇的位置尺寸关系需通过图例及标注来表达。图例内容及尺寸标注应做到清晰、准确。同时，对于构件类型、重量及位置关系也可以间接通过构件编号来反映。

（2）索引位置应完整、准确，剖面符号应注意与剖面图之间的视点方向标记。

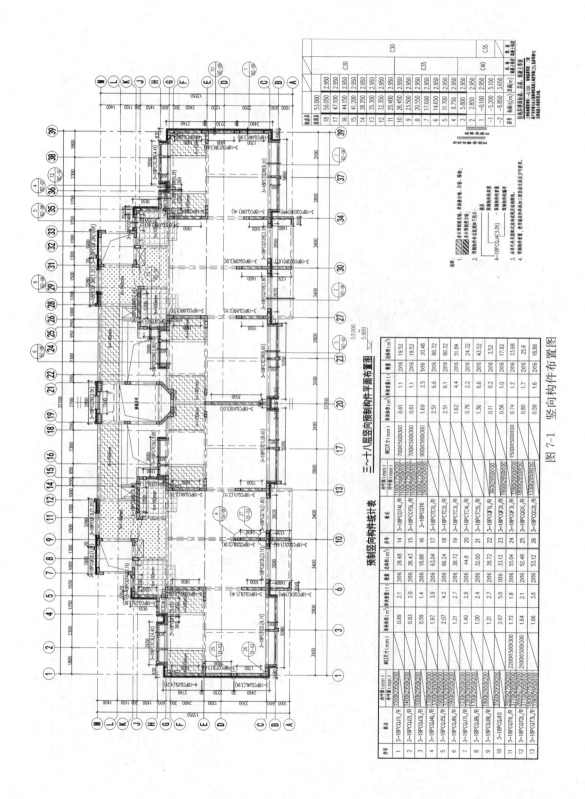

图 7-1 竖向构件布置图

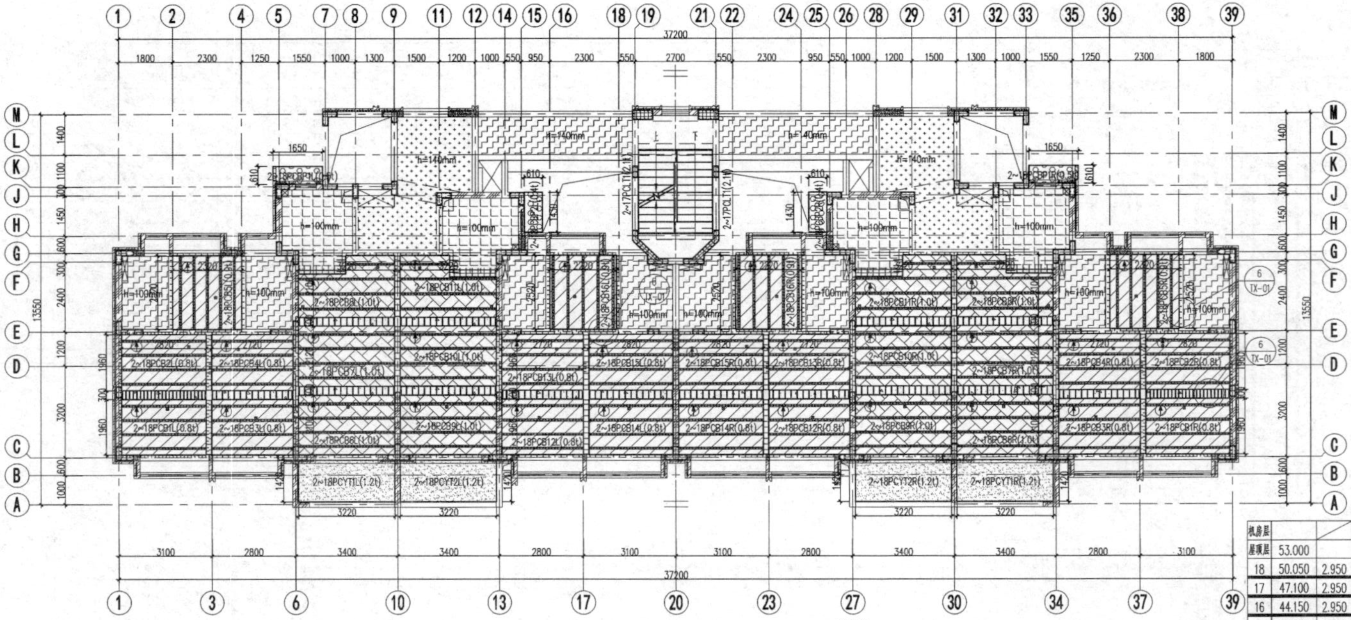

二~十八层水平预制构件平面布置图

预制水平构件统计表

序号	名称	洞口尺寸(mm)	单体积(m³)	单件重量(t)	套数	总体积(m³)	序号	名称	洞口尺寸(mm)	单体积(m³)	单件重量(t)	套数	总体积(m³)
1	2~18PCB1L/R	2820Q196Q060	0.33	0.8	2017	11.22	14	2~18PCB14L/R	2820Q196Q060	0.33	0.8	2017	11.22
2	2~18PCB2L/R	2820Q196Q060	0.33	0.8	2017	11.22	15	2~18PCB15L/R	2820Q196Q060	0.33	0.8	2017	11.22
3	2~18PCB3L/R	2720Q196Q060	0.32	0.8	2017	10.88	16	2~18PCB16L/R	2520Q220Q060	0.32	0.8	2017	10.88
4	2~18PCB4L/R	2720Q196Q060	0.32	0.8	2017	10.88	17	2~18PCY1L/R		0.46	1.2	2017	15.64
5	2~18PCB5L/R	2520Q232Q060	0.35	0.9	2017	11.9	18	2~18PCY2L/R		0.46	1.2	2017	15.64
6	2~18PCB6L/R	3220Q210Q060	0.41	1.0	2017	13.94	19	2~18PCBP1L/R		0.087	0.5	2017	3.4
7	2~18PCB7L/R	3220Q210Q060	0.41	1.0	2017	13.94	20	2~18PCBP2L/R			0.4	2017	3.0
8	2~18PCB8L/R	1580Q6.5Q060	0.35	1.0	2017	11.9	21	2~17PCL11		2.24	2.1	206	71.68
9	2~18PCB9L/R	3220Q210Q060	0.41	1.0	2017	13.94	22						
10	2~18PCB10L/R	3220Q210Q060	0.41	1.0	2017	13.94							
11	2~18PCB11L/R	1580Q6.5Q060	0.35	0.9	2017	11.9							
12	2~18PCB12L/R	2720Q196Q060	0.32	0.8	2017	10.88							
13	2~18PCB13L/R	2720Q196Q060	0.32	0.8	2017	10.88							

图 7-2 水平构件布置图

（3）对于需单独列出的构件明细表（图7-3），应反映构件类型、构件编号、外形控制尺寸、体积、重量、数量、备注等信息。

序号	板名 内叶板(mm)/外叶板(mm)	洞口尺寸(mm)	单块体积(m³)	单块重量(t)	数量	总体积(m³)	序号	板名 内叶板(mm)/外叶板(mm)	洞口尺寸(mm)	单块体积(m³)	单块重量(t)	数量	总体积(m³)
1	3~18PCQJ1L/R 1500×2950×200		0.89	2.1	2×16	28.48	14	3~18PCQT4L/R 1100×2750×200/1100×2950×100	700×1500×300	0.61	1.1	2×16	19.52
2	3~18PCQJ2L/R 1400×2950×200		0.83	2.0	2×16	26.43	15	3~18PCQT5L/R 1100×2750×200/1100×2950×100	700×1500×300	0.61	1.1	2×16	19.52
3	3~18PCQJ3L/R 1000×2950×200		0.59	1.4	2×16	18.88	16	3~18PCQT6 1500×2750×200/2900×2950×100	900×1500×300	1.69	2.5	1×16	20.48
4	3~18PCQJ4L/R 1700×2950×200/3300×2950×100		1.97	3.9	2×16	63.04	17	3~18PCTC1L/R		2.51	6.6	2×16	80.32
5	3~18PCQJ5L/R 1900×2950×200/3230×2950×100		2.07	4.2	2×16	66.24	18	3~18PCTC2L/R		2.51	6.1	2×16	80.32
6	3~18PCQJ6L/R 1900×2950×200		1.21	2.7	2×16	38.72	19	3~18PCTC3L/R		1.62	4.4	2×16	51.84
7	3~18PCQJ7L/R 1230×2950×200/2260×2950×100		1.40	2.8	2×16	44.8	20	3~18PCTC4L/R		0.76	2.2	2×16	24.32
8	3~18PCQJ8L/R 1700×2950×200		1.00	2.4	2×16	32.00	21	3~18PCTC5L/R		1.36	6.6	2×16	43.52
9	3~18PCQJ9L/R 1900×2950×200		1.21	2.7	2×16	38.72	22	3~18PCQF1L/R 360×2950×100		0.11	0.2	2×16	3.52
10	3~18PCQJ10 3500×2950×200		2.07	5.0	1×16	33.12	23	3~18PCQF2L/R 1900×2950×200		0.56	1.0	2×16	17.92
11	3~18PCQT1L/R 2920×2750×200/3770×2950×100	2200×1500×300	1.72	1.8	2×16	55.04	24	3~18PCQF3L/R 3280×2950×100	1500×1500×100	0.74	1.2	2×16	23.68
12	3~18PCQT2L/R 2690×2750×200/3770×2950×100	2100×1500×300	1.64	2.1	2×16	52.48	25	3~18PCQG1L/R 1800×2950×150		0.80	1.7	2×16	25.6
13	3~18PCQT3L/R 1800×2750×200/2280×2950×100		1.66	3.6	2×16	53.12	26	3~18PCQG2L/R 1330×2950×150		0.59	1.6	2×16	18.88

图7-3　构件明细表

（4）图中文字说明（图7-4）主要是对图纸表现的补充说明，可根据工程项目实际特点进行概括说明。一般包括：图例、构件编号、施工要求等内容。

3. 预制构件立面布置图

立面布置图（图7-5）主要涉及预制外墙的项目类型。立面布置图中通过预制构件的外观图，以及建筑外立面轮廓合并形成。形式上应表达出预制构件的接缝关系、立面相对位置及现浇部分与预制部分的立面划分。同样，立面布置图中也应表达不同标高所对应的平面布置图中的构件编号。对于需要在立面布置图上反映的一些特殊的做法，应进行特殊表达，例如，排水导管的设置等。

说明：
1. 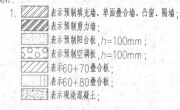表示预制填充墙、单面叠合墙、凸窗、隔墙；
　表示预制剪力墙；
　表示预制阳台板，h=100mm；
　表示预制空调板，h=100mm；
　表示60+70合板；
　表示60+80合板；
　表示现浇混凝土；
2. ⊕ 表示预制叠合楼板施工与工厂制作时的记号面；
3. 图中　板面标高H-0.050，图中　板面标高H-0.030；
图中　板面标高H-0.020，图中　板面标高H+0.030；
未注明板面结构标高为H；
4. 预制构件命名规则如下所示：

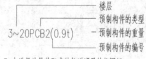
　　　　　　　　　　　楼层
　　　　　　　　　　　预制构件的类型
3~20PCB2(0.9t)　　　预制构件的重量
　　　　　　　　　　　预制构件的编号
5. 未详尽处见装配式结构说明及结构图纸。

图7-4　图中说明

7.1.5　预制构件墙身剖面图

墙身剖面图（图7-6）一般是与平面布置图或立面布置图中所标注的剖面记号所对应，表达的内容为墙身剖切位置相关构件内外特征及连接方式。剖切部位一般涵盖了阳台、设备平台、楼梯、飘窗、门窗洞口及特殊的预制内墙部位。同时，对于墙身剖面位置中的不同连接做法应通过索引符号给出对应节点详图。

7.1.6　预制构件加工图

预制构件加工图（图7-7）是指导预制构件生产制作所用的设计文件，同时也是计算相应工程量的主要设计文件依据。表达内容不仅要包含构件生产的工艺要求，同时

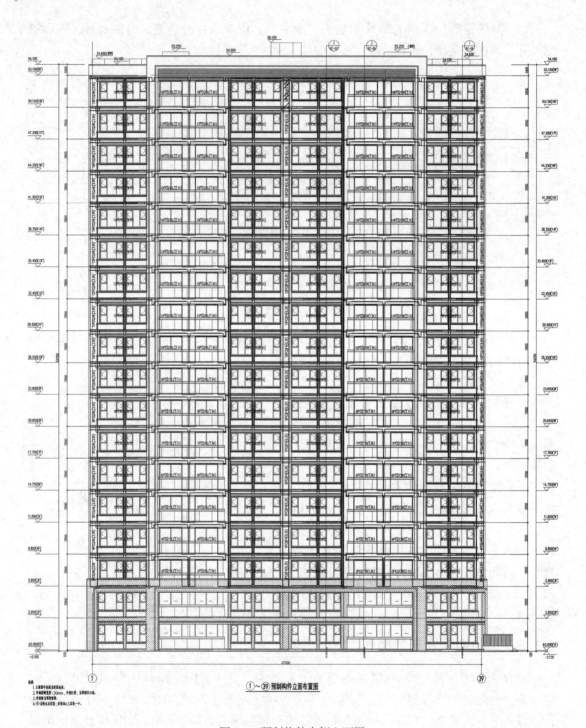

图 7-5　预制构件南侧立面图

需要对生产所涉及的材料清单给予明确。预制构件深化图设计是综合考虑了建筑、结构、机电、装修等各专业的相关设计条件及主要内容；生产阶段的模具加工、构件制作、脱模起吊、存放运输等技术措施要求；施工阶段的构件吊装、临时固定、钢筋连接等要求。

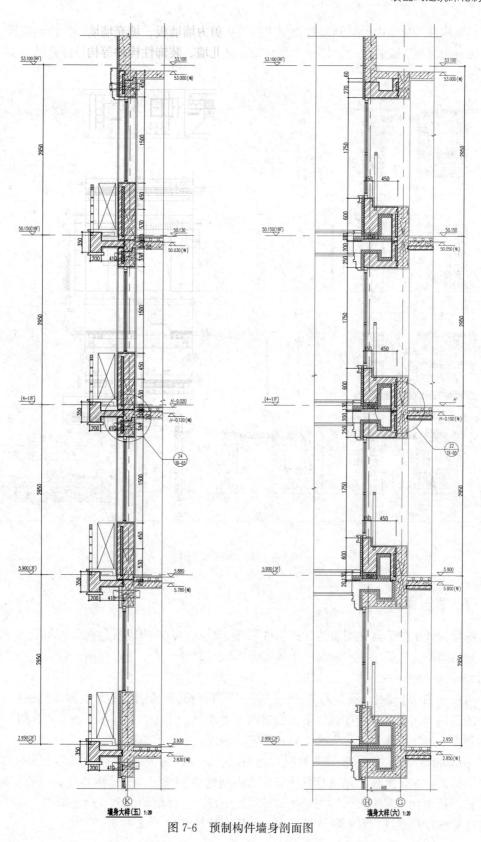

图 7-6　预制构件墙身剖面图

预制构件深化图根据预制构件类型主要有：剪力墙墙板、填充墙墙板、凸窗墙板、叠合楼板、阳台板、设备平台、楼梯、叠合梁、女儿墙、装饰性构件等构件深化图。

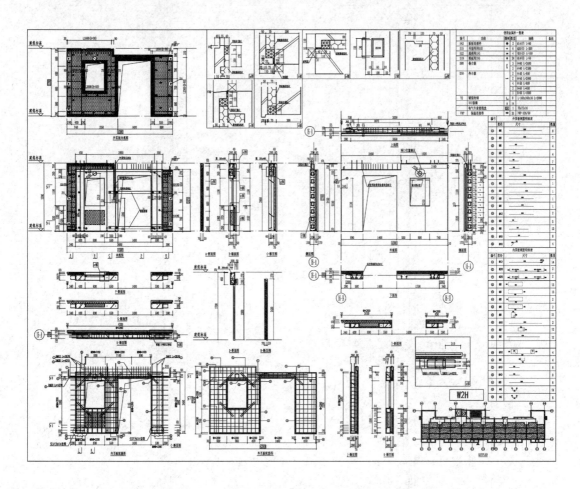

图 7-7　预制构件加工图

7.1.7　节点详图

深化设计中的节点详图表达样式一般不区分专业，表达内容上包括建筑功能、预制构件、现浇结构、施工工艺、材料要求等综合性节点类型。其中节点详图可分为通用详图与索引详图两个部分。

通用详图（图 7-8、图 7-9）主要表达在该项目中具有通用性的节点做法与施工工艺。常用的通用详图有：外墙接缝详图、檐口滴水槽详图、栏杆留孔详图、窗节点详图、配筋基本构造、电气接线、避雷做法、模板固定、斜撑固定等节点信息。

索引详图（图 7-10）是与平面图、立面图、剖面图等图纸中标记的索引号一一对应的节点详图，是针对该工程项目具体部位而绘制的节点详图，表达内容往往具有针对性、特殊性及指向性。对于索引详图是更具特征性地反映具体部位的节点构造形式，同样也是用于指导施工现场进行预制构件连接安装的重要设计文件。

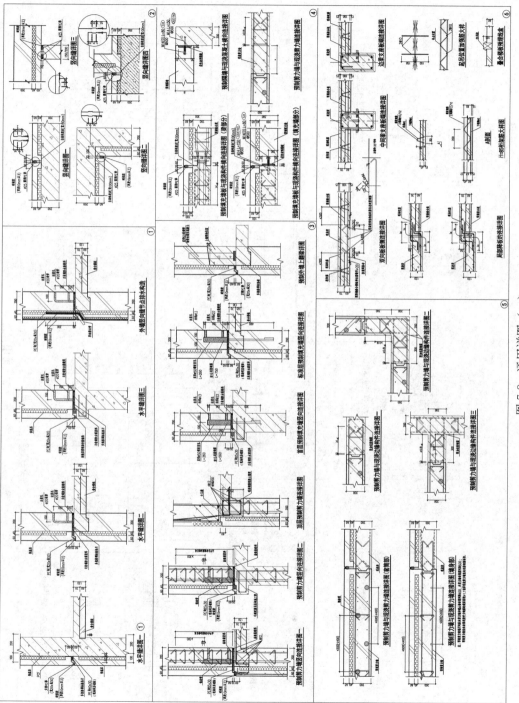

图 7-8　通用详图（一）

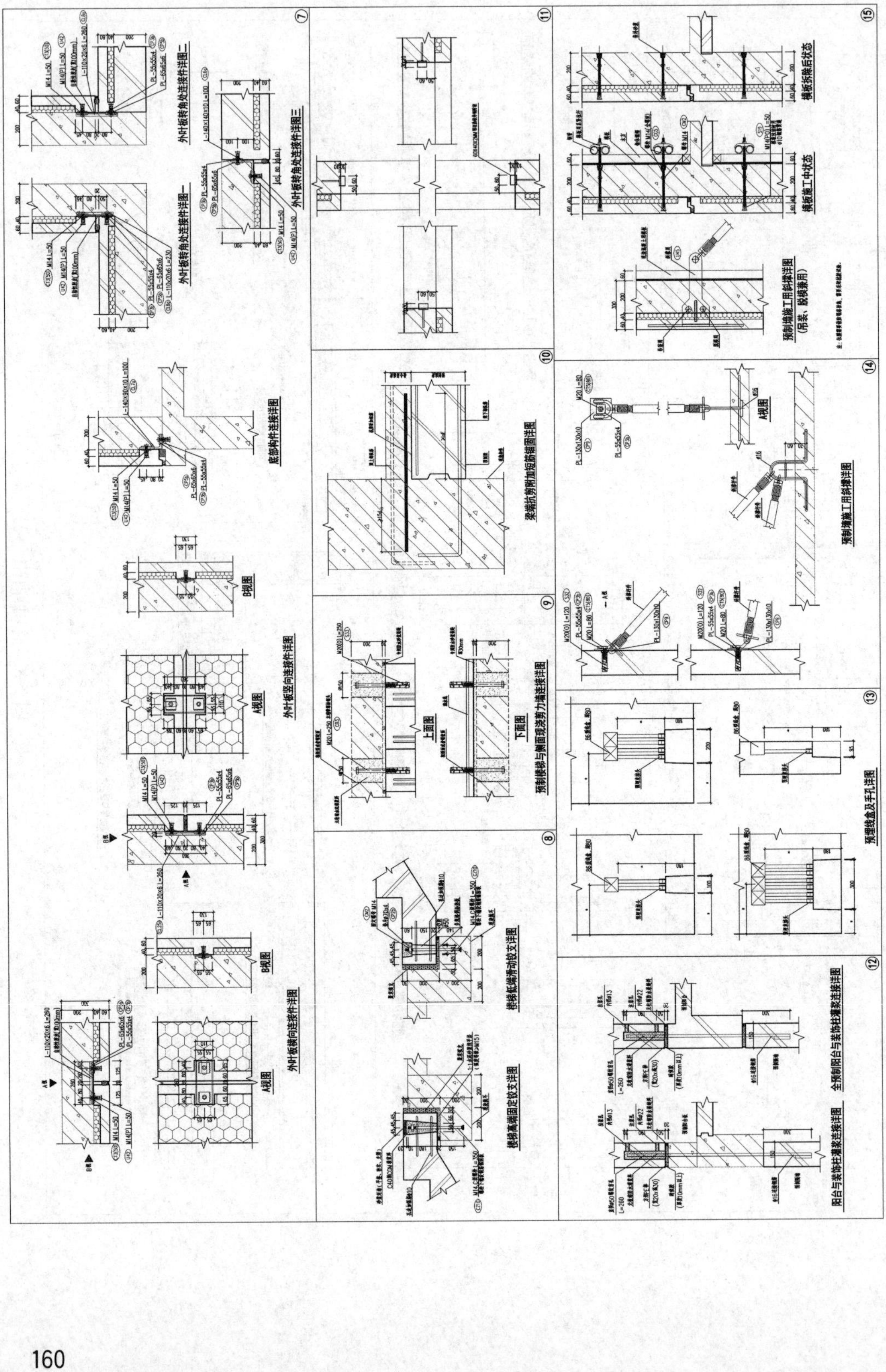

图 7-9 通用详图（二）

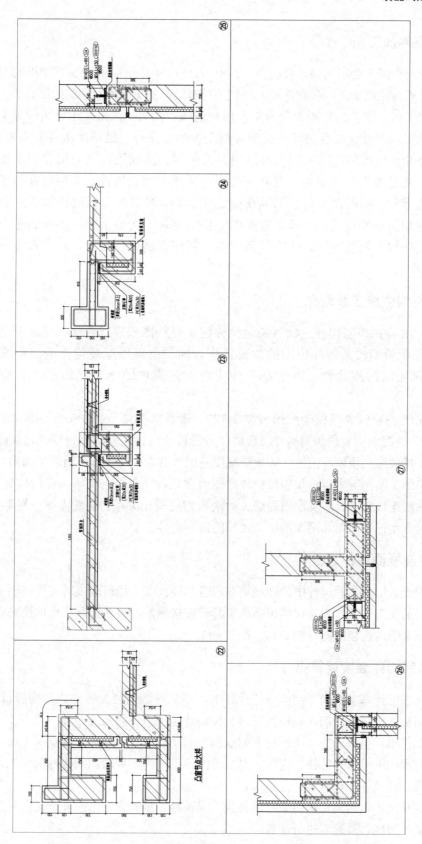

图 7-10 索引详图

7.1.8　金属件加工图

装配式建筑中经常会用到很多金属件，其中一部分是国标品，而更多的是非标品，需要根据项目特点而定制加工，金属件加工图就是针对定制加工品而绘制的图纸。

金属件加工图（图7-11）通常分为工厂用和现场用两大类。工厂用金属件加工图主要是预制构件在生产过程中需预埋在预制混凝土中的金属件，根据用途可分为建筑用、结构用、设备用、脱模用、起吊用、斜撑用、连接用、模板用、调节用等。现场用金属件加工图主要是为安装预制构件在施工过程中使用到的金属件，常用的有斜撑杆连接件、板板连接件、临时固定件、调标高钢垫片、特殊吊具等。金属件加工图表达内容应符合机械制图基本规则，并满足金属加工制造要求，将每个单件的形状轮廓绘制成三视图，明确加工偏差范围，明确材质强度，明确表面处理要求，遇有焊接时应明确焊缝处理要求。

7.1.9　预制构件施工装配图

装配图一般是在预制构件完成后通过构件的主要视图来进行立面、平面及剖面的图纸装配。装配图不仅是指导施工的主要依据，同样也可以通过构件的装配来检查和校核构件深化图的准确性。更多是一种将施工过程中的施工措施融入到设计图纸中。

施工装配图一般包含墙板装配图（图7-12）、楼板装配图（图7-13）、楼梯装配图（图7-14）等。装配图应表达预制构件与现浇结构的拼装位置关系、预制构件之间的施工拼装关系、支撑做法及预埋件位置。墙板装配图一般含有立面墙板图、局部平面图、剖面图、位置索引图、图例等内容；预制楼板装配图通常包含预制板与支承构件的位置关系、预制底板面附加连接钢筋及后浇段内钢筋、后浇段钢筋避让关系、板底支撑布置等内容；楼梯装配图包含楼梯平面图和剖面图以及楼梯跑向等内容。

7.1.10　现浇楼面埋件定位图

此部分图纸是结合预制构件中的连接钢筋或者其他预埋、预留措施所需要在现浇时对预制的转接层的施工图纸。表达内容包括灌浆套筒连接钢筋、盲孔插筋、楼梯插筋、电气接线位置孔或其他的连接措施（图7-15、图7-16）。

7.1.11　预制构件强度计算书

预制构件强度计算书不同于结构设计计算书，不是对预制装配整体式结构进行计算，而是仅对预制构件本身在短期荷载作用下以及长期稳定状态下的强度计算。

短期荷载作用，包括工厂生产过程中的脱模、起吊、翻转、存放、运输等工况，以及在现场施工过程中的吊装、定位、连接、混凝土浇筑等工况，针对预制构件的预埋件、构造配筋、挠度、裂缝等进行计算。

长期稳定状态，包括满足恒荷载与活荷载、风荷载、地震作用下的安全性，对预制构件的构造配筋、挠度、裂缝等进行计算。

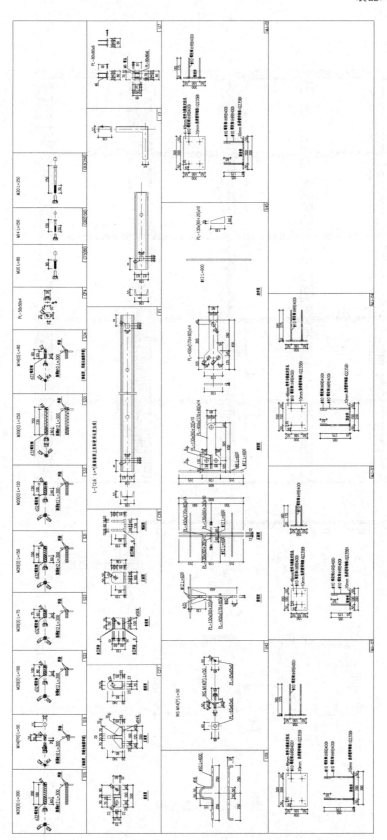

图 7-11 金属件加工图

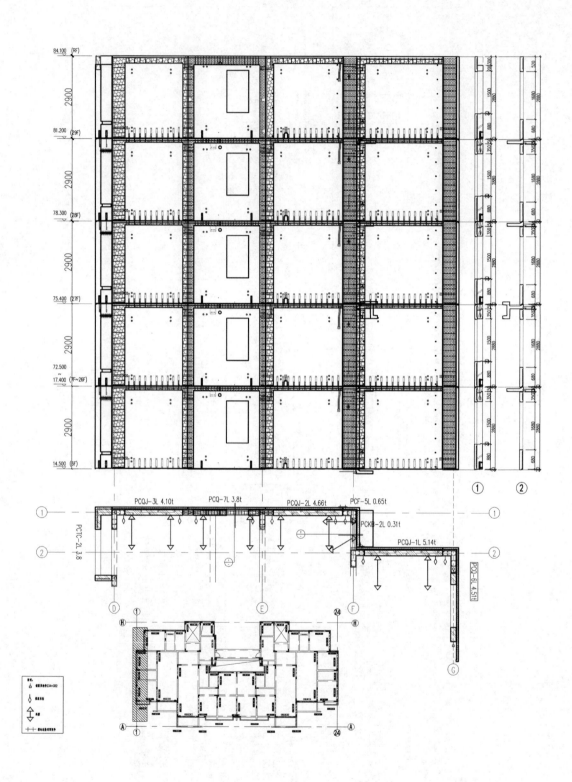

图 7-12　墙板装配图

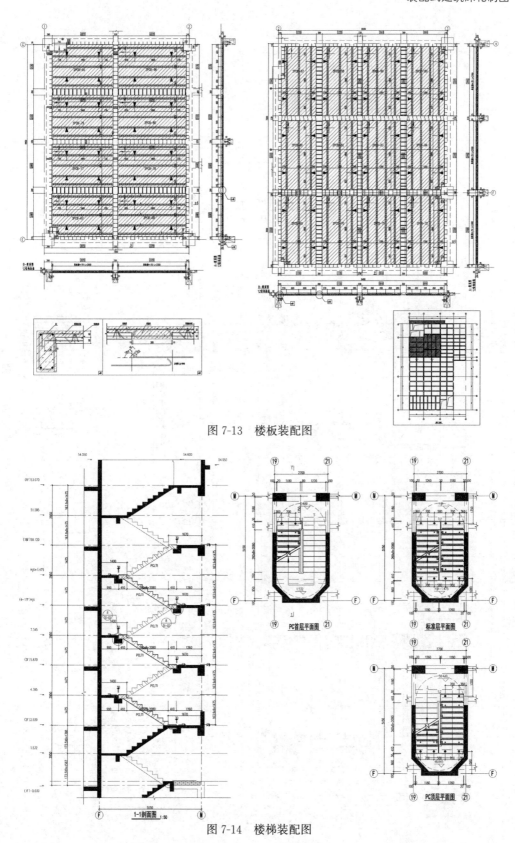

图 7-13 楼板装配图

图 7-14 楼梯装配图

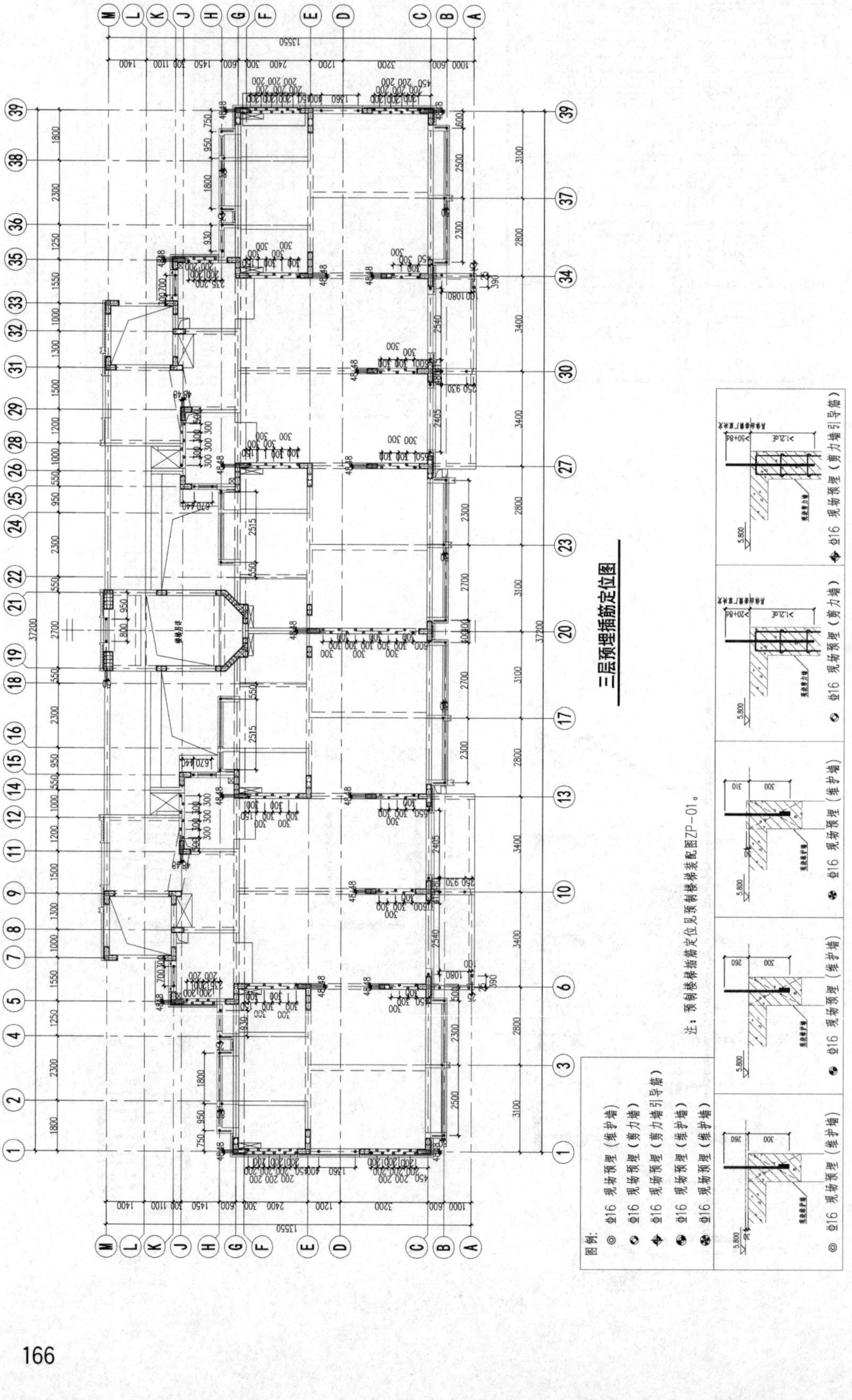

三层预埋插筋定位图

注：预制楼梯插筋定位见预制楼梯表配图ZP-01。

图例：
◎ Φ16 现场预埋（维护墙）
◇ Φ16 现场预埋（剪力墙）
✦ Φ16 现场预埋（剪力墙引导筋）
◉ Φ16 现场预埋（维护墙）
✸ Φ16 现场预埋（维护墙）

图 7-15　预埋插筋定位图

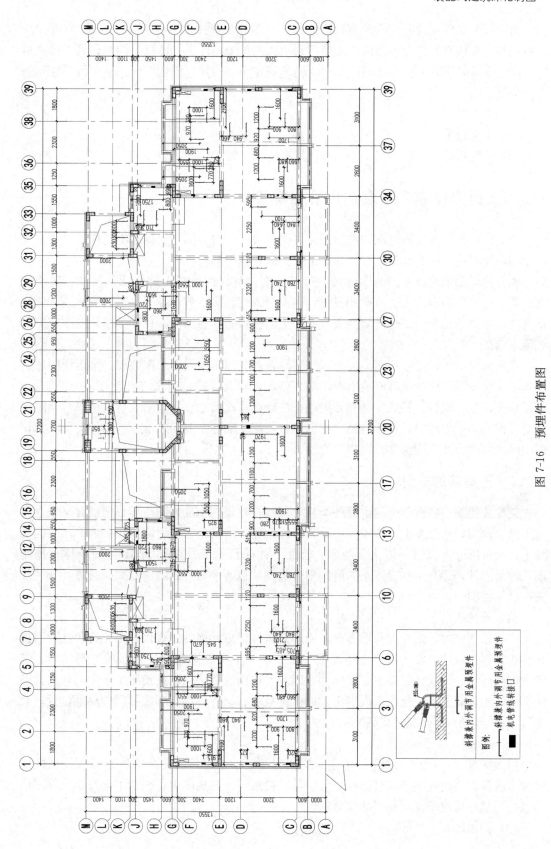

图 7-16 预埋件布置图

由于每个工程项目所使用的预制构件数量较多，在选择作为计算对象的预制构件时，一般在每一类预制构件中挑选该类中最不利条件的单个构件进行计算。例如，某工程项目使用预制构件类别有墙板、楼板、阳台，则分别在该类构件中挑选符合以下"最不利"条件的构件：

(1) 面积最大。

(2) 重量最重。

(3) 形状特殊。

7.2 预制构件加工图表达内容与深度

预制构件作为装配式建筑的部品部件，图纸表达的内容不仅要有基本的构件尺寸与外观轮廓，同时还应该明确加工工艺与施工措施的相关内容。

构件深化图纸通过不同的图纸功能来充分表达构件的外观轮廓、几何尺寸、配筋信息、连接做法等内容。主要包括外视图、内视图、配筋图、节点详图、材料清单表、位置索引图及必要的说明。一些造型复杂、制作工艺特殊的预制构件，在构件深化图中应配有三维示意图。

在图纸深度上，结合不同类型的预制构件将外视图、内视图、配筋图、节点详图通过基本的视图投影规则给出对应投影面，剖、断面，以及详图索引来有针对性的分类表达，将预埋件，主、辅材，钢筋等材料分类进行统计汇总及尺寸放样，形成材料清单。绘图深度上应做到：视图对应，尺寸清晰，详图完备，统计准确。下面以常见的构件类型在深化图中对图纸内容及表达深度分别举例说明。

7.2.1 预制墙加工图

装配式建筑中的预制墙的类型种类相对较多，外观造型虽大同小异，但细分下来也各有不同。首先，从分类上，如果按照受力特征划分，可以分为剪力墙与围护墙；从功能划分上，又可以分为保温一体化预制墙、饰面一体化预制墙及结构-保温-饰面一体化预制墙。除此之外，还有一些成体系的墙体划分类型，包括单面叠合墙、双面叠合墙、外墙挂板等墙体类型。

(1) 外视图

一般以建筑物外侧作为外视方向，内墙则需标记出外视图的视角方向，避免造成因视角辨识错误造成构件安装错位。外视图（图 7-17）主要表达建筑外立面的外形尺寸、结构之间的标高、轴线位置关系、预埋件，以及外饰面的做法。常见预制工艺中的外饰面做法有：清水混凝土、花纹饰面混凝土、面砖反打、石材反打等。考虑不同的局部位置，会通过索引标记给出详细的细部做法。

(2) 内视图

内视图（图 7-18）一般是以站在建筑物内部反映的视角方向的视图。预制构件的预埋件大多设置在内视图中，包括脱模、斜撑、模板等。内视图中也包含了涉及机电管线的信息，如预埋接线暗盒、穿线线管等。

(3) 俯视图

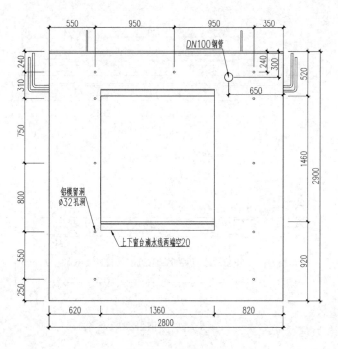

图 7-17　外观图

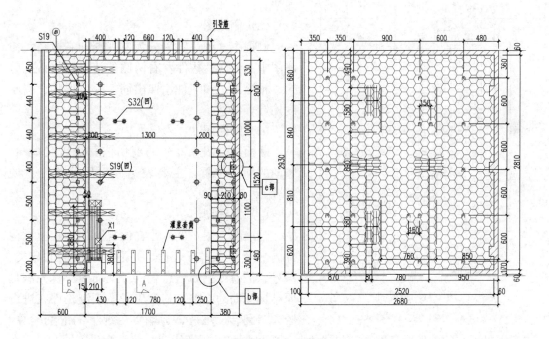

图 7-18　内观图

　　俯视图（图 7-19）是由预制构件上端面向下投影所形成的视图，主要表达预制构件顶部的信息，包括吊点、出筋、线条轮廓，以及表面处理方式。

　　（4）仰视图

　　仰视图（图 7-20）是由预制构件下面向上投影所形成的视图，主要表达构件底部的

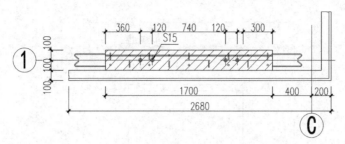

图 7-19 俯视图

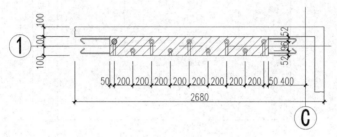

图 7-20 仰视图

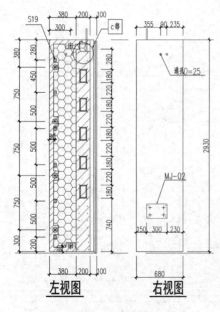

图 7-21 侧视图

详细信息，包括灌浆孔、预埋件、表面处理做法。

（5）侧视图

侧视图（图 7-21）分为左视图和右视图。在该图中主要表达构件左右两侧的信息，包括抗剪槽、粗糙面、预埋件、伸出筋、板端形状、墙厚度构造等信息。

（6）断面图

断面图（图 7-22）的剖切位置一般在横向、竖向的洞口位置，主要表达截面尺寸及变化的情况。

（7）配筋图

配筋图（图 7-23）是在内视图的基础上对构件内配筋方式进行表达，并通过对钢筋的分类、编号、汇总在钢筋信息表内。配筋图应首先满足原结构配筋的要求，其次应考虑预制构件在进行脱模、翻转、堆放、运输等工况下的配筋验算，

二者以最不利的条件取其配筋的包络值。当遇到洞口、预埋线盒、截面变化等情况时，在考虑好钢筋避让的同时，也应做好对应的补强措施。配筋图配套图纸的内容同样应包括各主要截面的剖面配筋图。在剖面图中，为清晰反映该剖面位置的钢筋构造要求，应有侧重点地反映出钢筋的构造样式及钢筋编号。值得注意的是，为了更加清晰地表达各外露钢筋的位置及出筋样式，配筋图中的各外露钢筋应同步表达在外视图、内视图、侧视图等相关的视图中。

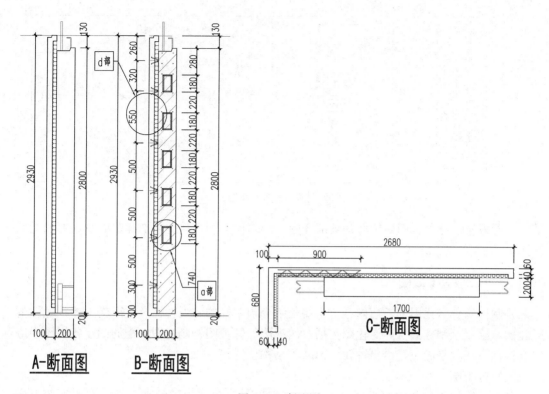

图 7-22　断面图

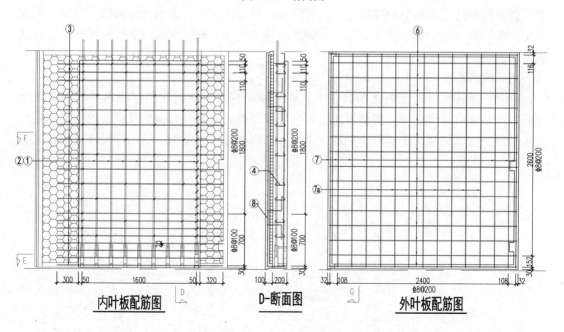

图 7-23　预制墙配筋图

（8）局部大样图

局部大样图（图 7-24）是对预制构件局部位置进行详细表达。既有一定的普遍性、通用性，又有一定的针对性、唯一性。对于预制墙体的细部构造，主要包括窗节点细部详

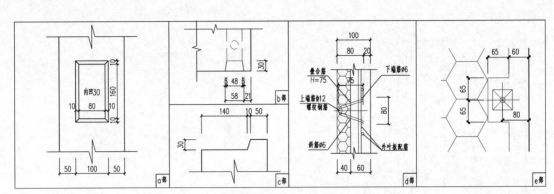

图 7-24 局部大样图

图、外叶板企口细部详图，抗剪槽细部详图，预埋件、预留孔洞细部详图以及局部的配筋详图等。

7.2.2 预制柱加工图

预制柱构件深化图的表达内容，主要是结合预制柱的外观特征及生产施工要求表达的深化图。绘制预制柱的构件深化图包括：俯视图、仰视图、侧视图、配筋图。各视图中应结合构件所在的平面位置给出轴线、标高等结构位置信息。

（1）俯视图

预制柱构件深化图的俯视图（图 7-25）相当于预制柱构件的平面图，在俯视图上应表达预制柱构件上端面的轮廓尺寸、钢筋定位、吊点位置以及表面处理做法等内容。俯视图中还需要同步指明预制柱（矩形柱）侧面的视图代号，通常可以用字母来进行区分各侧视图的名称。

（2）仰视图

仰视图（图 7-26）是表达预制柱下表面的视图信息。根据预制柱的连接做法及设计要求，一般包含底部钢筋连接套筒的布置，底部键槽、表面处理做法及必要的轮廓和定位尺寸。其中套筒的尺寸定位以中心定位为主，底部的键槽标注除了给出键槽的轮廓样式外

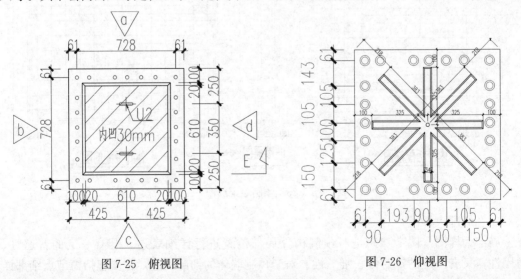

图 7-25 俯视图　　　　　　　　图 7-26 仰视图

还应指明键槽位置距离柱边及相对套筒定位的距离。

（3）侧视图

侧视图（图 7-27）是预制柱中内容最多的视图。对于矩形柱一般包括四个侧视图。侧视图不仅要完整地体现预制柱的四边的侧面轮廓尺寸，同时对于不同的侧视图，结合生产及施工要求，分别在对应的视图位置添加相应的脱模埋件、斜撑埋件、机电预埋预留及钢筋的外露长度等。侧视图中预埋件的布置要求，要结合实际预制构件的生产施工工艺进行。以脱模预埋件为例，实际的施工中多数情况下将脱模预埋件与斜撑预埋件进行共用，对于边柱或者角柱，其斜撑的位置必然是在建筑内侧进行操作，在选取该预埋件的布置视图时，应结合实际考虑其施工状态下实际位置情况。

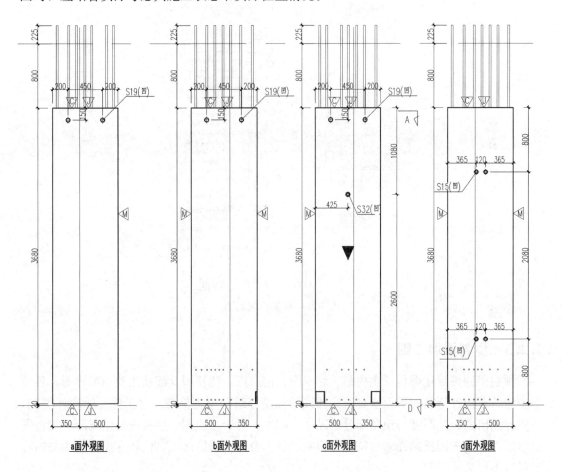

图 7-27　侧视图

（4）配筋图

配筋图（图 7-28）一般是以某一侧纵向断面为基础，再通过不同横断面的剖面来表达预制柱的配筋信息及钢筋构造。纵向断面的配筋图主要表达在柱纵向钢筋范围内套筒及纵向连接钢筋的位置，箍筋加密区的范围；横向断面配筋图主要剖切的位置包含套筒范围内及柱身非套筒区域，表达配筋纵筋与箍筋的相对位置关系，箍筋的排布，保护层厚度等信息。

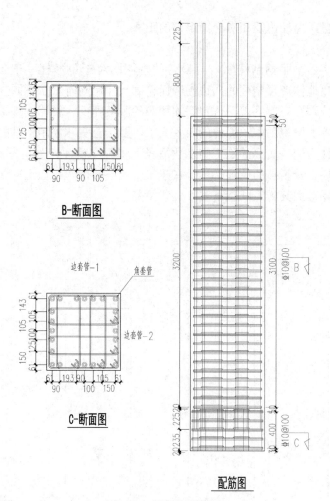

B-断面图

边套管-1　　　角套管

边套管-2

C-断面图

配筋图

图 7-28　预制柱配筋图

7.2.3　预制梁加工图

预制梁构件深化图包括主视图、后视图、俯视图、侧视图、配筋图及细部详图。各视图中应结合构件所在的平面位置给出轴线、标高等结构位置信息。对于叠合梁构件类型，还应标注出叠合层厚度与预制部分的尺寸。同时，对于主视图、后视图、俯视图、侧视图也可以将各个视图投影面通过符号标识来进行区分。当梁底部无其他特殊设计表达的内容时可以不作具体说明。

（1）主视图

预制梁构件深化图主视图（图 7-29）一般为预制梁构件纵向的侧面图，可以主观地

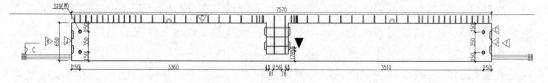

图 7-29　主视图

定义其为构件的"前侧"。主视图的内容表达除主视投影面的外观形状、预埋件、外露钢筋布置等信息以外，还需要根据安装标识面的位置添加安装标识面。所以，一般主视图可结合平面索引上的安装标识指引来规定，也可以单独定义其主视面。

（2）后视图

后视图（图 7-30）是相对主视图反向视角方向的投影面。其表达内容与主视图所对应的内容基本一致，其视角方向与之相反。

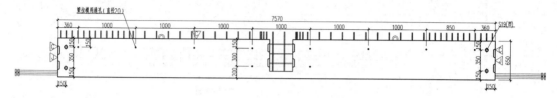

图 7-30　后视图

（3）俯视图

预制梁在俯视图（图 7-31）上应表达预制构件上端面向下投影的轮廓尺寸、箍筋排布、四边出筋、吊点位置以及表面处理做法等内容。其中吊点的布置位置在考虑吊装平衡的同时，还应考虑避让吊具在施工的过程中与梁上的箍筋发生冲突。

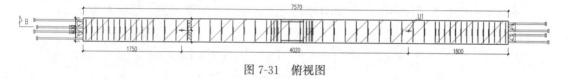

图 7-31　俯视图

（4）侧视图

侧视图（图 7-32）对于预制梁是主要表达外露钢筋的视图。在预制梁的左右两侧根据钢筋避让后的钢筋排布规则，来确定左右侧钢筋出筋位置及锚固连接方式。一般在侧视图上进行细部的详图索引，通过细部详图来反映侧视图中的键槽尺寸、钢筋排布等信息。

（5）配筋图

配筋图（图 7-33）通过主视图与对应的剖面图来反映预制梁的钢筋排布。配筋图应标注清楚梁底筋、箍筋、侧面纵向钢筋与构件外边线的位置尺寸、钢筋间距、钢筋外伸长度、弯折尺寸、外伸钢筋避让弯折要求、灌浆套筒钢筋接长等要求。若钢筋的弯折较复

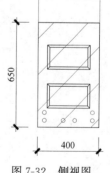

图 7-32　侧视图

杂，不易表示清楚时，宜将钢筋分离绘制。钢筋应按类别及尺寸不同分别编号，且对应的编号应在视图中引出标注。

7.2.4　预制楼板加工图

预制板构件以平面构件类型为主，总体而言，预制板类构件相对于其他预制构件类型较为简单。以预制叠合楼板为例，深化设计中主要涉及预留机电点位、管线洞口、结构配筋以及叠合钢筋的布置，同时结合板本身的尺寸及形状确定吊点的形式及位置。预制板构件深化图包括模板图、配筋图及细部详图。

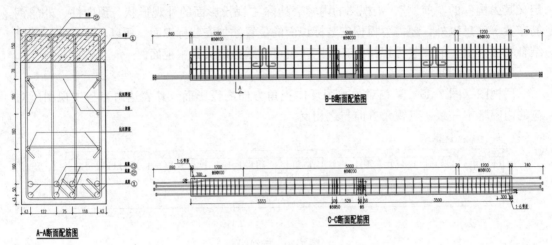

图 7-33　预制梁配筋图

（1）模板图

预制楼板模板图（图 7-34）中包括预制构件平面图、剖面图，所表达的内容包括：预制楼板外轮廓尺寸、洞口位置尺寸、安装方向、剖面符号及所对应的剖面。在剖面图中应注明预制叠合板中的桁架钢筋间距、桁架钢筋与板底分布钢筋的相对位置关系等关键信息。模板图中应在各视图中标注预制构件表面工艺要求，如模板面、粗糙面等。

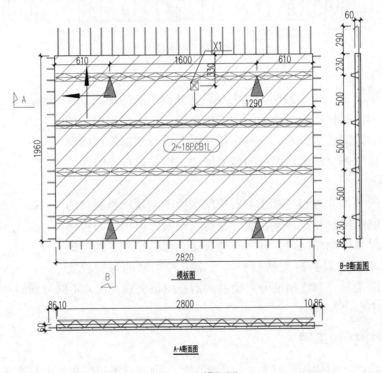

图 7-34　模板图

（2）配筋图

配筋图（图 7-35）是以模板图中的平面图为基础，根据结构配筋的要求添加板中相应的板底钢筋。对于板内开洞、边上缺口等薄弱位置，应根据对应的钢筋加强构造做补强处理。配筋图中应根据钢筋的类型、规格、长度、形状分类编号，钢筋代号应与钢筋统计表保持一致。

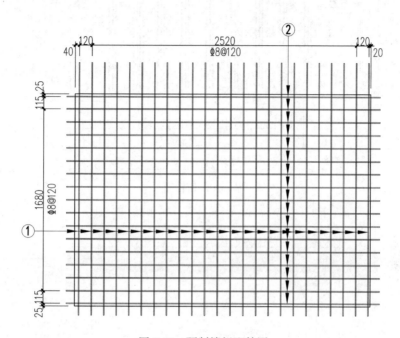

图 7-35　预制楼板配筋图

7.2.5　预制楼梯加工图

预制楼梯构件通常情况下作为工业化产品，其本身相对比较成熟，特别是对于搁置式连接做法的预制楼梯梯段，因为其本身的产品体系完善，生产工艺成熟，施工快捷等优势，在装配式建筑中得到了较为广泛的应用。预制楼梯构件的深化图主要包括俯视图、仰视图、侧视图、剖面图、配筋图及细部详图。

（1）俯视图

预制楼梯加工图的俯视图（图 7-36）中是以预制楼梯平面布置方式为视角方向。图中主要表达预制楼梯外形尺寸、踏步、防滑条、连接预留洞、扶手栏杆的预埋件、吊装用预埋件的型号和位置等。其中，在预制楼梯中考虑作为后期交付使用的成品楼梯情况下，其预制端的标高应做到建筑完成面，对于踏步、防滑条及扶手栏杆的做法应做明确要求。

（2）仰视图

仰视图（图 7-37）中主要是反映楼梯下部梯段面的图纸。主要是梯断面的外形轮廓尺寸、滴水线、连接预留洞等，滴水线的设置可根据实际楼梯所处的位置，酌情考虑是否设置。

（3）侧视图

对于采用立式生产的楼梯类型，为了满足其脱模后的起吊要求，需要在楼梯的侧面预埋脱模吊点。这就需要结合其生产工艺要求来选定吊点布置的侧面位置，一般情况下，为了满足后期相邻预制楼梯在梯段平台接缝的后处理施工要求，会将预制楼梯一端做成凸出

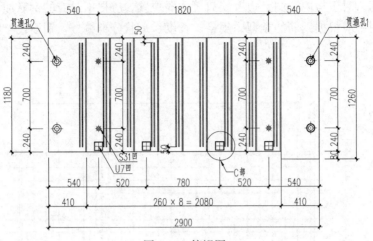

图 7-36　俯视图

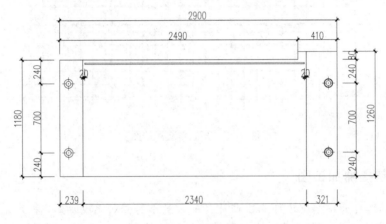

图 7-37　仰视图

的"挑耳"，其视图及吊点的位置多以此侧面为主要侧面进行表达（图 7-38）。

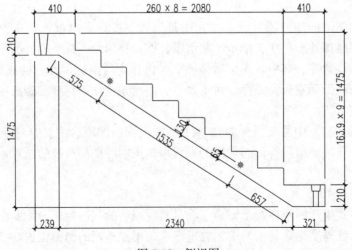

图 7-38　侧视图

（4）配筋图

配筋图（图 7-39）是以楼梯的走向断面为基础，在此断面中分别绘制出楼梯的上下排的纵向钢筋、分布钢筋、吊点位置处的加强构造钢筋及分布拉筋，再配合楼梯的横向断面给出相应位置的钢筋排布方式。

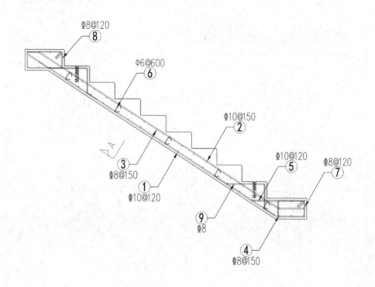

图 7-39　配筋图

（5）局部大样图

楼梯的细部详图（图 7-40）主要是对滴水线、防滑条、踏步面、吊点位置加强筋及连接孔洞处的加强筋做法进行细化。

7.2.6　构件材料表及位置索引图

（1）构件材料表

构件材料表（图 7-41）一般包括三个部分，分别是预制构件信息表、预埋件信息表及钢筋明细表。

预制构件信息表主要反映预制构件主材的使用信息及构件的基本特征，包括：构件编号、楼层信息、数量、混凝土体积、构件重量、混凝土强度等级。

预埋件信息表主要反映预制构件中各类金属件与非金属件的预埋件信息，包括预埋件编号、功能、图例、数量、规格及备注等信息。

钢筋信息表表达预制构件中所配钢筋的信息，其功能可等同于钢筋放样的作用，包括钢筋编号（代号）、直径、等级、钢筋形状、尺寸、数量等。同时，对于连接钢筋的直螺纹、锚固板、套筒等连接件也应同步表达。

（2）位置索引图

位置索引图（图 7-42）主要表达预制构件所在建筑平面中的相对位置，通过该图可以清楚预制构件在建筑平面图中的位置和范围，所表达的内容包括预制构件所在的位置标记以及视点的指向信息。

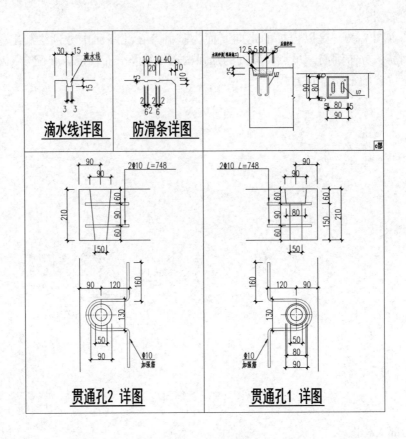

图 7-40　细部详图

预制构件信息表	
构件编号	PCQJ4L
构件位置	三层
数量	1
混凝土体积	1.97m³
构件重量	3.9t
混凝土等级	C40

预埋件一览表					
编号	功能	图例	数量	规格	备注
S19	模板用NS	⊕	35	M14(PO) L=50	
S32	脱模、斜撑用NS	✳	8	M20(O) L=120	
S15	吊装用NS	✧	4	M20(O) L=200	
GT16	灌浆套筒	▯	9		
U42	板板连接件	⊞	9	M14(P) L=50	
d9	叠合筋	∧	6	H=75 L=900	
MJ-02	幕墙埋件	▱	1	300X200	
			4	300X200	仅三层有
X1	预埋线盒	⊠	3	86型线盒	
SP-FA	片状拉结件	⫴	5	SP-FA-1-150-160	
SP-SPA	夹状连接件	⌒	24	SP-SPA-N-04-180	

钢筋明细表			
编号	直径	尺寸	数量
①	⏀16	2920	9
②	⏀8	2890 / 65	9
③	⏀8	80 / 2320 / 80	38
④	⏀6	60 / 60 / 140	42
⑤	⏀12	60 / 60 / 140	24
⑥	⏀8	640 / 2640 / 60 / 60	16
⑦	⏀8	52 / 2892 / 52	11
⑦a	⏀8	252 / 2892 / 52	8
⑧	⏀10	200 / 200 / 200 / 200	4

图 7-41　构件材料表

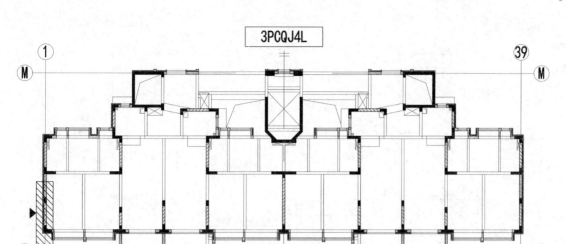

图 7-42　位置索引图

7.3　节点详图表达内容与深度

　　预制构件连接节点深化详图应有针对性，符合项目实际情况，并具有操作指导作用。内容应包括建筑功能、预制构件、现浇构件、施工工艺、材料要求等。表达要详细具体，图形绘制反映实物特征，文字注解简明易懂，如遇复杂部位，可通过剖面详图、放大图等方式补充表达细部构造。本节通过几个常见连接节点进行详细说明。

7.3.1　预制构件接缝防水节点详图

　　预制构件的接缝防水是装配式建筑设计中极其重要的节点，包括水平缝接缝防水和竖向缝接缝防水。

　　预制外墙装配施工时，构件之间需要留设缝隙，缝宽需考虑构件生产偏差、安装偏差、结构变形、温度变形等因素，一般为 20mm 宽，且缝隙内不可填塞砂浆等硬质材料，只需填塞柔性隔断材料，同时兼顾防水作用。预制外墙板之间的水平缝为了满足防水要求，应优先设计外低内高的构造空腔加两道材料防水的做法。外侧为第一道材料防水，采用与混凝土相容的耐候密封胶，打胶厚度不小于 10mm，内衬 PE 棒，选取 PE 棒的直径大于缝宽 5~10mm。当外侧密封胶达到使用寿命期而发生龟裂或脱落情况时，如果没有内衬 PE 棒，雨水在风压下就会灌入水平缝积蓄在空腔内，当漫过高坎就会向室内渗漏；内侧第二道防水的防水材料可采用 30mm×30mmPE 块，并挤压密实，由于第一道和第二道防水材料之间空腔内的积水没有压力，很难突破防水橡胶条，这样就保证了水平缝的防水作用。接缝处的防水材料应与接缝接触面粘结牢固，并能适应建筑物层间位移、外墙板的温度变形和干缩变形等。

　　由于预制外墙形式多样，水平缝构造做法也有多种，如单面叠合墙、夹芯保温墙、外挂墙板等，除了考虑外侧防水功能，还应考虑对保温构造的影响、对室内装修的影响、对外立面效果的影响，以及施工条件等因素，设计时应根据项目实际情况采用适宜的做法

（图 7-43）。

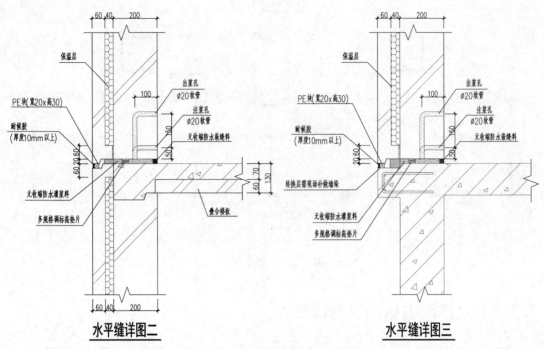

水平缝详图二　　　　　　　　　　水平缝详图三

图 7-43　水平缝防水节点详图

　　预制外墙竖向缝宽一般也取 20mm，外侧采用同样的耐候密封胶，中间留设疏水空腔且上下贯通，当缝内渗漏进水时，可通过竖向缝向下流出。为了将缝内积水导出，沿竖向每隔数米须设置斜向外的排水橡胶导管。导管内部有单向开启阀片，当水有积蓄时便冲开阀片排水，阀片既可阻止外部水逆流，也可阻挡小虫进入。需注意的是，当预制外墙为单面叠合墙时由于内部还需现浇混凝土，为防止混凝土浆料泄漏而堵塞竖向缝以及防火要求，需在内侧事先粘贴 100mm 宽自粘性胶皮及 A 级防火材料，这层胶皮也能起到很好的防水效果（图 7-44）。

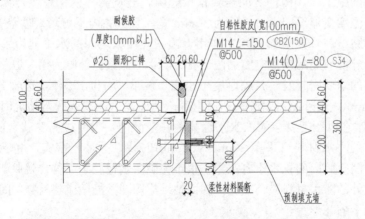

预制填充墙板与现浇构件横向连接详图（填充墙部分）

图 7-44　竖向缝防水节点详图

接缝防水构造需仔细考虑上述各种因素，所有接缝处不得采用灌浆料等材料封闭，更不应采用抗裂砂浆、面砖等刚性材料覆盖，不宜采用防水雨布、柔性防水涂料作为外墙接缝处的防水层。

7.3.2　预制构件结构连接节点详图

装配整体式剪力墙结构中，当主要竖向受力构件剪力墙采用预制时，上下钢筋连接方式为套筒灌浆连接、浆锚搭接、螺栓连接等。其中最主要的方式为套筒灌浆连接，为保证结构安全，钢筋与套筒逐根连接且灌浆密实。设计时需注明钢筋布置间距与中心定位，钢筋直径与套筒规格，水平分布筋加密间距等信息。套筒布置一般分为双排、"梅花形"与中心单排的形式，当采用后两种形式布置套筒时，需满足《装配式混凝土建筑技术标准》（GB/T 51231—2016）第5.7.9、5.7.10条的相关规定。详图中需明确适用范围与方式，尤其要重点表达套筒类型，如半灌浆套筒或全灌浆套筒、竖向钢筋伸入套筒的锚固长度。除了上下竖向连接，节点详图中还应清晰绘制水平外伸钢筋与现浇结构钢筋的连接关系。水平外伸钢筋分为封闭环箍形、45°弯钩形、平直形，各自水平锚固长度不同需明确标注。同时，水平缝的浆料性能及强度要求、灌浆前的防漏浆措施、施工用埋件、钢筋避让关系，以及灌浆孔和出浆孔的朝向等都必须在详图中明确表达（图7-45）。

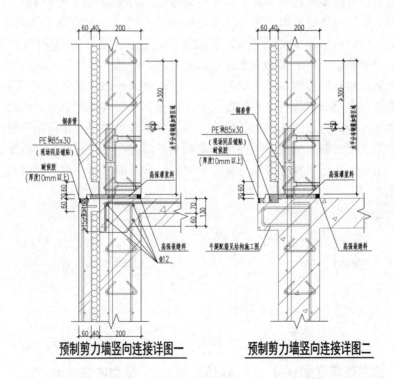

预制剪力墙竖向连接详图一　　　　预制剪力墙竖向连接详图二

图7-45　钢筋套筒灌浆连接节点详图

预制填充墙板的结构梁预制、暗柱现浇时，梁的纵筋需伸入现浇剪力墙暗柱内锚固，锚固长度与锚固方式应满足规范要求。梁的宽度与暗柱墙厚一样时，梁横向纵筋与暗柱竖向纵筋在空间上会发生碰撞干涉，且梁纵筋外露部分是从预制构件伸出，在200mm梁宽范围内很难再有大幅弯折调整。因此，在绘制该部位详图时，需考虑预制梁与现浇暗柱的施工顺序，同时考虑梁筋与柱筋的避让。一般将梁钢筋水平 1∶6 弯折后伸出，暗柱纵筋按实际配筋根数和直径绘制，弯折后的梁筋应避开柱筋且空开 10mm 以上。若发现无法避让，则应调整结构设计的配筋。所以，这样的节点详图中的构件尺寸及配筋信息都需按实际应用情况绘制，既可以指导施工，也可以检验设计碰撞（图 7-46）。

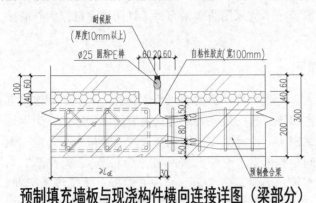

预制填充墙板与现浇构件横向连接详图（梁部分）

图 7-46　预制梁筋与现浇暗柱连接节点详图

当现浇暗柱两侧均有预制梁纵向钢筋伸入时，需避免两侧预制梁纵向钢筋在暗柱范围内碰撞干涉。

7.3.3　预制构件安装固定节点详图

预制墙板安装时需要进行临时固定，固定措施需满足预制构件自重荷载、风荷载、混凝土浇筑侧压、施工振动等工况。当两块预制墙板并列时（如建筑物阳角处等），为了使墙板之间形成互相约束以保证协同变形，常常会使用一字形或 L 形钢板进行连接。钢板连接数量根据计算而定，一般经验判断在墙板的上部、中部、下部共三道连接，墙板上预留接驳埋件，两块墙板吊装测量校正就位之后安装连接钢板，钢板背后可用薄型钢垫片调整厚度差，钢板调平后用螺杆拧紧再焊接固定。如遇到预制构件起始层，则需在下一层进行接驳埋件预埋或者后打膨胀螺栓进行连接。绘制节点详图时将连接所用钢板、垫片、螺杆等按实际应用工况绘制，为便于读图理解需绘制三面视图（正视图、上视图、侧视图），将每个配件的编号、规格、尺寸等信息均详细标注，通过编号可以在金属件加工图中找到对应配件（图 7-47）。

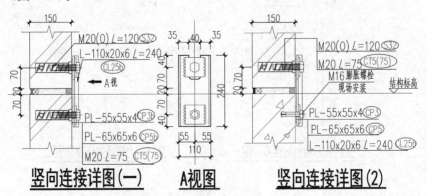

竖向连接详图（一）　　A视图　　竖向连接详图（2）

图 7-47　连接钢板节点详图

预制墙板安装时，斜撑杆起到两个作用：一是固定墙板不倒，二是通过斜撑螺杆来对预制墙板垂直度、平面定位的精确微调，斜撑杆直至当前层混凝土浇筑强度达到设计要求后方可拆除。一般预制墙板至少设置4道斜撑杆，其中斜撑杆的上端通过预制墙板内侧的接驳埋件连接固定，下端连接固定在楼面上。对于同一个项目中不同的墙板斜撑杆连接方式也会有所不同，设计时需根据实际应用工况分别绘制，让作业人员有明确的参考。如PCF墙板的斜撑，因考虑现浇段后续支模、浇筑，在斜撑拆除后需将斜撑埋件伸出墙体外部分进行切割，预制凸窗构件斜撑的上端固定在凸窗上挑板下沿等。斜撑杆应用不同场所对应的金属配件不同，节点详图中需将配件的编号、规格等信息清晰表达（图7-48）。

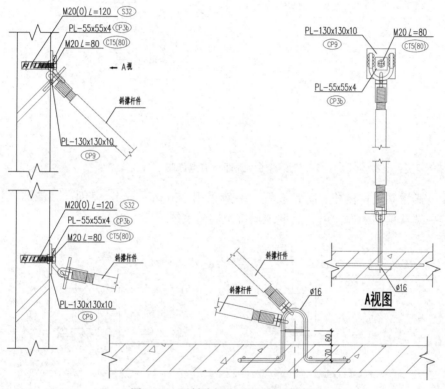

图 7-48　预制墙板临时固定斜撑详图

7.3.4　其他节点详图

（1）预埋窗节点详图

带窗预制构件在构件厂生产时宜采用预埋窗框，能够大大减少后续窗框的渗漏隐患。预埋窗框方式分为预埋主框和预埋附框。考虑构件加工、运输及安装因素，目前主要采用预埋附框。预埋附框的型材大小、附框定位以及细部节点，均需考虑室内精装做法、室外外立面材料以及主框等，一般预埋窗框节点详图由专业厂家提供（图7-49）。

（2）防雷接地节点详图

根据机电专业要求，当建筑物高度超过45m时，应采取一定的防雷措施。因此预制墙板中涉及窗框、百叶、栏杆等，需设置相应的防雷装置方法。窗框的防雷装置，一般采用25mm×4mm扁钢，一端与窗框连接一端从预制构件伸出，后期现场接至避雷系统；百叶防雷装置，通常采用25mm×4mm扁钢，一端与百叶焊接一端从预制构件伸出，后

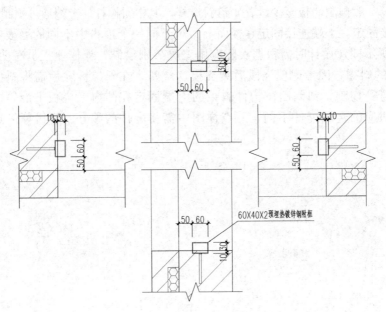

图 7-49 预埋窗节点详图

期现场接至避雷系统；栏杆的防雷装置，一般采用 25mm×4mm 扁钢，一端与栏杆预留埋件焊接一端从预制构件伸出，后期现场接至避雷系统（图 7-50）。

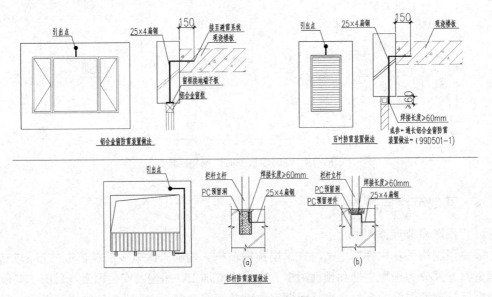

图 7-50 防雷接地节点详图

（3）夹芯保温连接节点详图

预制夹芯保温墙板需采用夹芯保温拉结件连接预制墙板中内、外叶混凝土墙板，使内、外叶混凝土墙板形成整体。常规采用纤维增强塑料（FRP）连接件或不锈钢（SUS）连接件。详图需表达连接件规格，内、外叶板埋置深度，附加拉结钢筋要求等（图 7-51）。

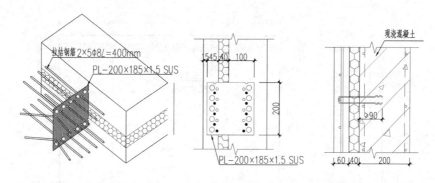

不锈钢钢板钢筋穿孔示意图　　不锈钢钢板连接做法　　不锈钢针式连接做法

图 7-51　夹芯保温连接节点详图（不锈钢拉结件）

7.4　计算书表达内容与深度

除了预制率或装配率的计算书外，预制构件需复核验算在脱模、翻转、运输、现场施工等短暂状况下的安全性。一般选取单体中构件尺寸大、开洞多、重量大、造型复杂的典型预制构件进行计算，计算内容包括短期、长期荷载作用下的承载力验算、预埋件计算、裂缝、挠度验算等。

本节以非结构受力的围护预制墙板为例进行详细说明。

7.4.1　脱模时构件配筋及裂缝验算

根据板的外形尺寸及脱模埋件的分布位置，选取不利截面进行验算，绘出该截面计算模型图（图 7-52），进行正截面受弯承载力验算。脱模时，预制构件主要受力部位应不产生影响结构性能或使用功能的裂缝，裂缝控制应符合现行国家标准《混凝土结构设计规范》（GB 50010）的相关规定。

（1）相关荷载计算：

模板吸附面积 $A_m = 10.27\text{m}^2$

窗面积 $A_c = 0\text{m}^2$

板混凝土体积 $V = 2.05\text{m}^3$

板自重 $G_k = 25 \times 2.05 = 51.38\text{kN}$

脱模荷载（自重×动力系数＋模板吸附力）$= 51.38 \times 1.2 + 10.28 \times 1.5 = 77.07\text{kN}$

脱模荷载（自重×1.5）$= 51.38 \times 1.5 = 77.07\text{kN}$

脱模荷载取大值 77.07kN

（2）A—A 截面脱模配筋验算：

钢筋保护层 20mm，直径 8mm

$$h_0 = 200 - 32 = 168\text{mm}$$

$$a_s = a_s' = (20 + 8 + 4) = 32\text{mm}$$

$$b = 3.56\text{m}, L = 2.88\text{m}, L_1 = L_3 = 0.5\text{m}, L_2 = 1.88\text{m}$$

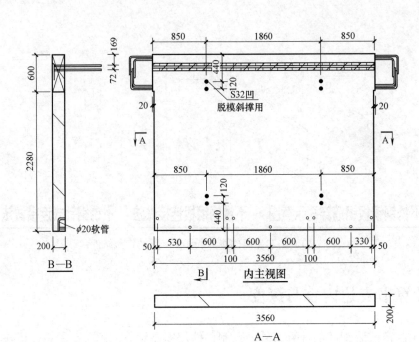

图 7-52　某预制墙板计算模型图

脱模荷载取最大值 77.07kN，设计值为 77.07×1.2=92.5kN

均布荷载 $Q=92.5÷2.88=32.12$kN/m

受力简图如图 7-53 所示。

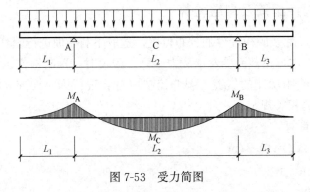

图 7-53　受力简图

$$M_A = M_B = \frac{1}{2}QL_1^2 = \frac{1}{2} \times 32.12 \times 0.5^2 = 4.015 \text{kN} \cdot \text{m}$$

$$M_C = \frac{1}{8}QL_2^2 - \frac{1}{2}(M_A + M_B) = \frac{1}{8} \times 32.12 \times 1.88^2 - 4.015 = 10.18 \text{kN} \cdot \text{m}$$

跨中最大弯矩 $M_{max} = M_C = 10.18$kN · m

$$\alpha_1 = 1.0 \qquad h_0 = 168\text{mm} \qquad a_s = a_s' = 32\text{mm}$$

$$x = h_0 - \sqrt{h_0^2 - \frac{2M}{\alpha_1 f_c b}} = 32 - \sqrt{32^2 - \frac{2 \times 10.18 \times 10^6}{1 \times 14.3 \times 3560}} = 7.02\text{mm} \qquad x < 2a_s'$$

$$A_s = \frac{M_C}{(h_0 - a_s)f_y} = \frac{10.18 \times 10^6}{(168 - 32) \times 360} = 207.9\text{mm}^2$$

实际配筋 $A_s = 20 \times 50.3 = 1006\text{mm}^2$

配筋率 $\rho = 0.168\% > 0.15\%$

受拉钢筋等效应力：(《混凝土结构设计规范》GB 50010、《混凝土结构工程施工规范》GB 50666)

$$\sigma_{sq} = \frac{M_q}{0.87h_0 A_s} = \frac{M_C/1.2}{0.87h_0 A_s} = 57.74\text{N/mm}^2 < 0.7f_{yk} = 280\text{N/mm}^2$$

$\therefore$ 满足。

（3）裂缝控制验算：

受力特征系数 $\alpha_{cs} = 1.9$

最外层受拉钢筋至受拉区边缘距离 $C_s = 32\text{mm}$

钢筋弹性模量 $E_s = 2.0 \times 10^5 \text{N/mm}^2$

受拉钢筋等效直径 $d_{eq} = 8\text{mm}$

混凝土轴心抗拉强度标准值

$$0.7f_{tk} = 1.4\text{N/mm}^2$$

$$f_y = 360\text{N/mm}^2 \quad (\text{HRB400})$$

有效受拉钢筋配筋率：

$$\rho_{te} = \frac{A_s}{0.5bh} = 0.28\% < 0.01, \ \text{取} \ \rho_{te} = 0.01$$

受拉钢筋应变不均匀系数：

$$\psi = 1.1 - 0.65\frac{f_{tk}}{\rho_{te}\sigma_s} < 0, \ \text{取} \ \psi = 0.2$$

最大裂缝：

$$w_{max} = \alpha_{cr}\psi\frac{\sigma_s}{E_s}\left(1.9c_s + 0.08\frac{d_{eq}}{\rho_{te}}\right) = 1.9 \times 0.2 \times \frac{57.74}{2 \times 10^5}\left(1.9 \times 32 + 0.08 \times \frac{8}{0.01}\right)$$

$$= 0.014\text{mm} < 0.2\text{mm}$$

$\therefore$ 满足。

7.4.2　脱模及吊装用预埋件拉拔验算

为保证预制构件在脱模过程中的安全性，需对脱模埋件的抗拉承载力及混凝土锥体拉拔承载力进行验算。常用的脱模埋件主要有螺纹套管、吊钉、吊环等，下面以螺纹套管为例进行计算（图7-54）。

螺纹套管的计算包括：①起吊螺杆抗拉、抗剪承载力的计算；②螺纹套管埋深抗拉拔

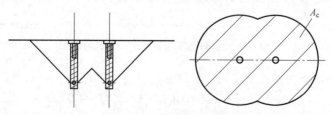

图7-54　脱模埋件示意图

验算。

选用 C 级螺栓 M20（O），$L=120$，共 4 组，每组两个，图 7-55 所示。

脱模荷载取大值 77.076kN

螺杆设计承载力计算：单组两个 M20

$$2N_t^b = 2 \times \frac{\pi d_e^2}{4} f_t^b = 2 \times \frac{3.14 \times 17.65^2}{4} \times 170 = 83.2\text{kN} > 77.076\text{kN}$$

∴满足。

埋件设计承载力计算：共 4 组，两组承担全荷载。

影响面积：$A_c = 72789\text{mm}^2$

$$2P_u = 2 \times \phi_1 \times f_t \times A_c = 2 \times 0.6 \times 1.43 \times 72789 = 124.9\text{kN} > 77.08\text{kN}$$

∴满足。

式中：f_t——脱模时混凝土达到的轴心抗拉强度设计值；

A_c——埋件的影响面积，以埋入混凝土的深度为半径，埋件为中心投影到混凝土表面的面积，其值依据实际投影面积的大小而定；

ϕ_1——长期荷载作用时取 0.4，短期荷载作用时取 0.6。

注：预制构件吊装工况时，埋件验算方法同脱模工况，但须注意的是，墙板类构件吊点一般设在墙板顶端，墙板厚度所对应的埋件体影响面积往往是缺损圆，因此在计算 A_c 的埋件影响面积时需按实取值。

7.4.3 施工时预制墙板配筋验算

预制墙板吊装至施工作业面通过斜撑杆（斜撑杆需选用专业设备，长细比应符合受压杆要求）进行临时固定时，由于墙板承受风荷载作用，需对板内配筋进行验算。

预制墙板临时固定计算受力简图如图 7-55 所示。

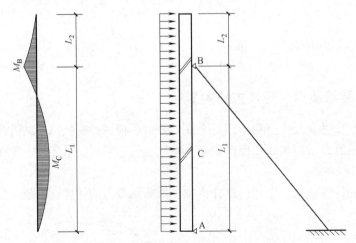

图 7-55 预制墙板临时固定计算受力简图

风荷载（节点）$S = (\gamma_G S_{GK})i + (\gamma_W S_{wk})j$ $(\gamma_G = 0, \gamma_W = 1.4)$

$(\gamma_W S_{wk})j = 1.4 \times 10.2768 \times 3.01 = 43.31\text{kN}$

$L = 2.88\text{m}, L_1 = 2.35\text{m}, L_2 = 0.5\text{m}$

$$Q=43.31\text{kN}/2.88\text{m}=15.04\text{kN/m}$$

$$M_\text{B}=\frac{1}{2}QL_2^2=1\times15.04\times0.5^2/2=1.88\text{kN}\cdot\text{m}$$

$$M_\text{C}=\frac{1}{8}QL_1^2\left(1-\frac{L_2^2}{L_1^2}\right)^2=9.5\text{kN}\cdot\text{m}$$

跨中最大弯矩 $M_\text{max}=M_\text{C}=9.5\text{kN}\cdot\text{m}$

$$A_\text{s}=\frac{M_\text{C}}{(h_0-a_\text{s})f_\text{y}}=\frac{9.5\times10^6}{(168-32)\times360}=194.04\text{mm}^2$$

实际配筋 $A_\text{s}=20\times\phi8=1005.3\text{mm}^2>194.04\text{mm}^2$

受拉钢筋等效应力：(《混凝土结构设计规范》GB 50010、《混凝土结构工程施工规范》GB 50666)

$$\sigma_\text{sk}=\frac{M_\text{q}}{0.87h_0A_\text{s}}=\frac{M_\text{C}/1.2}{0.87h_0A_\text{s}}=53.9\text{N/mm}^2<0.7f_\text{yk}=280\text{N/mm}^2$$

∴满足。

7.4.4 混凝土浇筑时拉结螺杆预埋件拉拔验算

当单面叠合外叶墙板或夹芯保温外叶墙板的内侧有现浇墙体时，现场内侧配置的模板需通过外叶板上预埋的螺纹套管拧入拉结螺杆（图7-56），形成内外整体的模板。当混凝土浇筑时对预制外叶板会产生侧压力，为保证预埋螺纹套管不被拉出或变形，须进行抗拉拔承载力验算。

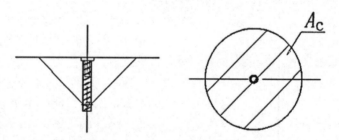

图 7-56 模板拉结组件示意图

模板拉结组件为：M14（O），$L=80+$直径14mm拉结螺杆，如图7-56所示。

浇筑混凝土时对板的最大侧压 F：

$$F=0.28\gamma_\text{c}t_0\beta v^{\frac{1}{2}}=0.28\times25\times\left(\frac{200}{20+15}\right)\times0.85\times2.5^{\frac{1}{2}}=53.76\text{kN/m}^2$$

式中：F——新浇筑混凝土作用于模板的最大侧压力标准值（kN/m²）；

γ_c——混凝土的重力密度（kN/m³）；

t_0——新浇筑混凝土的初凝时间（h），可按实测确定；当缺乏试验资料时可采用 $t_0=200/(T+15)$ 计算，T 为混凝土的温度（℃）；

β——混凝土坍落度影响修正系数：当坍落度大于50mm且不大于90mm时，β取0.85；坍落度大于90mm且不大于130mm时，β取0.9；坍落度大于130mm且不大于180mm时，β取1.0；

v——浇筑速度，取混凝土浇筑高度（厚度）与浇筑时间的比值（m/h）；

H——混凝土侧压力计算位置处至新浇筑混凝土顶面的总高度（m）。

单位面积上板内所受最大侧压力 F_1 为：

$$F_1 = F \cdot A = 53.76 \times 1 = 53.76 \text{kN}$$

单个螺杆的设计承载力：

$$N_t^b = \frac{\pi d_e^2}{4} \cdot f_t^b = \frac{3.14 \times 12.12^2}{4} \times 170 = 19.6 \text{kN}$$

单个埋件的设计承载力：$P_u = \phi_1 \times f_t \times A_c = 0.6 \times 1.43 \times 20106.2 = 17.2 \text{kN}$

影响面积：$\qquad A_c = 20106.2 \text{mm}^2$

计算结果：单位面积上拉结组件的个数

$$n \geqslant \max\{53.76/19.6, 53.76/17.2\} = 3.13$$

7.4.5 预制墙板持久设计状况

预制墙板与主体结构连接后，在正常使用状态下的承载力、变形、裂缝验算应符合现行国家标准《混凝土结构设计规范》（GB 50010）的相关要求。

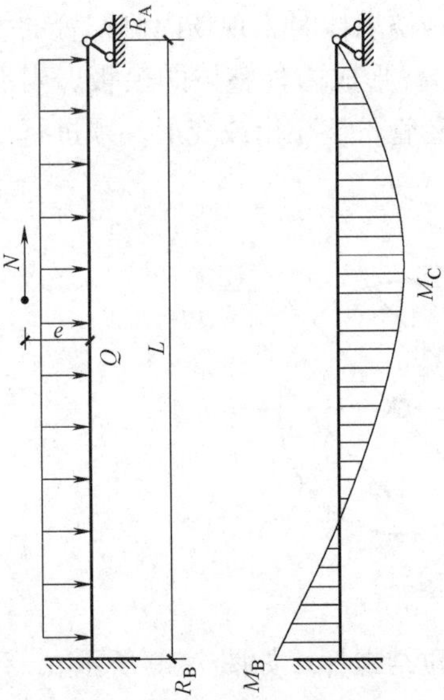

图 7-57 预制墙板持久设计状况简图

计算简图如图 7-57 所示，计算过程如下：

风荷载 $S = (\gamma_G S_{GK})i + (\gamma_W S_{wk})j$

风荷载（配筋）

$S = (\gamma_G S_{GK})i + (\gamma_W S_{wk})j(\gamma_G = 0, \gamma_W = 1.5)$
$= 1.5 \times 10.27 \times 3.01 = 46.37 \text{kN}$

竖向自重拉力

$$N = 1.3G_k = 1.3 \times 51.38 \text{kN} = 66.79 \text{kN}$$

$h_0 = 200 - 32 = 168 \text{mm}, b = 3.56 \text{m}$

$L = 2.88 \text{m}, L_1 = 2.35 \text{m}, L_2 = 0.5 \text{m}$

$Q = 46.37 \text{kN}/2.88 \text{m} = 16.10 \text{kN/m}$

板上部固端负弯矩：（参《建筑结构静力计算手册》）

$$M_B = \frac{1}{2}Ql_2^2 = 0.5 \times 16.10 \times 0.5^2 = 2.01 \text{kN} \cdot \text{m}$$

跨中最大弯矩：（参《建筑结构静力计算手册》）

$$M_C = \frac{1}{8}Ql_1^2 - \frac{1}{2}M_B = \frac{1}{8} \times 16.1 \times 2.35^2 - \frac{1}{2} \times 2.01 = 10.11 \text{kN} \cdot \text{m}$$

$$M_{max} = 10.11 \text{kN} \cdot \text{m}$$

$$e_0 = M/N = 10.11/66.79 = 0.1514 \text{m} = 151.4 \text{mm}$$

$$e = e_0 - h/2 + a_s = 151.4 - 200/2 + 32 = 83.4 \text{mm}$$

$$N \times e = 66.79 \times 83.4 = 15.57 \text{kN} \cdot \text{m}$$

$$f_y A_s(h_0' - a_s) = 360 \times 1005.3 \times 136 = 49.22 \text{kN} \cdot \text{m}$$

$$N \times e < f_y A_s (h_0' - a_s)$$

∴满足。

B—B 截面裂缝验算：

受力特征系数 $\alpha_{cr} = 2.4$，$C_s = 32$

钢筋弹性模量 $E_s = 2.0 \times 10^5 \text{N/mm}^2$

受拉钢筋等效直径 $d_{eq} = 8\text{mm}$

混凝土轴心抗拉强度标准值 $f_{tk} = 2.01 \text{N/mm}^2$，$f_y = 360 \text{N/mm}^2$（三级钢）

有效受拉钢筋配筋率：

$$\rho_{te} = \frac{A_s}{A_{te}} = \frac{1005.3}{0.5 \times 3560 \times 200} = 0.003 < 0.01，\text{取} \rho_{te} = 0.01。$$

风荷载（裂缝）

$$S = (\gamma_G S_{GK})i + (\gamma_W S_{wk})j \quad (\gamma_G = 0，\gamma_W = 1.0)$$
$$= 10.2768 \times 3.01 = 32.93\text{kN}$$
$$Q' = 32.93\text{kN}/2.88\text{m} = 11.43\text{kN/m}$$

板上部固端负弯矩：（参《建筑结构静力计算手册》）

$$M_B = \frac{1}{2}QL_2^2 = 0.5 \times 11.43 \times 0.5^2 = 16.33\text{kN} \cdot \text{m}$$

跨中最大弯矩：（参《建筑结构静力计算手册》）

$$M_C = \frac{1}{8}Ql_1^2 - \frac{1}{2}M_B = \frac{1}{8} \times 11.43 \times 2.35^2 - \frac{1}{2} \times 16.33 = -0.27\text{kN} \cdot \text{m}$$

$$M_{max}' = 16.33\text{kN} \cdot \text{m}$$

$$e_0' = M_{max}'/N_q = 16.33/51.38 = 0.3178\text{m} = 317.8\text{mm}$$

$$e' = e_0' - h/2 + a_s = 317.8 - 200/2 + 32 = 249.8\text{mm}$$

偏心受拉钢筋等效应力：

$$\sigma_{sq} = \frac{N_q \cdot e'}{A_s(h_0 - a_s')} = \frac{51.384 \times 10^3 \times 162.7}{1005.3 \times (168 - 32)} = 61.15\text{N/mm}^2$$

$$\sigma_{sq} = \frac{N_q \cdot e'}{A_s(h_0 - a_s')} = \frac{51.384 \times 10^3 \times 249.8}{1005.3 \times (168 - 32)} = 93.87\text{N/mm}^2$$

受拉钢筋应变不均匀系数：

$$\psi = 1.1 - 0.65\frac{f_{tk}}{\rho_{te}\sigma_s} = 1.1 - 0.65 \times \frac{2.01}{0.01 \times 61.15} = -1.0 < 0.2，\text{取} \psi = 0.2$$

$$\psi = 1.1 - 0.65\frac{f_{tk}}{\rho_{te}\sigma_s} = 1.1 - 0.65 \times \frac{2.01}{0.01 \times 93.87} = -0.3 < 0.2，\text{取} \psi = 0.2$$

最大裂缝：

$$\omega_{max} = \alpha_{cr}\varphi\frac{\sigma_s}{E_s}\left(1.9c_s + 0.08\frac{d_{eq}}{\rho_{te}}\right)$$

$$= 2.4 \times 0.2 \times \frac{93.87}{2 \times 10^5} \times \left(1.9 \times 20 + 0.08 \times \frac{8}{0.01}\right) = 0.04\text{mm} < 0.2\text{mm}$$

∴满足。

7.4.6 预制墙板地震设计状况

预制墙板与主体结构连接后在地震作用设计状况下的承载力计算应符合现行国家标准《混凝土结构设计规范》(GB 50010)的相关要求,根据实际连接形式绘制计算简图。

计算过程如下(简略上节重复内容):

(1)荷载计算:

水平地震作用标准值:

$$S_{Ehk}=\beta_E\alpha_{max}G_K=5.0\times0.08\times51.384=20.55kN$$

竖向地震作用标准值:

$$S_{Evk}=0.65\times S_{Evk}=0.65\times20.55=13.36kN$$

水平地震作用荷载:

$$S_{Ehk}=(\gamma_G G_K)i+(\gamma_{Eh}S_{Ehk})j+(\psi_w\gamma_w S_{WK})k$$

(配筋面外):($\gamma_G=0$)($\gamma_{Eh}=1.4$)($\gamma_w=1.5$)

$$(\gamma_G G_K)i=0kN$$

$$(\gamma_{Eh}S_{Ehk})j=1.4\times20.55=28.77kN$$

$$(\psi_w\gamma_w S_{WK})k=0.2\times1.5\times30.93=9.28kN$$

水平地震组合作用荷载 $S_{Ehk}=28.77+9.28=38.05kN$

(2)承载力验算:

竖向自重拉力

$$N=1.3\times G_K=1.3\times51.38=66.78kN$$

$$h_0=200-32=168mm,\ b=3.56m,\ L=2.88m$$

$$Q=38.05kN/2.88m=13.21kN/m$$

板上部固端负弯矩:(参《建筑结构静力计算手册》)

$$M_B=\frac{1}{2}QL_2^2=0.5\times13.21\times0.5^2=1.65kN\cdot m$$

跨中最大弯矩:(参《建筑结构静力计算手册》)

$$M_C=\frac{1}{8}Ql_1^2-\frac{1}{2}M_B=\frac{1}{8}\times13.21\times2.35^2-\frac{1}{2}\times1.65=8.29kN\cdot m$$

$$M'_{max}=8.29kN\cdot m$$

$$e_0=\gamma_{RE}\cdot M/N=0.85\times8.29\div61.66=0.1143m=114.3mm$$

$$e=e_0-h/2+a_s=114.3-200/2+32=46.3mm$$

$$N\times e=61.66\times46.3=2.85kN\cdot m$$

$$f_y A_s(h'_0-a_s)=360\times1005.3\times136=49.22kN\cdot m$$

$$N\times e<f_y A_s(h'_0-a_s)$$

∴满足。

第**8**章

装配式建筑BIM应用

8.1 BIM 技术发展现状

8.1.1 BIM 政策驱动

1. 国家政策推动

2015 年 6 月 16 日，住房和城乡建设部发布的《关于推进建筑信息模型应用的指导意见》文件中明确了具体推进目标：到 2020 年末，建筑行业甲级勘察、设计单位以及特级、一级房屋建筑工程施工企业应掌握并实现 BIM 与企业管理系统和其他信息技术的一体化集成应用；注重引进 BIM 等信息技术专业人才，培育精通信息技术和业务的复合型人才，强化各类人员信息技术应用培训，提高全员信息化应用能力。

2016 年 8 月 23 日，住房和城乡建设部在《2016—2020 年建筑业信息化发展纲要》提出："十三五"时期，全面提高建筑业信息化水平，着力增强 BIM 信息技术应用能力，加强信息技术在工程质量、安全管理中的应用。

2017 年 5 月 2 日，住房和城乡建设部发布《工程勘察设计行业发展"十三五"规划》，提出要稳步推进 BIM 为代表的前沿信息技术在勘察设计行业的应用。

2020 年 4 月 8 日，住房和城乡建设部工程质量安全监管司关于印发《住房和城乡建设部工程质量安全监管司 2020 年工作要点》的通知，提出采用"互联网＋监管"手段，推广施工图数字化审查，试点推进 BIM 审图模式，提高信息化监管能力和审查效率。

2. 地方政策探索

从 2014 年开始，各区域政府相继发布政策意见，推广 BIM 技术的试点应用。2017 年，贵州、江西、河南等省市加入政策推动行列；2018 年，重庆、北京、吉林、山西、深圳等地出台相关政策意见，推动 BIM 技术在各建设工程领域、环节的应用；2019 年，山东、海南、广州等地深入探索 BIM 技术在招标投标、工程监理、施工图审查等环节的实践应用。

以 2020 年上半年为例，各省市 BIM 最新政策整理如下：

2019 年 12 月 26 日发文，广州市城市信息模型（CIM）平台建设试点工作联席会议办公室下发通知，要求加快推进 BIM 技术应用。

2020 年 2 月 3 日，中国民用航空局发布《民用运输机场建筑信息模型应用统一标准》的公告。

2020 年 3 月 10 日，黑龙江省住房和城乡建设厅发布《黑龙江省建筑工程建筑信息模型（BIM）施工应用建模技术导则》的公告。

2020 年 3 月 23 日，湖南省发布《湖南省 BIM 审查系统技术标准》等 3 项工程建设地方标准的通知。

2020 年 4 月 10 日，深圳市装配式混凝土建筑信息模型技术应用标准正式实施。

2020 年 5 月 1 日，重庆市住房和城乡建设委员会发布《关于开展 2020 年度建筑信息模型（BIM）技术应用示范工作的通知》。

2020 年 5 月 9 日，全国智标委发布工程项目 BIM 实施成熟度评价导则、企业 BIM 能力成熟度评价导则。

2020 年 5 月 13 日，吉林省建筑业协会印发《吉林省建设工程造价咨询服务收费标准（试行）》的通知。

2020 年 5 月 14 日，湖南省住房和城乡建设厅发布关于公开征求《湖南省住房和城乡建设厅关于开展全省房屋建筑工程施工图 BIM 审查工作的通知（试行）（征求意见稿）》意见的函/关于《湖南省住房和城乡建设厅关于开展全省房屋建筑工程施工图 BIM 审查工作的通知（试行）（征求意见稿）》意见采纳情况。

2020 年 6 月 8 日，山西省住房和城乡建设厅印发《山西省住房和城乡建设厅关于进一步推进建筑信息模型（BIM）技术应用的通知》。

2020 年 6 月 9 日，深圳市住房和建设局发布关于征求《深圳市城市轨道交通工程信息模型分类和编码标准（征求意见稿）》和《深圳市城市轨道交通工程信息模型制图及交付标准（征求意见稿）》意见的通知。

2020 年 7 月 8 日，海南省住房和城乡建设厅海南省发展和改革委员会印发关于修改《海南省房屋建筑和市政工程工程量清单招标投标评标办法》的通知。

3. 装配式建筑相关 BIM 政策

2017 年 2 月，国务院办公厅发布《关于促进建筑业持续健康发展的意见》（国办发〔2017〕19 号）。针对建筑业发展，国办专门发文，将对行业的发展带来重大的、深远的影响。大力推广智能和装配式建筑，加快推进建筑信息模型（BIM）技术在规划、勘察、设计、施工和运营维护全过程的集成应用。

2017 年 12 月 27 日，黑龙江省住房和城乡建设厅印发《黑龙江省装配式建筑设计BIM 应用技术导则》的通知。

2017 年 12 月 29 日下午，海南省政府召开新闻发布会，首次发布《海南省人民政府关于大力发展装配式建筑的实施意见》（以下简称《意见》）。《意见》要求，加快技术和管理创新，大力推进建筑信息模型（BIM）在标准、设计、生产、施工、使用维护等建筑全生命周期各环节基于网络协同的技术应用，推动装配式建筑与全装修、建筑节能、可再生能源建筑一体化应用等绿色建筑各要素联动发展。《意见》中指出，推广通用化、模数化、标准化设计方式，在工程设计中积极采用装配式结构技术体系，大力提升勘察设计人员的建筑信息模型（BIM）技术应用能力。

2017 年 2 月 20 日，郑州市人民政府发布《郑州市人民政府关于大力推进装配式建筑发展的实施意见》，提出积极应用建筑信息模型（BIM）技术，倡导设计、生产、施工和运维全过程 BIM 技术应用，实现各环节数据共享，提高整体效率。

2017 年 4 月 12 日，广东省人民政府办公厅发布了《广东省人民政府办公厅关于大力发展装配式建筑的实施意见》文件，文件明确在市建筑节能发展资金中重点扶持装配式建筑和 BIM 应用，对经认定符合条件的给予资助，单项资助额最高不超过 200 万元。

2020 年 1 月 22 日，成都高新区管委会办公室关于印发《关于促进高新区建筑业高质量发展的实施意见》的通知，指出要支持企业大力发展装配式建筑和绿色建筑。加快推进 BIM 技术在规划设计、建筑施工、运营维护全过程的运用。推广设计施工成果数字化交付使用，推动 BIM 技术与大数据、智能建筑等的集成应用。

2020 年 3 月 2 日，浙江省住房和城乡建设厅印发《2020 年全省建筑工业化工作要点》，其中强调：实现全年新开工装配式建筑占新建建筑面积达到 30％以上；累计建成钢结构装配式住宅 500 万 m² 以上，其中钢结构装配式农房 20 万 m² 以上；推进装配式建筑与绿色施工、数字建造深度融合，加大 BIM 技术的推广应用；推广应用装配式建筑项目管理平台，利用物联网等信息技术，实现全省装配式建筑全过程管理追踪和维护。

2020 年 3 月 18 日，甘肃省住房和城乡建设厅印发《关于进一步推进装配式建筑工作》的通知，内容强调：（1）鼓励商品住宅采用装配式建造方式建造，大跨度、大空间、100m 以上的超高层建筑、市政桥梁和单体建筑面积超过 2 万 m² 的公共建筑，积极推广应用装配式钢结构；（2）推行装配式建筑一体化集成设计，提升设计人员的 BIM 技术应用能力；（3）省内国家装配式建筑产业基地要进一步加快建设进度，完善扩大部品部件生产种类、规模。各地要积极培育本地大型商品混凝土生产、钢结构加工、建筑施工、建筑材料及部品部件生产等各类生产、开发、建设、设计、科研企业向装配式建筑基地发展，以龙头企业和示范项目带动当地装配式建筑发展。

2020 年 6 月 2 日，湖南省住房和城乡建设厅出台《湖南省"绿色住建"发展规划（2020-2025 年）》，要求城乡住建领域全面贯彻"绿色发展"，推动绿色建筑、装配式建筑、BIM 技术的应用集成，使建筑工业化、集约化、智能化和产业化得到全面推广。

2020 年 7 月 28 日，住房和城乡建设部、工信部等 13 部委联合印发《关于推动智能建造与建筑工业化协同发展的指导意见》，并强调了重点任务：大力发展装配式建筑，推动建立以标准部品为基础的专业化、规模化、信息化生产体系。加快推动新一代信息技术与建筑工业化技术协同发展，在建造全过程加大建筑信息模型（BIM）、物联网、大数据、云计算、人工智能等新技术的集成与创新应用。

4. 上海市 BIM 相关政策汇总

2014 年 10 月，上海市人民政府办公厅发布《关于在本市推进建筑信息模型技术应用指导意见的通知》（沪府办发〔2014〕58 号），自此，上海市 BIM 应用如火如荼开展起来。

2016 年 10 月 21 日，上海市住房和城乡建设管理委员会发布《上海市建筑信息模型技术应用推广"十三五"发展规划纲要》（沪建建管〔2016〕832 号），明确提出将 BIM 技术应用于工程规划、勘察、设计、制造、施工及运营维护等各阶段，从而实现建筑全生命期各参与方和环节的关键数据共享及协同，实现建筑业转型升级、促进绿色建筑发展、提高建筑业信息化水平和推进智慧城市建设。从而，BIM 技术得到了全面推广。

2017 年，上海市人民政府办公厅发布《关于促进本市建筑业持续健康发展的实施意见》的通知（沪府办〔2017〕57 号）以及《关于在本市推进建筑信息模型技术应用的指导意见》的通知（沪府办发〔2017〕73 号），其中都明确提出了大力应用及推行 BIM 技术，指导各相关单位应用 BIM 技术，BIM 应用势不可挡。

2020 年 9 月 25 日，上海、浙江、江苏、安徽三省一市，举行了"长三角区域建筑业一体化高质量发展战略协作框架协议"签约仪式，全力推进长三角区域建筑业一体化高质量发展。加强在 BIM 技术、装配式建筑和绿色建筑等领域的合作，推动建筑业科研院所、高等院校、产业基地等的合作，加强以高端、创新人才培养和交流为重点的人才培养机制，推动建筑业转型发展。

近年来上海市推进 BIM 应用政策文件汇总见表 8-1。

上海市 BIM 相关政策汇总表　　　　　　　　　　表 8-1

序号	年份	发布主体	内容
1	2014 年	上海市人民政府办公厅	《关于在本市推进 BIM 技术应用的指导意见》(沪府办发〔2014〕58 号)
2	2015 年	上海市城乡建设和管理委员会	《上海市建筑信息模型技术应用指南(2015 版)》(沪建管〔2015〕336 号)
3	2015 年	上海市建筑信息模型技术应用推广联席会议办公室	《上海市推进建筑信息模型技术应用三年行动计划(2015—2017)》(沪建应联办〔2015〕1 号)
4	2015 年	上海市建筑信息模型技术应用推广联席会议办公室	《关于报送本市建筑信息模型技术应用工作信息的通知》(沪建应联办〔2015〕3 号)
5	2015 年	上海市建筑信息模型技术应用推广联席会议办公室	《上海市建筑信息模型技术应用咨询服务招标示范文本》(沪建应联办〔2015〕4 号)
6	2016 年	上海市住房和城乡建设管理委员会	《关于本市保障性住房项目实施建筑信息模型技术应用的通知》(沪建建管〔2016〕250 号)
7	2016 年	上海市住房和城乡建设管理委员会	《本市保障性住房项目应用建筑信息模型技术实施要点》(沪建建管〔2016〕1124 号)
8	2016 年	上海市住房和城乡建设管理委员会	《上海市建筑信息模型技术应用推广"十三五"发展规划纲要》(沪建建管〔2016〕832 号)
9	2017 年	上海市建筑信息模型技术应用推广联席会议办公室	《上海市建设工程设计招标文本编制涉及建筑信息模型技术应用服务的补充示范条款(2017 版)》等 6 项涉及建筑信息模型技术应用服务的补充示范条款的通知(沪建应联办〔2017〕1 号)
10	2017 年	上海市住房城乡建设管理委、市规划和国土资源管理局	《关于进一步加强上海市建筑信息模型技术推广应用的通知》(沪建建管联〔2017〕326 号)
11	2017 年	上海市住房和城乡建设管理委员会	《上海市建筑信息模型技术应用指南(2017 版)》的通知(沪建管〔2017〕537 号)
12	2017 年	上海市人民政府办公厅	《关于促进本市建筑业持续健康发展的实施意见》的通知(沪府办〔2017〕57 号)
13	2017 年	上海市人民政府办公厅	《关于在本市推进建筑信息模型技术应用的指导意见》的通知(沪府办发〔2017〕73 号)
14	2018 年	上海市住房和城乡建设管理委员会	《上海市保障性住房项目 BIM 技术应用验收评审标准》的通知(沪建建管〔2018〕299 号)

续表

序号	年份	发布主体	内 容
15	2018 年	上海市建筑信息模型技术应用推广联席会议办公室	关于发布《上海市预制装配式混凝土建筑设计、生产和施工 BIM 技术应用指南》通知(沪建应联办[2018]1 号)
16	2018 年	上海市社会投资项目审批改革工作领导小组	关于印发《进一步深化本市社会投资项目审批改革实施细则》的通知(沪社审改[2018]1 号)
17	2019 年	上海市绿色建筑协会、上海市绿色建筑团体标准工作委员会	根据《中华人民共和国标准化法》、国家标准化管理委员会、民政部《团体标准管理规定》及《上海市绿色建筑协会团体标准管理细则》相关规定,上海市绿色建筑协会启动了新一批团体标准的征集工作,立项项目包含《上海市建筑信息模型(BIM)技术应用费用计价标准》等 4 个项目
18	2020 年	上海、浙江、江苏、安徽三省一市	举行了"长三角区域建筑业一体化高质量发展战略协作框架协议"签约仪式,全力推进长三角区域建筑业一体化高质量发展

从上海近年来发布的 BIM 政策文件及相关通知可以看出,上海市在 BIM 技术推广应用过程中,从政策的制定发布,到制定相关应用标准,再到规范应用细则,以及定期调查应用成果,全方位地从政策、标准以及配套服务上为 BIM 技术在本地区进行有效应用作出重要举措。

8.1.2 BIM 技术标准主要内容

目前,BIM 技术在工程建设领域正在逐步落地,价值日益凸显。各级政府多次明确提出了大力发展 BIM 技术,为建设工程提质增效、节能环保创造条件,实现建筑业可持续发展。随着 BIM 技术在全国范围内的实践应用不断扩大,国家与地方也开始着手建立相应的应用标准、规范指导行业发展。

1. 《建筑信息模型应用统一标准》(GB/T 51212—2016)

《建筑信息模型应用统一标准》(以下简称《标准》) 是我国第一部建筑信息模型应用的工程建设标准,提出了建筑信息模型应用的基本要求,是建筑信息模型应用的基础标准,可作为我国建筑信息模型应用及相关标准研究和编制的依据。国务院日前印发《"十三五"国家信息化规划》,《标准》实施将为国家建筑业信息化能力提升奠定基础。

《标准》共分 6 章,主要内容是:总则、术语和缩略语、基本规定、模型结构与扩展、数据互用、模型应用。其中:

第 2 章"术语和缩略语",规定了建筑信息模型、建筑信息子模型、建筑信息模型元素、建筑信息模型软件等术语,以及"P-BIM"基于工程实践的建筑信息模型应用方式这一缩略语。

第 3 章"基本规定",提出了"协同工作、信息共享"的基本要求,并推荐模型应用宜采用 P-BIM 方式,还对 BIM 软件提出了基本要求。

第 4 章"模型结构与扩展",提出了唯一性、开放性、可扩展性等要求,并规定了模型结构由资源数据、共享元素、专业元素组成,以及模型扩展的注意事项。

第 5 章"数据互用",对数据的交付与交换提出了正确性、协调性和一致性检查的要求,规定了互用数据的内容和格式,对数据的编码与存储也提出了要求。

第 6 章 "模型应用"，不仅对模型的创建、使用分别提出了要求，还对 BIM 软件提出了专业功能和数据互用功能的要求，并给出了对于企业组织实施 BIM 应用的一些规定。

2. 《建筑信息模型分类和编码标准》（GB/T 51269—2017）

《建筑信息模型分类和编码标准》共分四部分，包括：总则、术语、基本规定、应用方法。

《建筑信息模型分类和编码标准》建立了一套完整的针对建筑工程全过程的信息分类和编码体系，是工程建设从图纸化时代走向数字化时代的一个基础标准；该标准将建筑工程实施全过程中涉及的对象做了整理分类，从建设阶段、建设资源、建设成果三部分进行了系统的分类和编码（表 8-2），包含建筑设计、施工、运营、拆除等全过程的信息数据，主要用于解决信息的互通和交流、文献信息组织检索、软件开发、项目信息数据库建立等，填补了国内相关领域的空白，对我国的 BIM 实施具有重要意义，为建筑业数字化转型升级、数字城市建设和推进数据资源共享、产业业务协同等提供了数据标准支撑。

建筑信息模型信息分类（摘自《建筑信息模型分类和编码标准》）   表 8-2

表代码	分类名称	附录	表代码	分类名称	附录
10	按功能分建筑物	A.0.1	22	专业领域	A.0.9
11	按功能分建筑物	A.0.2	30	建筑产品	A.0.10
12	按功能分建筑空间	A.0.3	31	组织角色	A.0.11
13	按功能分建筑空间	A.0.4	32	工具	A.0.12
14	元素	A.0.5	33	信息	A.0.13
15	工作成果	A.0.6	10	材质	A.0.14
20	工程建设项目阶段	A.0.7	11	属性	A.0.15
21	行为	A.0.8			

3. 上海市《预制装配式混凝土建筑设计、生产、施工 BIM 技术应用指南》（2018 版）

上海市建筑信息模型技术应用推广联席会议办公室于 2018 年 9 月发布的《预制装配式混凝土建筑设计、生产、施工 BIM 技术应用指南》（以下简称《指南》），旨在提高上海市 BIM 技术应用水平与指导装配式混凝土建筑的 BIM 技术应用。

《指南》共五部分，包括：概述、应用总览、系统选型与数据环境、数据信息分类、阶段应用。

（1）"概述"，阐述了本指南的研究与应用背景、目的和用途、实施组织方式以及 BIM 技术应用模式。

（2）"应用总览"，讲述了 BIM 技术应用原理和装配式建筑项目各阶段 BIM 技术应用划分。

（3）"系统选型与数据环境"，介绍了针对装配式建筑的软件选型、网络环境搭建。

（4）"数据信息分类"，介绍了数据信息分类的目的与方法、原则与要求。

（5）"阶段应用"，分别从设计阶段、生产阶段、运输阶段、施工阶段四方面讲述其应用内容及应用操作流程（图 8-1）。

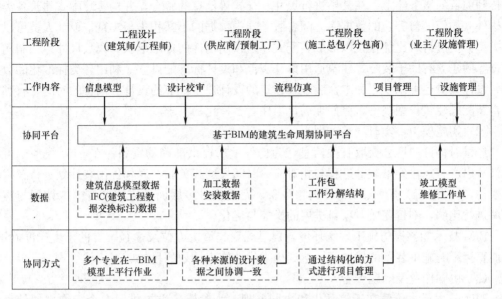

图 8-1　设计阶段 BIM 技术应用操作流程示意图（摘自《指南》）

8.1.3　BIM 在装配式建筑中的应用场景

预制装配建筑工艺随着 BIM 的兴起，结合自身的优势，能发挥出提高生产效率等作用。通过改变以往的合作模式，施工单位能够提前介入项目，提前获得项目设计资料，更合理的划分模块，并提前准备材料采购，预留更多的时间进行工厂加工。预制装配的推广，提升经济效益同时，减少了现场工作量和工作难度，现场预制件厂同步施工，还能缩短工期，提高效率。下面分别从设计、施工阶段并结合实际应用作进一步介绍。

1. 设计阶段

装配式的建筑构件生产来源于工厂。在设计阶段，各个专业之间的联系紧密，一个数据的改变可能引起其他很多构件的尺寸产生变化。传统方法需要各专业逐一进行调整，工作繁复，难免会出现疏漏之处。利用 BIM 模型进行设计，可有效减少设计方案中出现信息不一致和冲突的问题。

BIM 模型控制所有构件的参数，模型中的每一个构件尺寸、材质及模型之间的相互关联。一个参数发生变化，其他构件的参数也会自动做出相应的变化。

另外，由于装配式建筑的特殊性，需要对预制构件的预埋跟预留进行准确定位，这需要很多专业人员合作，在 BIM 平台进行信息沟通和信息修改，进行碰撞检查，找出设计中存在的问题。各个专业之间还可以互通设计资料，避免造成图纸误差等问题，有利于设计方案的调整及高效沟通，提高设计效率。

最后，由 BIM 模型导出图纸和构件的型号及数量表，利用这些数据和施工方、建设方、构件生产厂家进行沟通，可以根据各方情况随时调整设计方案，实现协同工作。除此之外，还可以快速地计算出工程量，减少传统计算的偏差。

（1）户型预制构件的标准化设计

BIM 技术可以实现设计信息的开放与共享。设计人员可以将装配式建筑的设计方案上传到项目的服务器上，在其中进行尺寸、样式等信息的整合，并构建装配式建筑各类预制构件（如门、窗等）的数据库。随着服务器中数据的不断积累与丰富，设计人员可以将同类型数据进行对比优化，以形成装配式建筑预制构件的标准形状和模数尺寸。预制构件数据库的建立有助于装配式建筑通用设计规范和设计标准的设立。利用各类标准化的数据库，设计人员还可以积累和丰富装配式建筑的设计户型，节约设计和调整的时间，有利于丰富装配式建筑户型规格，更好地满足居住者多样化的需求。

（2）实施模拟，实时调整计划

经过对构件的拆分获取有关信息，为构件生产提供准确的资料。在 BIM 模型中可将构件从出产、运输到吊装等进程与相对应的时间尺度相关联，对构件吊装计划进行三维动态模仿，再将 BIM 模型与项目计划相关联，完成项目多层面的应用。将模拟计划与实际进展进行比照，剖析完成对项目进展的操控与优化。

BIM 技术能够模仿施工现场环境，提早规划起重机方位及途径，有助于生产准确度，并能直接影响施工装置的精确度，达到提供优选施工计划的目的。

（3）协同作业及问题查看

BIM 技术最大价值在于信息化和协同办理，为参建各方提供了一个三维规划信息交互的渠道，将不一样专业的规划模型在同一渠道上交互合并，使各专业、各参建方协同作业成为可能。

问题查看是针对全部建筑规划周期中的多专业协同规划，各专业将建好的 BIM 模型导入 BIM 问题软件，对施工流程进行模拟，展开施工问题查看，然后对问题点仔细剖析、扫除、评论，处理因信息不互通形成的各专业规划抵触、碰撞，优化工程规划，在项目施工前预先处理问题，减少不必要的设计变更与返工。

2. 施工阶段

装配式建筑最大的优点在于模块化与机械化。所以，装配式建筑在构件生产、安装过程中，对施工工艺与进度管控等方面的要求较高。构件定位须精确，并有高质量的安装技术支持，而 BIM 技术应用可以很好契合这一特点。

在 BIM 模型属性中，还可以通过输入构件的时间属性，从而满足施工进度要求，可以通过 4D 模型对工程进度进行可视化管理，给项目各参与方制定统一的进度要求，有利于项目的进度顺利实施。另外，通过 BIM 技术的模拟功能，可以优化施工现场的平面布置，制定合理的施工方案，确定预制构件的堆放、安装顺序以及吊装方案等。通过可视化模拟，让各参与方可以更高效地协调工作，让建造方能够进行直观的技术交底，业主方也可以通过 BIM 平台随时对项目进度进行监督。

（1）改进预制构件库存和现场办理

使用 BIM 技术，经过在预制构件生产的过程中嵌入富含装置部位及用处信息等构件信息的 RFID 芯片，存储查验人员及物流配送人员能够直接读取预制构件的有关信息，实现电子信息的主动对照，减少传统的人工查验和物流方式下经常出现的查验数量偏差、构件堆积方位偏差、出库记录不精确等问题发生概率，有效节省成本。

（2）吊装及长途可视化监控

构件现场吊装和可视化监控施工方案确定后，将储存构件吊装方位及施工时序等信息导入 BIM 模型，传输至移动设备中，根据三维模型施工方案和辅助施工方案，使其无纸化、可视化。构件吊装前须进行查验确认，移动设备更新当日施工方案，然后对工地堆场的构件进行扫描，确认构件信息后进行吊装，并记录构件施工时间。构件装置就位后，现场安排专人校核吊装构件的方位及其他施工细节，检查合格后通过现场手持设备扫描构件芯片，确认构件施工完结，同时记录构件完成时间。有效避免施工中出现错误，提高施工效率。

（3）在预制构件安装中的运用

在构件生产过程中，陆续出厂的产品先后发往工地，从工厂精确、顺利地把不同类型、标准和数量的预制构件运送到项目施工现场，可通过 BIM 技术完成。使用信息控制体系与各个部门进行联动，完成信息实时共享。施工现场项目部根据工期计划，通过BIM 平台提出项目现场待安装的预制构件需求，发至预制构件公司信息控制系统，工厂管理人员及时配合，了解库存情况，实时反映到系统中，根据系统进行生产、堆积等工作，然后发货，直接送达项目现场。并对每一块构件进行编码，预制构件每件都有唯一的标签代码，经过信息控制体系记载每一块预制件的运送状况，施工单位管理人员可依据代码随时检查构件情况，施工进度在系统平台上虚拟化模型将内容可视化，项目经理可通过此方法随时把握施工进度。

依靠 BIM 技术，在施工前可以进行构件吊装施工模拟。依据吊装计划，制订构件吊装施工模型，在施工前合理优化施工计划。因构件尺度不宜过大，拆分后的预制构件品种数量较多，安装较复杂，吊装模仿动画可形象地表达一个施工标准层的施工工艺流程，作为实际施工的辅导。另外，在模拟过程中也能发现问题，有利于项目部在现场吊装前对施工计划进行调整。

3. 常见 BIM 技术应用

以上是 BIM 技术在项目设计和施工阶段相较传统模式的一些优势。下面介绍几种常见的 BIM 技术应用。

（1）装配式建筑协同设计应用

① 编制建筑设计方案应用。

在建筑方案设计的前期准备阶段，基于 BIM 技术可促进工程装修、工程设备与工程架构的系统化整合，且按照预制结构构件的安装要求、规范要求、经济要求与可执行性要求完成设计。在方案设计过程中，将安全技术作为基础依据，深入建筑立面、平面与剖面的设计工作中，提升模板应用率，加快进度。在平面施工过程中，促进墙面与地板的整合，满足建筑立面设计的标准要求。同时，依托各专业协同特性，保证建筑设计的合理性。

② 编制设计方案初期阶段应用。

在建筑工程方案设计初期，要加强各专业基础深化设计工作。选择合理的建筑装饰材料，编制完整的外立面设计方案，保证墙面设计方案、地板设计方案和立面设计方案的协同规划，保证整体建筑立面设计效果。

在提前预制的墙面构件时，应充分考虑机电、暖通专业的管线路由，在建筑工程装修设计时绘制完整的工程设计图纸。基于 BIM 技术对现有的数据模型进行排查，以保证建筑工程设计图纸的可行性。

③ 编制施工图纸阶段应用。

在建筑工程施工图纸设计阶段，以预先完成的设计工作作为基础，进一步深化设计工作。针对各专业的基本需求，协调配合构件制作厂、装饰厂与材料厂的工作。与现浇架构相比，装配式建筑结构以建筑工程设计文件作为基础保障，完成连接部位构造图与墙面构件图的参数组合。设计人员须严格履行职责，保证预制构件设计图纸的完整性与合理性，满足建筑工程设计的需求。

④ 标准化设计应用。

装配式建筑是标准化预制构件的整体装配产物。传统建筑主要依靠平面图纸进行预制构件的加工制造，而基于 BIM 技术可以整合预制构件模型系统，实现预制构件库的装配。

相比传统的建筑设计方式，基于 BIM 技术的建筑设计更加精细化，且能够合理应用 BIM 技术的可视化特征。此外，BIM 技术的人机交互功能，可以更好地修改建筑设计方案。

结构构件拆分是装配式建筑设计的重要环节。通常情况下，建筑图纸设计完毕后，方可开展结构构件拆分工作。

首先需专业技术人员进行前期策划，确保建筑设计方案满足实际需求后，按照既定的设计方案进行结构构件拆分，并对设计方案中不合理部分进行调整。然后进行建筑设计，BIM 技术对单个外墙构件具有极大的影响。依靠 BIM 技术的可视化功能，可有效调节建筑外墙板与构件数量，实现理想化设计目标。

⑤ 户型设计应用。

设计人员可结合户型功能需求，在结构库中筛选对应的户型结构，同时避免预制构件与原有的建筑结构构件发生冲突。在户型设计工作中，剪力墙模块化设计与整体设计品质息息相关。而采用系统化、标准化的户型结构库，不仅可以提高协同设计效率，还能充分保证模块化设计的精确性。

在户型设计过程中，要明确划分户型的内部功能，协调处理各方面的关系。户型设计需要设计人员采用合理的设计方法，组建完整且独立的建筑单元。将建筑有机整合后形成一个完整的、独立的、可靠的整体。设计中所用的接口也是构建完整的建筑模型的必要条件。

在设计过程中，需要重点关注接口问题。按照构件的共享部位差异，接口问题包括连接接口和重合接口两种。连接接口是指协同共享的构件，需要依靠外部构件进行无重合连接，而重合接口则是指构件共享位置的重合性。通常户型接口多为连接接口，剪力墙结构的户型间多为重合接口。此外，由于专业方面的差异，重合构件间也体现出较大的差异。结构户型间的重合部分主要包括剪力墙和暗柱。

一般情况下，户型间接口问题的处理方法主要是删除重合接口的重叠部分，保证建筑体系的完整性。如果两户型构件重合出现长度差异，删除构件时，应遵循"留长去短"原则。

（2）施工模拟方面的应用

在建筑工程施工阶段，通过三维立体模型，可保证各空间和时间的精细化管理，更加直观化、精确化地了解各施工阶段的具体情况。

这就要求设计人员具备明确的预见意识，严格控制装配式建筑的施工进度，合理规划施工工序和施工场地。察觉特殊情况，立即进行调整处理。

将装配式建筑施工环节的各项复杂性内容进行整合，提前开展模拟演练，确保施工人员全面掌握施工环境以及突发状况的处理措施，进一步提高建筑工程的施工效率。同时，基于 BIM 技术，创建可视化、互动化与共享化平台，可以全方位动态监督整个装配式建筑的设计与施工流程，并且将装配式建筑的各类多元化信息导入云端操控系统，快速调取工程信息，增强整体施工精确性。

8.2 常用三维建模软件基本操作与特点

8.2.1 Autodesk Revit

1. 软件信息

Revit 是 Autodesk 公司专门针对建筑行业推出的以 BIM 为重点的建筑设计软件。Autodesk 公司是世界领先的软件和数字内容创建公司，在建筑工程设计领域有近 40 年的软件开发业务经验。Autodesk 公司总部在美国，目前市场上有建筑工程相关软件 30 多款，几乎垄断了主流的设计软件。例如，耳熟能详的 AutoCAD、3ds Max、Inventor 软件等都是其旗下的产品。基于软件产品多样化的特点，其旗下软件自身间的数据互换性较好。但是与其他公司出品的 BIM 软件间的数据互换性，还没法满足行业需求（图 8-2）。

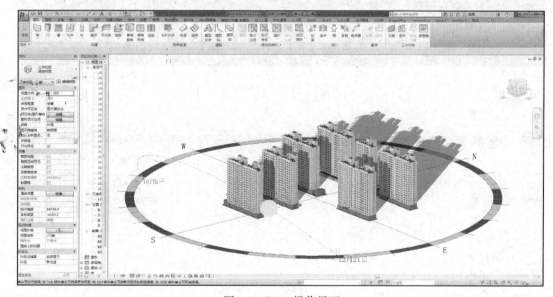

图 8-2　Revit 操作界面

目前，Revit 软件是使用最广泛的 BIM 建模软件之一，主要用于建筑信息模型建模，并存储建筑项目所需的设计细节、图纸和明细表等相关信息。严格意义上，Revit 并不是一款针对深化设计而开发的 BIM 软件，不过由于其具有多专业协调，操作便捷，用户数量多，接受程度更容易等优点，本书把其作为装配式建筑多专业协同设计的软件进行介绍。

2. 界面流程

在 Revit 软件中，所有的图纸、平面视图、三维视图和明细表都是建立在同一个建筑信息模型的数据库中，Revit 可以收集到建筑信息模型中的所有数据，并在项目的其他表现形式中协调信息，以便于实现模型的信息共享。在基于 BIM 技术的基础上，Revit 软件可以方便地实现"三维协同设计"，即在三维状态中，可与建筑、结构、水暖电等几个专业形成完整的 BIM 模型。Revit 的界面如图 8-3 所示，界面上的功能分区清楚，易于操作。界面上设置有标题栏、菜单栏、功能区、选项栏、状态栏、属性对话框、项目浏览器、绘图区域、视图控制栏、选择控制开关等（图 8-4）。

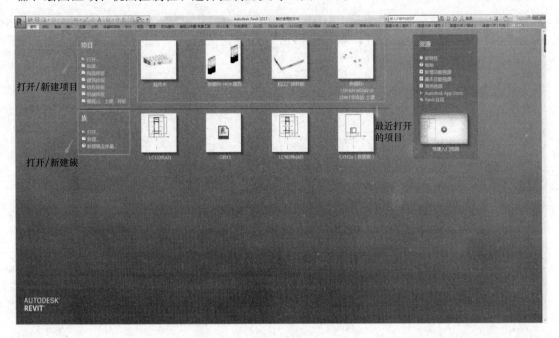

图 8-3　新建项目界面图

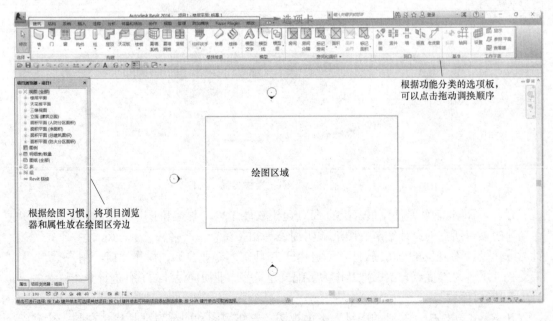

图 8-4　绘图界面

3. Revit 建模流程

由于 Revit 软件的绘图方式是基于 BIM 技术的三维模型，模型和图纸之间有着紧密的关联性，所以一方修改，另一方会自动修改，因此节省了大量的人力和时间。尤其在深化设计阶段，通过与其他专业 BIM 模型的整合碰撞来最终确定深化 BIM 模型的准确性，通常这一过程需要几轮的修改，而 BIM 模型的协调整合在提高整体效率上起到了至关重要的作用。

通过收集有关建筑项目的信息及图纸，并在项目的其他所有表现形式中协调该信息。Revit 参数化修改引擎协助设计师自动协调在任何位置（模型视图、图纸、明细表、剖面和平面中）进行的修改（图 8-5）。

图 8-5　Revit 建模模板

4. 深化设计 BIM 协同

在深化设计时，通常由于机电专业管线有需要穿过结构构件的情况，所以在预制构件内对洞口的实现预留则极为关键。而这项工作其实需要多专业进行配合完成，原本的二维 CAD 模型在进行多专业配合时有着定位难、表达不清等困难，所以借助 BIM 模型可视化的优点，协调各专业设计和正确提资则越来越成为主流模式。

5. 软件主要功能

Revit 软件功能区包含了在创建项目或族时所需要的全部工具。在创建项目文件时，功能区显示如图 8-6 所示。功能区主要由选项卡、工具面板和工具组成。单击工具可以执行相应的命令，进入绘制或编辑状态。如果同一个工具图标中存在其他工具或命令，则会

图 8-6　软件功能区域

在工具图标下方显示下拉箭头，单击该箭头，可以显示附加的相关工具。

与之类似，如果在工具面板中存在未显示的工具，会在面板名称位置显示下拉箭头。

6. 数据交互

由于 Revit 隶属于 Autodesk 公司，其公司旗下的软件基本可以做到数据互通，不过和其他企业开发的 BIM 软件的交互性就比较差。目前在 Revit 内完成的深化设计模型，可以导出".nwd"格式，在 Navisworks 软件内进行施工模拟，预制构件安装模拟等相关 BIM 应用。也可以导出标准化格式".ifc"，再导入到其他分析或者模拟软件，如 Fuzor 等后期施工模拟软件。

7. 与其他深化设计数据的交互

作为同样国外软件，Revit 与 Tekla 进行 BIM 模型交互时，也同样面临数据格式不匹配的情况，这里简单介绍一下主要存在问题和解决方法。

（1）Revit 与 Tekla 的数据接口。一个 BIM 项目在有土建、机电部分与预制部分时，土建机电建模会选择 Revit 进行建模，预制结构选择 Tekla 进行建模。这时也会面临两者进行交互的问题。通常我们会选择 Tekla 输出 IFC 文件，Revit 通过链接输出的 IFC 文件进行模型上的整合。另外一种就是目前 Tekla 官方发布的从 Tekla Structures 到 Autodesk Revit 的插件进行模型交互，不过同样无法在 Revit 内修改和编辑 Tekla 模型。同时，由于两者模型坐标体系不同，会导致软件无法自动拼接，后期需要手动对齐模型位置（图 8-7、图 8-8）。

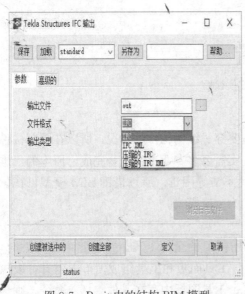

图 8-7 Revit 内的结构 BIM 模型

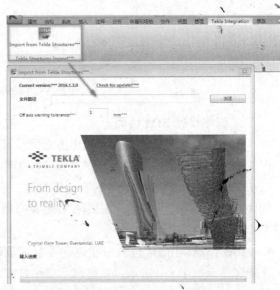

图 8-8 Revit 内的 Tekla 交互插件

（2）与 PKPM 和 YJK 的接口。传统的结构设计都是基于三维结构布置模型进行计算分析，将计算结果处理后方可根据计算结果绘制相应的结构施工图，在不改变设计师习惯的基础上，越来越多的国内外软件商基于 Revit 平台做了相应的二次开发接口。近年来，由于对 BIM 软件系列的重视，我国主流结构设计软件 PKPM 和 YJK 都纷纷开发了与 Revit 的模型数据链接（图 8-9）。

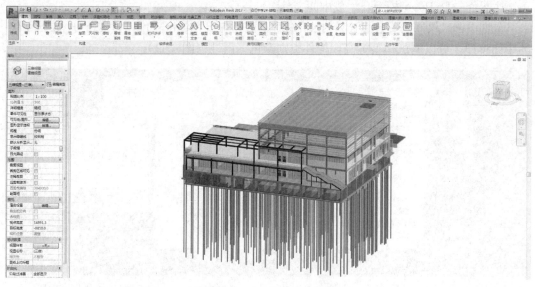

图 8-9　Revit 结构 BIM 模型

8. PKPM 导入 Revit 步骤

转换到 PKPM 主界面。在结构模块中，数据转换-接口和 TCAD 中选择 PMCAD 转 Revit，选择需要转换的项目名称。JWS 模型文件转换完成后，打开 Revit 软件。

菜单栏→数据转换→PKPM 数据接口。

点击导入 PKPM，选择生成的 MDB 数据文件进行转换。弹出转换对话框，设计人员可以根据项目具体要求进行相关参数设置，如楼层较多时可以分批次进行导入，按照一定的楼层生成单独的一个 Revit 模型文件，不同构件之间也可以设置为不同的颜色，便于区分和显示。点击开始导入，即可完成计算模型到 Revit 软件的转换过程（图 8-10）。

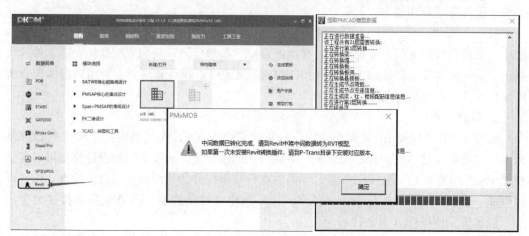

图 8-10　PKPM 模型导入 Revit 接口插件

9. YJK 导入 Revit 步骤

转换到 YJK 主界面。需要生成中间文件，主界面中点击"转 Revit 模型"然后输入导出路径，生成中间文件。

主界面→转 Revit 模型→生成中间文件。

先在 Revit 软件内安装 YJK 转换插件后，重新打开 Revit 软件，读取 YJK 数据创建的中间模型，可以调试模型标高，构件类别颜色等属性（图 8-11）。

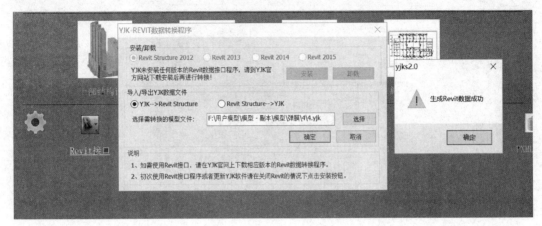

图 8-11　YJK 导 Revit 模型流程图

8.2.2　PKPM-PC

1. 软件信息

作为一款国产三维设计软件，PKPM-PC 是中国建筑科学研究院下属的北京构力科技有限公司研发的装配式软件品牌。软件按照装配式全产业链集成应用的思路研发，定位于"基于 BIM 的预制装配式体系应用技术"全装配式建筑产业链（设计-生成-装配-运维）的发展方向。在 PKPM-BIM 平台中，可实现预制部品部件库的建立、构件拆分与预拼装、全专业协同设计、构件深化与详图生成、碰撞检查、材料统计等，设计数据直接接力到生产加工设备等主要功能。

截至 2020 年初，PKPM 系列软件使用单位已超过 1000 家，包括大中型设计企业，如中国建筑设计研究院、上海中森；房地产企业，如碧桂园；装配式综合性企业，如远大住工、三一公司等。PKPM-PC 作为 PKPM 系列中的 PC 设计软件，主要用户群体包含构件生产单位、深化设计等单位。

2. 界面流程

目前由 PKPM 推出的装配式结构设计软件 PKPM-PC，在预制混凝土构件的计算基础上，已实现了整体结构分析及相关内力调整和连接设计。后续由结构设计模型可直接链接至 PKPM-PC 平台，在 PKPM-PC 界面内进行预制构件的三维拆分、碰撞检查、构件详图生成、装配率和材料统计输出、预制构件库的建立和预拼装、BIM 数据直接接力生产加工设备等具体操作（图 8-12）。

在使用 PKPM-PC 软件时，工程师们应首先明确软件的主体应用流程，包括结构建模—方案设计—计算分析—深化设计—设计成果输出。

3. 与上游结构模型对接

通过接力结构 BIM 模型、建筑 BIM 模型或识图建模的方式，完成深化设计 BIM 模型搭建；PKPM 结构设计模型可以通过软件直接导出对应 PKPM-PC 的模型格式。相比

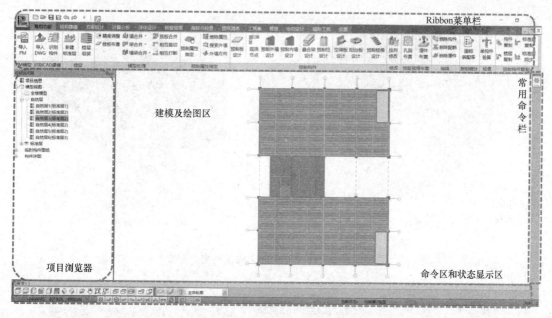

图 8-12　PKPM-PC 操作界面

于其他国外软件与国内软件的模型交互时，常有的模型信息不全、错漏等问题，PKPM-PC 在上下游的数据交互上占有较大优势（图 8-13、图 8-14）。

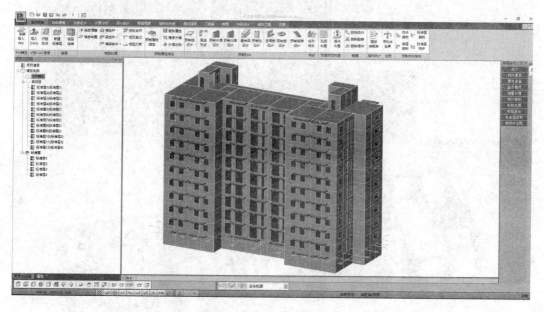

图 8-13　结构 BIM 模型导入 PKPM-PC

4. PKPM-PC 的识图建模

由于行业习惯，在结构设计师进行结构设计模型建模和分析的时候，往往会有模型不够精确，添加虚梁，模型上没有表示梁柱偏心等问题，所以在后续深化设计阶段也需要根据施工图纸来对结构模型进行校对和再建模（图 8-15）。

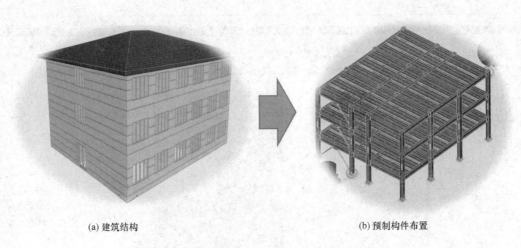

(a) 建筑结构　　　　　　　　　　　　(b) 预制构件布置

图 8-14　由上游模型直接完成预制构件布置

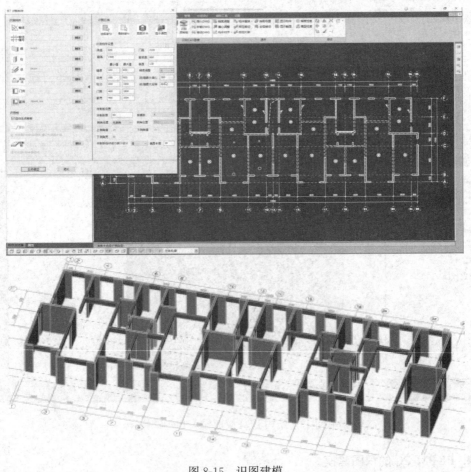

图 8-15　识图建模

5. 预制构件布置

在装配式深化设计时，由于有预制率、装配率的硬性规定，所以前期预制构件布置需要大量的人工，影响整体工程设计效率。PKPM-PC 软件在深化设计前期基于原本的结构设计模型，可以进行预制构件的装配式设计、进行预制属性指定，亦可对指定预制属性后的构件进行构件布置方案初步设计及优化调整。并根据装配式模型（统计自然层的构件布置信息），对预制构件进行相关指标统计，目前支持国标、深圳、上海新规、江苏三板、浙江、河北等重点地区装配率统计及相应计算书输出（图 8-16）。

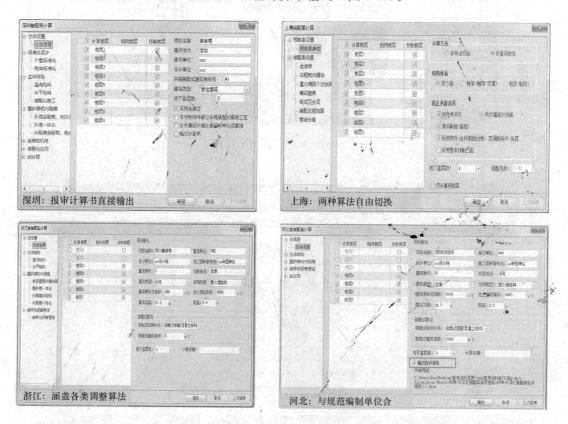

图 8-16　内置预制率和装配率计算模块

6. 深化设计阶段

基于读取的上游结构计算分析结果，在深化设计模型内进行各构件的配筋、埋件设计、预留预埋，软件自带预制构件族库包含常用的标准化预埋构件，一定程度上可以提高整体设计效率。对于已拆分、配筋的预制构件进行深化调整，并利用软件检查功能对模型进行碰撞检查及精细校核（图 8-17、图 8-18）。

7. 设计成果输出阶段

在完成预制构件深化设计后，对已拆分、配筋的预制构件输出构件施工图及报审文件等。可由软件输出图纸涵盖各种平面图（墙柱定位图、结构模板图、现浇层插筋图等），以及各种预制构件详图（叠合板、预制墙、预制梁柱、预制柱、预制楼梯等）。不过，目前软件还无法输出达到工厂制作标准的构件生产图。因此，仍需要人工对图纸管理工具进行图纸编辑、合并图纸、批量出图、图纸删除等操作（图 8-19、图 8-20）。

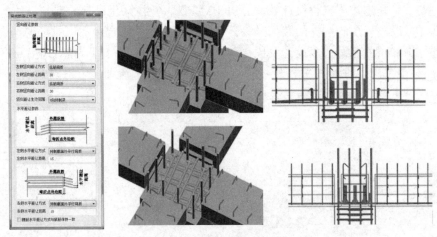

图 8-17　梁柱节点钢筋避让

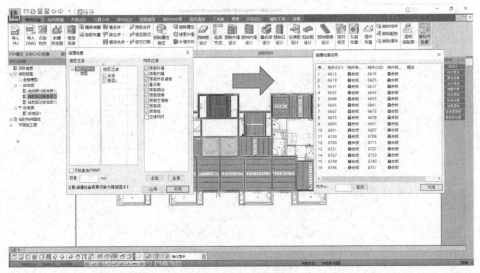

图 8-18　碰撞检查

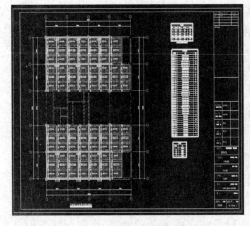

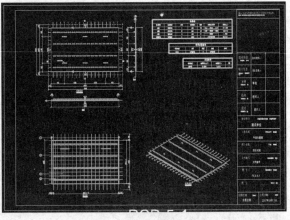

图 8-19　梁板平面布置图　　　　　　图 8-20　叠合板构件详图

将设计后的精细化 BIM 模型（包括混凝土外形、钢筋、埋件等）在软件内通过投影、消隐、剖切等方式形成二维图纸，并批量导出。该环节将有效降低装配式深化设计工作量，提升设计效率（图 8-21）。

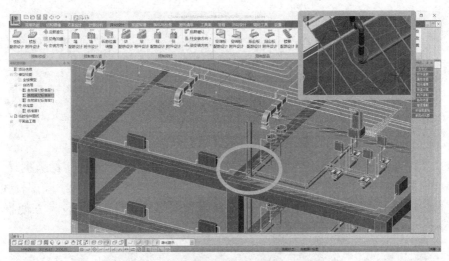

图 8-21　PKPM-PC 软件 BIM 模型精细化展示

8. 数据交互

在实际项目中存在许多钢混结构，此类项目使用单一软件往往很难解决问题。同样源于 PKPM 技术平台，装配式混凝土软件的 PKPM-PC 与装配式钢结构 PKPM-PS 的数据交互，可以满足数据的无缝对接，实现在一个平台上完成完整钢混项目的设计（图 8-22）。

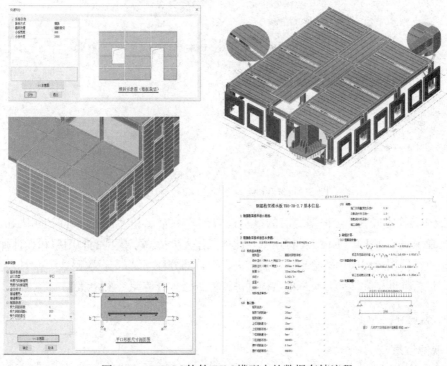

图 8-22　PKPM 软件 BIM 模型内的数据存储流程

9. PKPM 转 Revit 操作步骤

（1）首先，需要在电脑已安装 Revit 的环境下，运行 PKPM 与 Revit 的转换插件，并启动接口软件安装。安装完成后，在 Revit 软件主界面则会出现 PKPM 数据转换接口（图 8-23）。

图 8-23　Revit 内的 PKPM 数据转换接口

（2）选择需要导入的 PKPM 中间数据文件，会出现如图 8-24 所示的数据导入选项。构件类型根据 PKPM 的数据结构分为梁、柱、支撑、墙、楼板和轴线。除了轴线只有导入和不导入选项外，其他的构件类型均可以设置导入透明度和颜色，方便操作预览（图 8-24）。

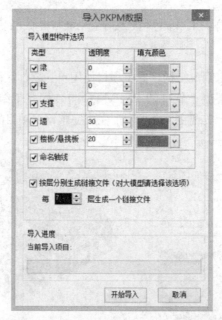

图 8-24　PKPM 模型导入 Revit 的设置表

（3）在转换完成后，会根据之前的显示设置创建一个名为"PKPM-3D"的 Revit 三维视图，即可在 Revit 内编辑 PKPM 结构模型，此项操作大大提高了模型的利用率和设计师的操作效率。不过在使用过程中仍然会出现数据流失，导致部分柱子、部分梁无法一一对应起来，故对此建议进行标准层的转换并对标准层构件进行检查后方可使用（图 8-25）。

8.2.3　盈建科

1. 软件信息

YJK 结构设计软件是一款针对建筑结构的设计软件，隶属北京盈建科软件有限责任

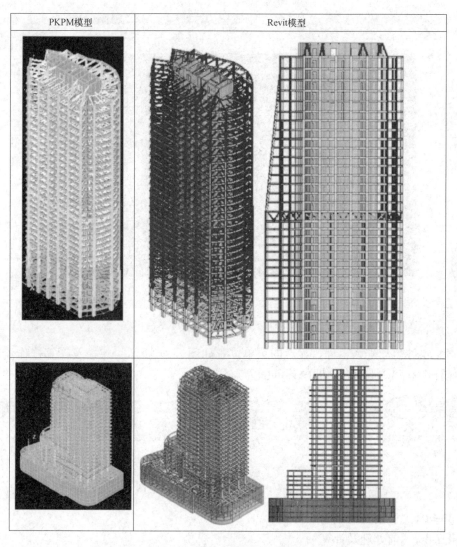

图 8-25　导入后的模型精度对比

公司。软件整体风格和 PKPM 软件系列非常相似，主要结构设计软件系统包括盈建科建筑结构计算软件（YJK-A），盈建科基础设计软件（YJK-F），盈建科砌体结构设计软件（YJK-M），盈建科结构施工图辅助设计软件（YJK-D）等。

新款的 YJK3.0 版本为了适应装配式的设计要求，包含了两部分内容：（1）结构分析部分，在传统结构软件中，实现了装配式结构整体分析及相关内力调整、连接设计等内容；（2）与 Tekla 和 Revit 软件做了相关接口，可以在 Tekla 和 Revit 软件内实现装配式建筑的精细化设计，弥补了原 YJK 软件对装配式深化设计的缺口。在 Tekla 和 Revit 软件内可以进行预制构件库的建立、三维拆分与预拼装、碰撞检查、预制率统计、构件加工详图、材料统计等。

2. 界面流程

YJK 软件主界面如图 8-26 所示。

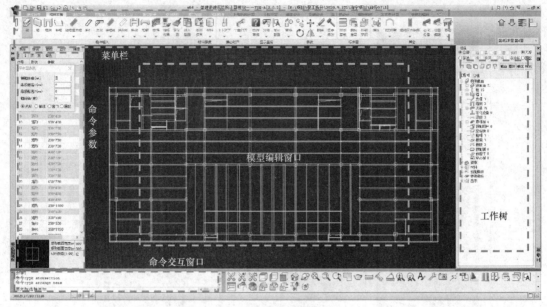

图 8-26　软件主界面

YJK 软件启动进入工程，显示的菜单位置如图 8-27 所示。建模及计算操作流程为从左往右的顺序，具体示意见框内菜单位置。

图 8-27　YJK 计算操作流程示意图

第一步，"模型及荷载输入"；

第二步，"前处理及计算"；

第三步，"计算结果审查"；

第四步，"施工图设计"。

其中涉及 BIM 模型与 YJK 结构设计模型的互相转换操作。

3. 与其他软件的互通性

通常，BIM 平台（如 Revit）结构模型，由于没有满足我国规范的设计功能，所有的结构模型计算信息、实配钢筋以及平法施工图都需要单独在其他平台录入，这样操作势必工作量巨大，效率低下。而 YJK（盈建科软件）是能够满足我国规范要求的结构设计软件，在此软件平台可以快速建立几何模型、输入荷载并设置计算参数，一键计算，自动出图，生成三维钢筋信息。YJK 软件目前是国内最主流的结构设计软件之一。

通过 Revit-YJKS 既可以将现有 Revit 模型导入 YJK 软件进行计算，然后将计算后的信息（如平法施工图、三维钢筋）导回 Revit；还可以直接在 YJK 平台建模，把模型与计算结果一次性导入到 Revit。中间可能也会存在由于建筑方案或者结构计算本身对结构构件的调整，此时再应用到 Revit-YJKS 的模型更新功能，即可快速定位差异信息并选择更新。这样一来，BIM 正向设计出图的效率大大提升，把设计师从繁琐的工作中解脱出来。

协同使用两个软件进行协同设计的一般流程如图 8-28、图 8-29 所示。

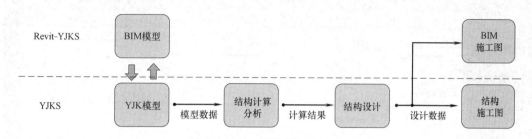

图 8-28　BIM 软件协调设计流程

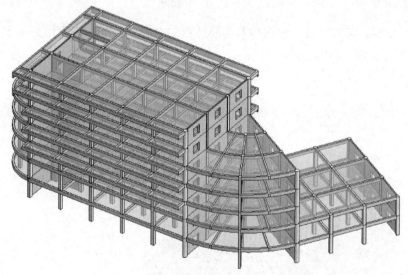

图 8-29　YJK 结构设计 BIM 模型

实际工程中，逐步趋向 BIM 正向设计，为了能方便获取结构设计信息，大幅提升效率，我们可以借助 Revit-YJKS 软件平台，将 BIM 的结构模型与 YJK 结构设计模型关联起来。Revit-YJKS 是基于 Revit 平台，在其功能菜单下增加结构建模、快速编辑工具以及与 YJK 结构设计软件数据接口的一款二次开发软件。它可实现 BIM 模型与 YJK 结构设计模型的互通互导，并可将计算数据及钢筋信息等导入 BIM 模型里。Revit-YJKS 软件平台目前支持 Revit2016～Revit2020 多个版本。

4. 结构模型转 Revit 模型

结构设计模型可先在 YJK 软件建模，然后导入 Revit。以新建 YJK 模型为例，以下按照操作顺序进行简要说明（图 8-30）。

建模时，依次进行轴网布置、构件布置、构件修改或删除、楼板生成、楼层组装。若

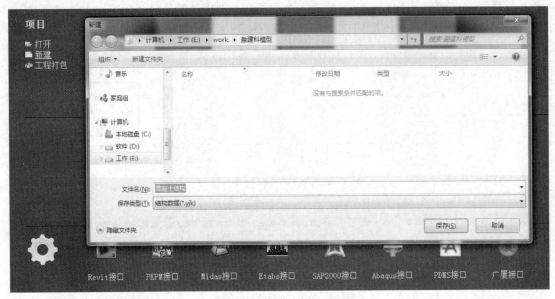

图 8-30　导入结构设计模型

初期只转换结构模型，可不进行荷载布置与后续计算。它的菜单分布及操作，基本与 Revit-YJKS 的"辅助建模"功能一致。

对于已建立好的 YJK 模型，进行保存（图 8-31）。

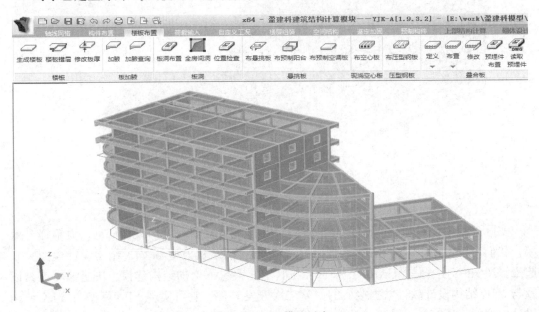

图 8-31　BIM 模型示意

首先，打开一个已有的 Revit 模型，进入 Revit 主窗口。或者新建一个空白的结构样板模型，空白模型需先保存到指定路径下（图 8-32）。

设置关联是进行结构模型后续操作的第一步，主要实现了当前文档下的 Revit 模型和需要操作的 YJK 结构模型的关联，模型信息关联成功后在 Revit 模型下所有操作的数据

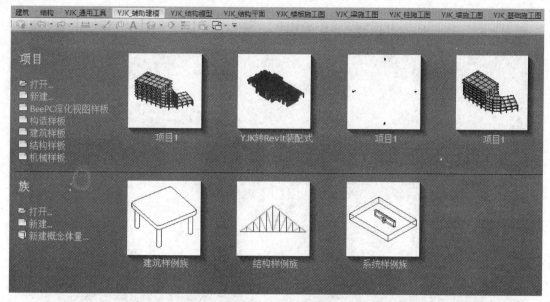

图 8-32　Revit 主界面

源均来自所关联的 YJK 结构模型数据。先找到 YJK 模型路径后，点击生成上部结构；若需要导入基础，还要点击生成基础结构（图 8-33）。

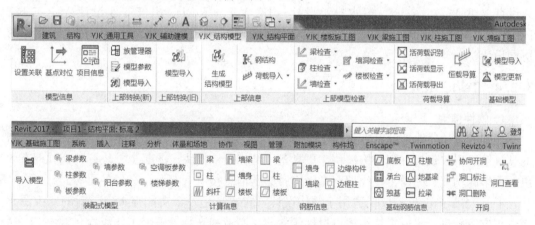

图 8-33　Revit 内的 YJK 参数面板

5. YJK 导入 Revit 的装配式建筑模型

YJK 的装配式设计可在 Revit 中实现同步进行。在 YJK 所有的预制构件排块、布置和每一个预制构件的详细信息都可自动导入 Revit 模型，这些预制柱、预制梁、预制墙、预制楼梯等各类预制构件都转化成 Revit 族的形式，每一类族对构造和钢筋统一协调管理，方便在 Revit 下的继续扩展应用。

图 8-34 所示是导入到 Revit 的某工程一个楼层的模型，其中有预制叠合楼板、预制柱、预制梁和预制剪力墙，模型中预制构件的颜色取用和在 YJK 三维模型相似的颜色。

一方面，YJK 可在 Revit 平台配合各类应用软件进行协同设计；另一方面，YJK 同时提供 Revit 下的建筑设计软件 Revit-YJKA 和机电专业设计模块，机电专业包括采暖通

221

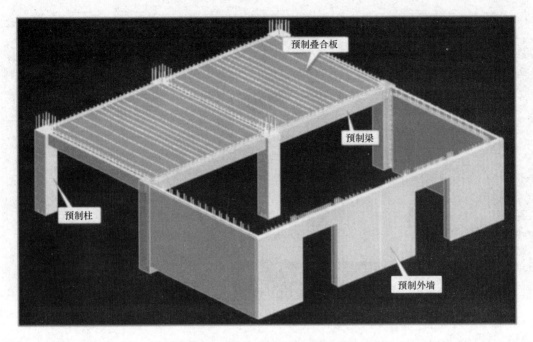

图 8-34　Revit 内的 YJK 模型展示

风设计 YJK-V For Revit、给水排水设计 YJK-W For Revit、电气专业设计 YJK-E For Revit 三个模块，从而方便用户依托 Revit 平台更直接地进行建筑、结构、机电各专业的协同设计。

8. 2. 4　Tekla BIM

1. 软件信息

Tekla BIM 软件是世界盛名的结构详图软件，于 2004 年更名为 Tekla Structures，新的软件已经不仅仅具有钢结构模块，更具备了结构设计模块、混凝土模块等，使其拥有了更加完善的功能。国内主要代理商有天宝蒂必欧信息技术（上海）有限公司等。

Tekla Structures 不仅仅适用于结构设计，它本身是一个功能强大、灵活的三维深化与建模方案软件，集成了从销售、投标到深化、制造和安装等整个工作流程。近 40 年来，Tekla 由于软件内体现结构节点更精细与可为设计人员提供更多创新性的工具，成为结构详图设计人员的首选制图软件。当前 Tekla Structures 软件被全球数以千计的公司所采用，在中国已经拥有 100 多家公司，200 余个客户（图 8-35）。

2. 技术特点

Tekla Structures 是一个三维智能结构模拟、详图设计的软件。用户可以在一个虚拟的空间中搭建一个完整的预制构件模型，模型中不仅包括预制构件的几何尺寸，也包括材料规格、横截面、节点类型、材质、用户批注语等在内的所有信息。而且可以通过不同的颜色来表示各个零部件，并使用鼠标连续旋转功能，用户可以从不同方向连续旋转地观看模型中任意部位。这样观看起来更加直观，也可以让检查人员更便捷的发现模型中各预制构件空间的逻辑关系有无错误（图 8-36～图 8-38）。

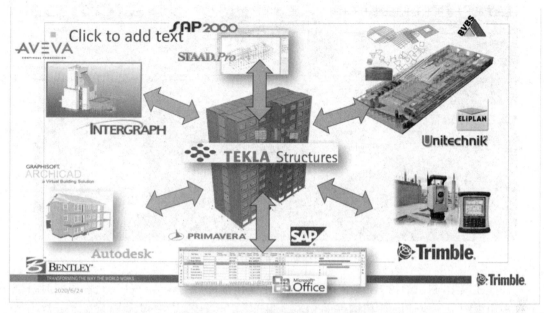

图 8-35　Tekla 预制混凝土工作流程

图 8-36　BIM 模型实体效果

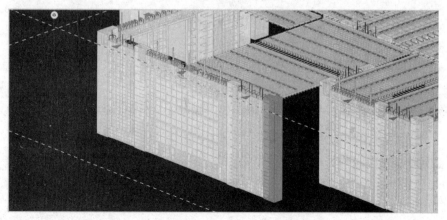

图 8-37　BIM 模型虚化效果

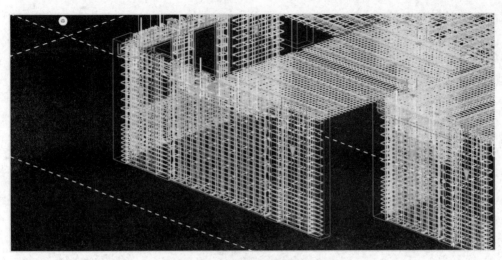

图 8-38   钢筋 BIM 模型展示效果

在创建模型时，设计师需要在 3D 视图中先创建辅助点再输入构件，软件也同时搭载了在平面视图中搭建辅助点和构件的功能。目前，Xsteel 模块中包含了 600 多个常用节点，在创建节点时非常方便。只需点取某节点填写好其中参数，然后选主部件、次部件即可，并可以随时查询所有制造及安装的相关信息。能随时校核选中的几个部件是否发生了碰撞。模型能自动生成所需要的图形、报告清单所需的输入数据。所有信息可以储存在模型的数据库内。当需要改变设计时，只需改变模型，其他数据均相应的改变，因此可以轻而易举地创建新图形文件及报告（图 8-39）。

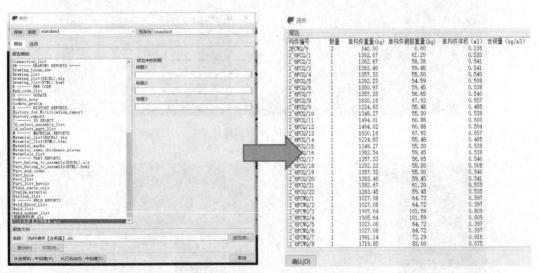

图 8-39   从模型中直接导出材料清单

3. 高效创建钢筋模型

Tekla Structures 软件提供了丰富的钢筋形状库，供用户自由调用。用户还可通过自定义参数，实现任意钢筋形状的创建。此外，Tekla Structures 软件中提供的多样化布筋方法，可高效布置各类复杂构件，提高了工作效率。

224

Tekla Structures 软件不但提供了交互式的、非常易用的操作工具，而且还提供海量的节点库。参数化节点的使用，既能满足通用化的要求，还能满足目前日益复杂的各式连接方式的需要，并且具备节点自动连接和构件节点碰撞校核功能（图8-40）。

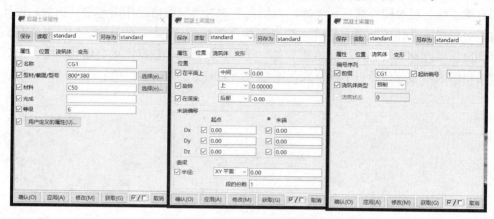

图 8-40　参数化的钢筋编辑

4. 提供多种协同工作方式

Tekla Structures 目前支持多个用户对同一个模型进行操作。建造大型项目时可真正做到多人在同一模型中同一时刻协同工作。且任何添加新的构件和节点，或修改已有构件，数据文件都可进行在线自动更新，保证了所有的协同操作人员都在最新的 BIM 模型中工作。Tekla Structures 还包含有一系列的同其他软件的数据接口，这些接口可在设计的全过程中，有效的向上连接设计以及分析软件，向下连接制造控制系统，在规划、设计、加工和安装全过程实现了信息共享，避免了因信息不畅所导致的效率低下和工程风险。

Tekla Structures 是一个功能强大的三维智能深化设计及详图绘制软件，特别是在解决大型复杂混凝土结构工程的设计、深化、加工、安装的难点问题上具有独特的优势，可以有效的提高生产率和确保工程施工质量（图8-41）。

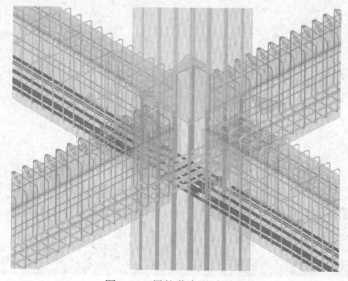

图 8-41　梁柱节点避让处理

5. 快速出图和信息输出

Tekla Structures 可自动从创建的模型中生成构件详图、各类材料报表等。而且使用 Tekla 图纸克隆功能和自动更新功能，可以准确快速的创建生产图纸。其创建的三维模型中所有梁、柱、板等构件都是智能的，它们会自动对模型的修改作出调整。比如，设计人修改了一根梁或者柱的截面、长度、位置等构件的相关信息，Tekla Structures（Xsteel）会识别出该项改动，然后自动对相关节点、图纸、材料表等数据作出更新和调整。最后通过"输出图纸"命令，导出不同格式的图纸（如 DXF、DWG 等）（图 8-42～图 8-44）。

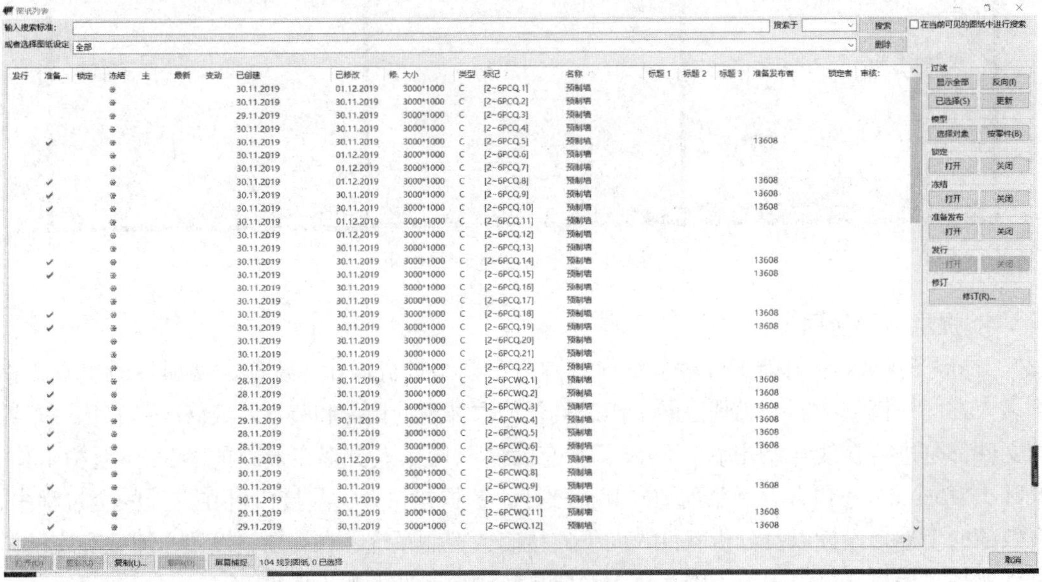

图 8-42　软件内的图纸列表

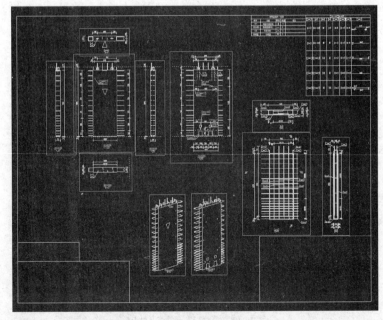

图 8-43　从图纸列表中直接导出图纸

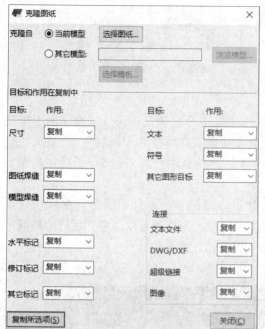

图 8-44　快速出图及信息输出

8.2.5　Planbar

1. 软件信息

我国装配式建筑主要效仿德国和日本的建造模式，而 Planbar 软件是隶属于德国内梅切克软件工程有限公司的一款应用于装配式建筑行业的 BIM 设计软件，也是目前国内外在预制构件深化设计阶段专业性最强的软件之一。当前，内梅切克软件工程有限公司在 142 个国家有约 270 万用户，主要提供工程上游的设计行业专业软件开发，同时也面向预制构件厂提供生产加工所需的专业服务和相关软件，业务衍生也从初始成本估算直至生产、运输、安装。

当前，我国装配式深化设计与构件生产存在断流，即深化设计 BIM 模型没法很好地延用至下游构件生产单位。而远在德国的内梅切克软件工程有限公司配有自主研发的预制件自动化流水设备，将设计 BIM 模型无缝无丢失地沿用到了生产阶段，很好解决了数据断流这一难点。我国浙江宝冶集团就拥有这样一套德国自动化流水设备。建筑工业数据上下游的打通，这也是当前我国自主软件研发需要学习和改进的，至 2020 年上半年，国内正在开展的类似设计模型对接预制构件自动化生产设备的研发，还有国产软件 PKPM-PC 和 YJK 等，但都尚在研发调试阶段，应用在实际项目的非常少。

2. 技术特点

内梅切克软件工程有限公司旗下两款装配式核心产品 Planbar 和 TIM 软件，其中 Planbar 软件是针对深化设计，主要用户群体为深化设计单位、咨询单位。而 TIM 软件则是针对预制构件厂项目构件管控。本书主要介绍 Planbar 软件在装配式建筑深化设计时的主要功能应用（图 8-45）。

图 8-45　Planba 软件和 TIM 软件

在深化设计工作模式上的转变，Planbar 软件还是切合主要设计人员习惯保留了传统 2D 工作方式，强化了在绘制 2D 平面视图的同时生成高效高精度的 3D 模型。之后又通过强大的模型数据衔接，在 3D 模型的基础上进一步创建符合用户要求的 2D 图纸，从而实现了真正意义上的正向 BIM 工作流程。

在 Planbar 中，提供制图文件供设计人员建模、画图，及大量平面布局图供用户出图，可以满足用户进行大项目数据和图纸的处理。同时，用户还可以自定义项目的树形结构，方便用户进行高效的项目组织与管理工作（图 8-46～图 8-50）。

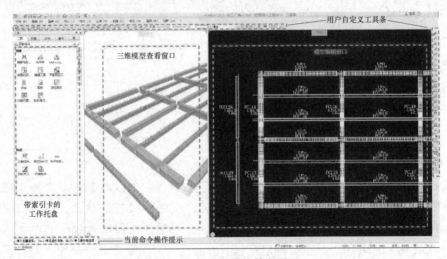

图 8-46　Planbar 软件主界面

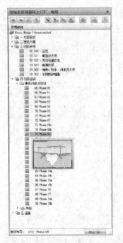 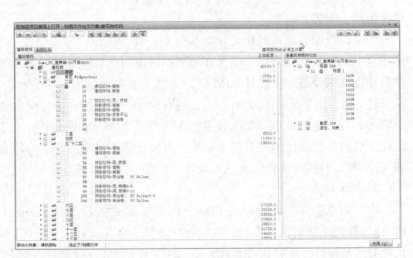

图 8-47　视图界面　　　　　　　　　　　图 8-48　数据树

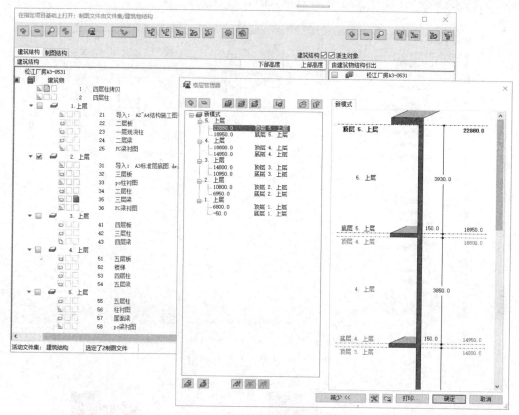

图 8-49　楼层管理器

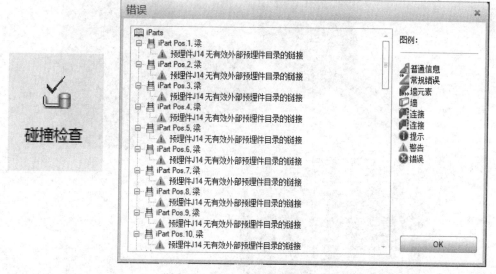

图 8-50　Planbar 的碰撞检查列表

3. 高效创建钢筋模型

Planbar 软件提供了丰富的钢筋形状库供用户自由调用。用户还可通过自定义参数，通过参数化手段实现任意钢筋形状的创建。此外，Planbar 中提供的多样化布筋方法，可高效布置各类复杂构件，提高了工作效率（图 8-51、图 8-52）。

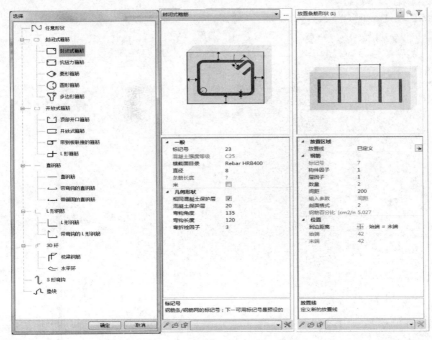

图 8-51　参数化的钢筋编辑

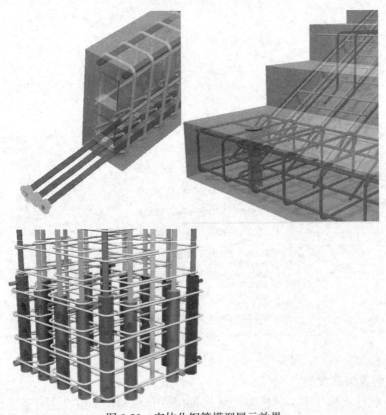

图 8-52　实体化钢筋模型展示效果

4. 提供多种协同工作方式

在基于BIM技术的深化设计中，提供所见即所得的3D环境是目前三维协同的主流工作方式。通过对建筑平面进行拆分和构件布置，充分利用参数化设计理念，再结合项目实施中不断累积的构件库，进行构件的自动化快速建模和深化设计。Planbar软件支持通过应用BIM技术的自动检查功能对设计进行错误检查，可对设计完成的构件进行预装配，检测其正确性和可建造性，BIM模型的相关信息也可以为商务分析和工厂生产提供直接的数据支持。

同时，Planbar也是一款综合性强的软件，深化设计应用主要涉及两个模块，即基础模块和构件模块。其中基础模块主要作用是平面设计和BIM建模；构件设计模块主要功能则是构件的建模和深化设计，本模块包括三明治保温墙、单层和多层墙、叠合楼板、实（空）心楼板、楼梯、异形构件等，可覆盖装配式混凝土建筑的所有常见构件。

在用户体验上，Planbar软件也较贴近传统设计人员使用，比如墙板的设计，设计人员先在Planbar中做建筑建模，再通过Planbar软件中"墙体构件设计"命令，将建筑墙体转化为三明治墙或单明治墙，并用"连接"命令在预制墙体上进行节点拆分，得到各预制墙的三维模型，整个设计过程通过参数设定完成，取消传统设计画点画线的过程（图8-53）。

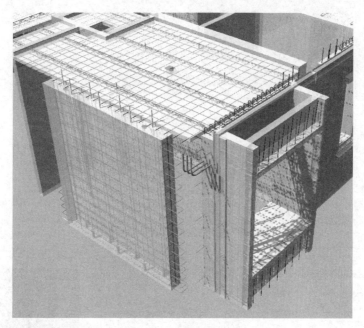

图 8-53　墙体深化设计

5. 快速出图和信息输出

Planbar软件拥有智能出图和自动更新功能，对图纸布局通常是由设计师提前定义好，软件自动生成需要的深化设计图纸。整个出图过程基本可以做到无需人工干预，而且有别于传统CAD软件创建的数据孤立的二维图纸，Planbar自动生成的图纸和模型动态链接，一旦模型数据发生修改，与其关联的所有图纸都将自动更新，也就是做到了传统意义上的图模互动。最后，通过"批处理的元素平面图"命令，导出不同格式的图纸（如

PDF、DXF、DWG 等）（图 8-54～图 8-56）。

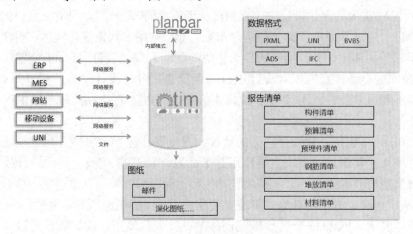

图 8-54　数据交互流程图

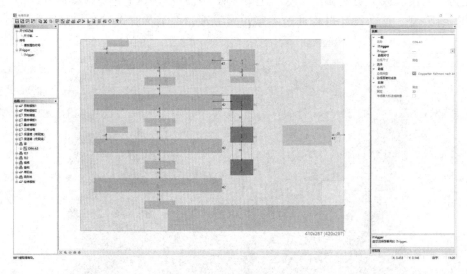

图 8-55　灵活性的图纸布局设置

图 8-56　基于 Python 的二次开发系统

232

8.3 常用 BIM 信息化管理平台基本功能及特点

8.3.1 信息化管理平台概述

1. 信息化管理平台的重要性

近年来，随着 BIM 技术的深入应用，更多的项目不再拘泥于单单 BIM 软件的使用，在 BIM 技术的日趋进化中，信息化平台也逐渐成了 BIM 技术的最佳体现，也成了众多工程项目中最常使用到的数据交互系统。

BIM 平台极大程度有助于建筑、施工和制造等专业人员更精确控制项目成果，并让团队在项目实施中更妥善协调各领域、解决冲突及规划问题。同时，工程大数据的储存可以同步转入各种模型来进行全方位的审阅、分析、仿真，并进行优化。以协助工程专业人员进行干涉管理及冲突检测，在施工前预测及规避潜在问题。

针对预制构件深化设计人员，数据化 BIM 平台的存在首先解决了数据含量巨大的钢筋深化设计 BIM 模型的演示速度。同时，装配式建筑由于其构件的复杂性和不可逆的特点，在没有良好数据集中和信息化的管理下，往往现场施工和后续资料收集存在难点和弊端。信息化管理平台的核心内容是充分利用网上的大量计算资源进行整合、管理与调度。将 BIM 技术与云平台技术结合，可以有效地解决信息发布、协同设计及跟踪进度等工程管理问题，实现工程项目的云管理。

2. 信息化平台的主要作用概述

深化设计 BIM 模型只是工程全生命周期的一部分，其他还包括施工图设计、施工、运营和维护，云平台的优势在于信息的同步化。可以实现跨团队、跨专业人士在同一个平台浏览和审阅多种数据格式的模型，通过简化多学科模型协调和冲突检测来加快 BIM 协作；还可以在整个项目生命期内为相关人员提供可从任何地方访问的权限，有助于来自全球的建筑师、工程师、业主和建设者同步实现模型审查、沟通、协作和项目协调，也可应用于项目现场与各专业设计方之间的信息交互，及时反馈并解决施工过程中遇到的各种问题。

3. 轻量化的 BIM 模型

对于信息化平台的使用者来说，有一个需要考虑的问题是 BIM 模型以什么方式展示，数据以什么形式体现，如何储存。

传统云平台以 BIM 轻量化引擎为核心，将设计的 BIM 模型以及地形地貌模型、塔吊、电梯视频摄像头等设备模型组成的工地完整三维模型轻量化处理，使得在浏览器端就能浏览。并且工地实时数据通过数据协议接口从传统物联网管理平台输出到 BIM 平台，BIM 云平台端能够将接收到的设备运行信息实时反映到工地三维模型中，如与物联网摄像头无缝相连，可以调取任意现场的物联网摄像头，以此来监控实景。

处在行业前端的信息化平台还具有"智能塔吊可视""远程监控""环境检测"等功能。这一节我们参考目前行业内主流的两款信息化管理平台进行简要介绍。

8.3.2 广联达协筑平台

协筑平台是由广联达科技股份有限公司开发，围绕工程项目的全生命周期领域，覆盖面从单一的预算软件扩展到工程造价、工程施工等多个业务板块。主要使用群体为国内大型施工企业，例如大型建筑企业、市政公用工程施工总承包企业、建筑技术研究的大型科技企业，多分布在广东和北京。近年来由于 BIM 技术的推进，建筑工程项目数据整合集中需求的扩大，广联达的业务也扩大到施工信息管理、数字物流、智慧工地等方面。目前广联达的协筑平台有北京韩建集团、深圳市政总、中国京冶等企业在使用，软件在行业内的主要影响是改变传统预制构件管理模型，将进度计划与模型关联，实现可视化跟踪管控，直观清晰不漏项，责任到人等管理优势。

1. 基础操作界面介绍

将深化后的模型导入装配式一体化管理平台中，平台根据模型所带信息，自动分析汇总各种材质信息，用于总包工程量分析（图 8-57）。

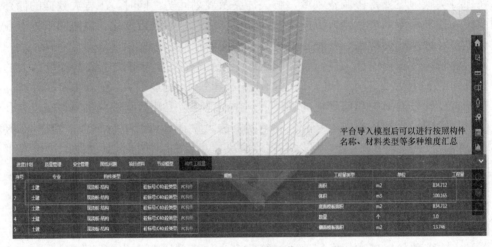

图 8-57 平台模型信息

总包将施工计划与相关管控要求导入平台，并在平台中将相关计划和质量管控要求与对应构件绑定，并可在平台中实时查看相关计划完成情况（图 8-58）。

图 8-58 构件信息示意

2. 模型展示构件安装位置及进展

能够以先进的添加红线工具将标记加入视点,协助沟通设计意图及促进团队工作,也可搜寻注记在视点加上批注,录制动画的穿越以便实时回放,还可串流大型模型与内容,并在模型加载时浏览设计(图 8-59)。

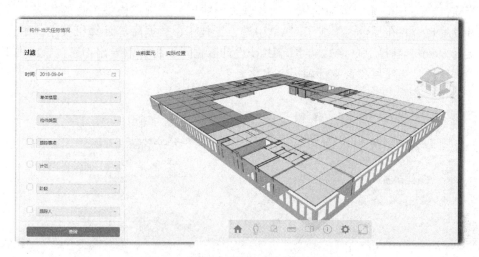

图 8-59　模型展示构件安装位置及进展

在 4D 中仿真营造进度及组织工作,以可视化的方式沟通及分析项目活动,并且减少延迟及工序问题。4D 项目进度表功能可建立营造及拆除顺序,将模型几何图形链接至日期与时间,让我们确认建筑或拆除施工的可行性;从项目管理软件汇入日期、时间和其他工作数据,以动态方式链接项目进度表与项目模型;设定预计时间和实际时间,将项目进度表差异可视化(图 8-60)。

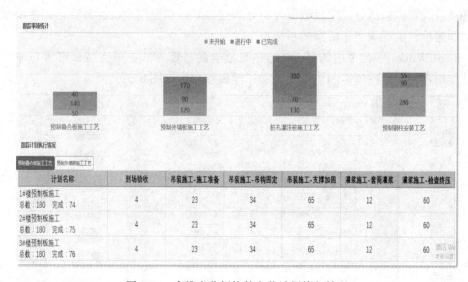

图 8-60　多维度分析构件安装计划执行情况

BIM 平台要能够管理及追踪冲突与干涉,直到解决为止。同时可将冲突测试报告(包括批注和屏幕快照)导出,以便与项目团队进行问题的沟通。

8.3.3 鲁班软件 BIM 平台

鲁班软件成立于 2001 年，是一家专注建造阶段 BIM 技术解决方案研发和服务的软件服务商（图 8-61）。

当前鲁班的 BIM 系统可辅助施工项目管理的协同，实现了模型信息的集成。具有先进的开发思想，并在平台内集成了 CAD 引擎、云技术、数据库等计算机技术。平台上游可以接受 Revit、满足 IFC 格式的主流 BIM 设计数据，下游可以导出 IFC、导出到 ERP、项目管理软件，为项目和企业管理提供优化。

图 8-61 鲁班软件概况

1. Luban iWorks 平台概述

鲁班 Luban iWorks 是 2018 年 7 月推出的项目管理平台，在考量了项目信息化管理的需求特性后，并在用户实践反馈的基础上不断进行优化改进，采用的是一个平台多套解决方案服务于施工阶段的项目协同管理模式。从项目信息数据的采集到数据的标准化、集成化、智能化、移动化方向进行汇总分析处理，最终形成项目信息展示中心，数据处理中心，为项目决策提供指导，项目数据分析处理提供基础和应用集成。最终达到帮助项目全生命周期建设、实现数字化转型的目标。

Luban iWorks 平台采用的是 B/S、C/S 混合的搭建方式，可支持云部署，兼顾了深化设计模型在施工阶段所需的协同交流和三维展示功能（图 8-62）。

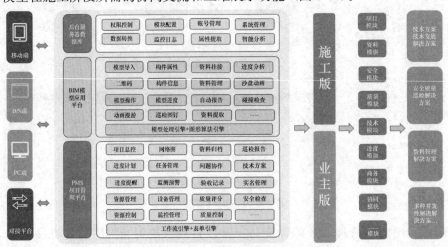

图 8-62 鲁班 BIM 平台架构流程

2. 平台组织、人员架构的建设

工程项目的组织架构不同于一般团队的组织结构形式。工程项目的组织架构搭建方式如下。

项目成员通常会通过项目参建单位的负责人提前加入平台并申请账号，设置相关职务和赋能。同一个项目可能会包含多个公司，同一人也可以同时担当多个项目的成员（图8-63、图8-64）。

通常深化设计人员若由项目施工图设计院组成时，则归并在设计院成员列表内，个别情况下由业主委托咨询公司时，则会单独建立咨询公司的项目成员列表并归并其中。

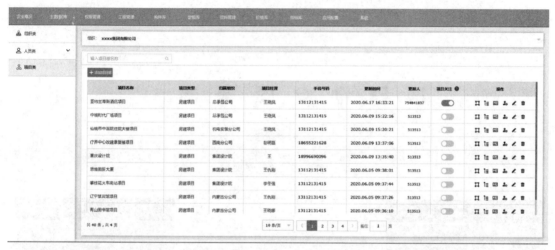

图 8-63　平台内的项目组成员列表

图 8-64　项目组人员添加

装配式的流程、工艺、人员管理等都有着较高的标准。项目人员分别有什么职责，在什么时间段应该完成什么工作，这些也是组织管理上的问题。通过组织、项目、工程权限配合功能权限（角色权限）可以实现同一套平台下，不同层级、不同人员所使用的功能不同（图8-65）。

所以，在平台引进"角色"概念，对项目人员权限进行划分，如资料员，只负责资料相关工作，就赋予资料员角色资料权限，实现专人专职。通常情况下的深化设计人员可以查看设计院图纸和预制构件厂的相关资料，其他如业主单位、施工总包单位的资料则需要开通相应权限才可以进行查看（图 8-66）。

图 8-65　角色管理

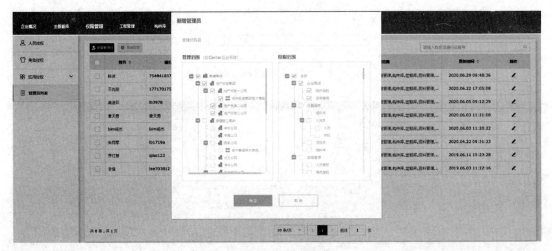

图 8-66　设置企业管理员

当前深化设计图纸需要得到项目主体设计院的审批后，方可在预制构件厂进行加工生产，所以在使用 BIM 平台前，应将审批流程、应用模板等提前设置，可以提供便利化、标准化、信息化的流程建设。

数字化平台一般采用多种通知方式，将审批、修改等消息通过 App 推送、短信通知、微信服务号通知三种方式进行提醒。其中提醒专业设计人员依据项目要求更改，通常由深化设计师申请主体设计院在平台内进行审查批复，若有问题亦从平台内得到主体设计人员通知并进行修改，重复以上流程直至最终设计图纸完善为止（图 8-67）。

3. 数据化的资料管理

在项目数据管理中心创建资料目录模型，给项目部引用模板并根据项目要求进行修改，

图 8-67 通知管理

确定资料分类后，对项目资料进行上传、更新、共享，打造项目资料网络（图 8-68）。

图 8-68 资料目录模板

拥有数据平台后可以整合项目数据，并从多维度统计分析项目数据，查看线上审批闭环、流转情况，对项目、流程、人员进行考察并提出针对性解决方案（图 8-69）。

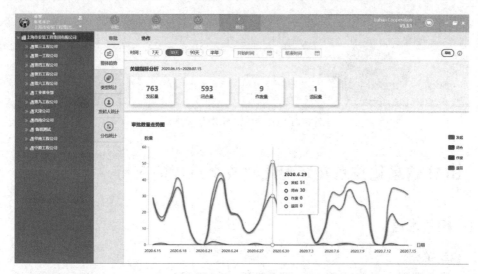

图 8-69 统计分析

平台数据保存在服务器上，施工周期和构件材料统计等数据可以做到一目了然，督促施工进度合理化。对预制构件数量等数据进行多维度分析，可以辅助找出工期延迟问题并提出针对性解决方案（图 8-70、图 8-71）。

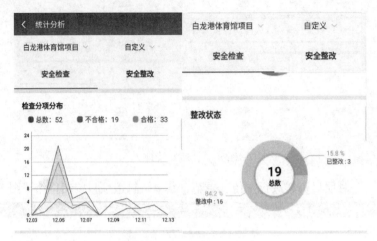

图 8-70　质量统计分析

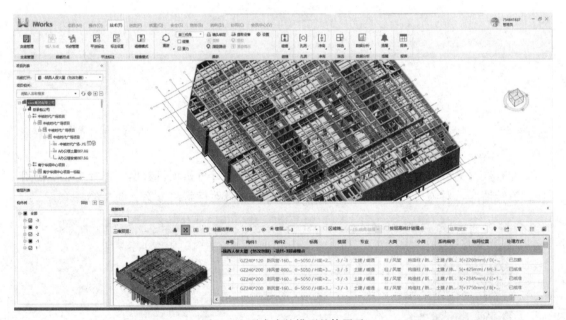

图 8-71　平台内的模型整体展示

8.4　BIM 信息化技术在装配式建筑全过程的应用

8.4.1　相关术语

1. 模型单元

建筑信息模型中承载建筑信息的实体及其相关属性的集合，是工程对象的数字化表述。

2. 模型架构

组成建筑信息模型的各级模型单元之间组合和拆分等构成关系。

3. 最小模型单元

根据建筑工程项目的应用需求而分解和交付的最小拆分等级的模型单元。

4. 模型精细度

建筑信息模型中所容纳的模型单元丰富程度的衡量指标。

5. 几何表达精度

模型单元在视觉呈现时，几何表达真实性和精确性的衡量指标。

6. 信息深度

模型单元承载属性信息详细程度的衡量指标。

8.4.2 装配式建筑 BIM 模型在各阶段的深度标准

建筑信息模型的制图表达应满足工程项目各阶段的应用需求，并应以模型单元作为基本对象。模型单元的种类分为项目级、功能级、构件级和零件级模型单元，应符合现行国家标准《建筑信息模型设计交付标准》（GB/T 51301）的有关规定。

建筑信息模型建立过程中，应根据交付深度、交付物形式、交付协同要求，确定模型架构和选取适宜的模型精细度，并应根据设计信息输入模型内容。

建筑信息模型应由模型单元组成，交付全过程应以模型单元作为基本操作对象。模型单元应以几何信息和属性信息描述工程对象的设计信息，可使用二维图形、文字、文档、多媒体等方式补充和增强表达设计信息。当模型单元的几何信息与属性信息不一致时，应优先采信属性信息。

1. 模型架构和精细程度

建筑信息模型所包含的模型单元应分级建立，可嵌套设置，分级应符合规定（表8-3）。

模型单元的分级　　　　　　　　　　　　　　　　　　　　　　　　　表 8-3

模型单元的分级	模型单元用途
项目级模型单元	承载项目、子项目或局部建筑信息
功能级模型单元	承载完整功能的模块或空间信息
构件级模型单元	承载单一的构配件或产品信息
零件级模型单元	承载从属于构配件或产品的组成零件或安装零件信息

建筑信息模型包含的最小模型单元应由模型精细度等级衡量，模型精细度基本等级划分应符合规定。根据工程项目的应用需求，可在基本等级之间扩充模型精细度等级（表8-4）。

模型精细度基本等级划分　　　　　　　　　　　　　　　　　　　　　表 8-4

模型精细度等级	英文名	代号	包含的最小模型单元
1.0 级	Level of Model Definition 1.0	LOD 1.0	项目级模型单元
2.0 级	Level of Model Definition 2.0	LOD 2.0	功能级模型单元

续表

模型精细度等级	英文名	代号	包含的最小模型单元
3.0 级	Level of Model Definition 3.0	LOD 3.0	构件级模型单元
4.0 级	Level of Model Definition 4.0	LOD 4.0	零件级模型单元

2. 建筑信息模型内容及深度

（1）模型单元的系统分类

设计模型应根据设计信息将模型单元按建筑系统、结构系统、给水排水系统、暖通空调系统、电气系统、智能化系统、动力系统、幕墙系统等进行分类，并应在属性信息中表示。

（2）模型单元的关联关系

具有关联的模型单元应表明直接关联关系，例如，构件级模型单元宜表明直接的连接关系，零件级模型单元宜表明直接的从属关系，属于给水排水系统、暖通空调系统、电气系统、智能化系统和动力系统的模型单元中，功能级模型单元和构件级模型单元宜表明直接的控制关系，无控制关系的构件级模型单元宜表明直接的连接关系。

（3）模型单元几何信息及几何表达精度

设计模型应选取适宜的几何表达精度呈现模型单元几何信息，在满足设计深度和应用需求的前提下，应选取较低等级的几何表达精度，不同的模型单元可选取不同的几何表达精度。几何表达精度的等级见表 8-5。

几何表达精度等级划分　　　　　　　　　　　　　　　表 8-5

精度等级	英文名	代号	几何表达精度要求	备注
1	Level 1 of geometric detail	G1	满足二维化或者符号化识别需求的几何表达精度	宜以二维图形表示
2	Level 2 of geometric detail	G2	满足空间占位，主要颜色等粗略识别要求的几何表达精度	应体量化建模表示空间占位，区分
3	Level 3 of geometric detail	G3	满足建造安装流程、采购等精细识别要求的几何表达精度	应输入楼面各构造层的信息，构造层厚度不小于 20mm，应按实际厚度建模
4	Level 4 of geometric detail	G4	满足高精度渲染展示，产品管理、制造加工等高精度识别需求的几何表达精度	应输入楼面各构造层的信息，构造层厚度不小于 10mm，应按实际厚度建模

（4）模型单元属性信息深度

设计模型中模型单元的属性信息应选取适宜的信息深度体现模型单元属性信息，属性应分类设置，属性宜包括中文字段名称、编码、数据类型、数据格式、计量单位、值域、约束条件等。属性值应根据设计阶段的发展而逐步完善，在单个应用场景中属性值应符合唯一性原则，即属性值和属性应一一对应；一致性原则，即同一类型的属性、格式和精度应一致。

（5）模型单元信息深度

模型单元信息深度等级的划分见表 8-6。

信息深度等级划分 表8-6

信息深度等级	英文名	代号	几何表达精度要求
1	Level 1 of imformation detail	N1	宜包含模型单元的身份描述、项目信息、组织角色等信息
2	Level 2 of imformation detail	N2	宜包含和补充 N1 等级信息，增加实体系统关系、组成及材质、性能或属性等信息
3	Level 3 of imformation detail	N3	宜包含和补充 N2 等级信息，增加生产信息、安装信息
4	Level 4 of imformation detail	N4	宜包含和补充 N3 等级信息，增加资产信息和维护信息

（6）建筑信息模型各阶段设计深度

常见建筑信息模型单元设计深度可按《建筑信息模型设计交付标准》（GB/T 51301—2018）附录C的要求执行，表中未列出的模型单元交付深度可自定义，并应在建筑信息模型执行计划中写明。

8.4.3 装配式方案分析与优化

在总体设计目标确定的基础上，依据现有技术手段和实践经验，优先确定预制构件和拆分设计，在此基础上进行预制构件的深化设计，是装配式建筑方案设计的关键。以装配率为目标导向，利用 BIM 技术对装配式建筑方案设计，有助于整体设计方案的拟定。

在系统分析装配式建筑设计标准和设计程序的基础上，以装配率为目标导向，应用BIM 参数化设计方法，实现装配式建筑与装配率目标导向的有机结合，并通过统计分析，提出不同装配率下预制构件应用比例的选择参考，最后通过实例验证该方法进行装配式建筑方案设计优化的可行性。

8.4.4 装配式建筑全专业协同设计

基于 BIM 技术的预制装配式住宅建筑设计不同于传统设计方法，因为它包括建筑本身的设计以及后期一系列的深化、优化设计等工作。通过建立 BIM 模型，进行各专业设计协调，提取项目，预制加工，安装施工等，保证设计精准、质量优良、成本合理，缩短装配式住宅建筑施工周期。

1. 基于 BIM 的装配式建筑信息化应用的优势

BIM 技术最大价值在于信息化和协同办理，为参与各方提供了一个三维规划信息交互的渠道，将不同专业的规划模型在同一渠道上交互合并，使各专业、各参建方协同作业成为可能。问题查看是针对全部建筑规划周期中的多专业协同规划，各专业将建好的BIM 模型导入 BIM 软件，展开问题查看，然后对问题点仔细剖析、扫除、评论，处理因信息不互通形成的各专业规划抵触，优化工程规划，在项目施工前预先处理问题，削减不必要的设计变更与返工。

例如，BIM技术能够将建筑、结构、机电、装修各专业更为有效地串联，形成BIM一体化设计，进一步强化各专业协同，减少因"错、漏、碰、缺"导致的设计变更，达到设计效率和设计质量的提升，降低成本。同时，在协同设计模式下，BIM技术的应用能够有效增强项目团队的协同管理能力。

2. BIM技术在协同设计中的应用

BIM模型以三维信息模型作为集成平台，在技术层面上适合各专业的协同工作，各专业可以基于同一模型进行工作。在BIM一体化设计中，建筑、结构、机电、装修各专业根据统一的基点、轴网、坐标系、单位、命名规则、深度和时间节点在平台化的设计软件中进行模型的搭建。同时，各专业还可以从建筑标准化、系列化构件族库和部品件库中选择相互匹配的构件和部品件等模块来组建模型，提高建模的标准化程度和效率。BIM模型还包含了建筑的材料信息、工艺设备信息、成本信息等，这些信息可以用来进行数据分析，从而使各专业的协同达到更高层次。此外，各专业需要进行各自设计流程的协同，通过协同工作，不断丰富BIM模型信息，最终形成集成各专业设计信息的综合设计模型。

3. 装配式住宅建筑设计协同六大阶段

装配式住宅建筑一体化协同设计是工厂化生产和装配化施工的前提。装配式住宅建筑应利用包括信息技术手段在内的各种手段，进行建筑、结构、机电设备、室内装修、生产、施工一体化设计，实现各专业间、各工种间的协同配合。在装配式住宅建筑设计阶段涉及的设计协同有以下几个阶段。

（1）在前期技术策划阶段的协同

该阶段应以构件组合的设计理念指导项目定位，综合考虑使用功能、工厂生产和施工安装条件等因素，明确结构形式、预制部位、预制种类及材料选择。设计应与项目的开发主体协同，共同确定项目的装配式目标。

（2）在方案设计阶段的协同

该设计阶段应结合技术策划的要求，做好平面组合设计和立面设计。方案设计在优化使用功能的基础上，通过模数协调，围绕提高模板使用效率和体系集成度的目标进行设计；立面设计要考虑外墙构件的组合设计，并结合装配式建造方式，实现立面的个性化和多样化。

（3）在初步设计阶段的协同

装配式住宅建筑涉及全专业，各专业的协同非常重要。在常规的建筑体系中，预制墙板上应考虑强电箱、弱电箱、预留预埋管线和开关点位的设计，其布置的科学性、合理性往往成为项目成败的关键；装修设计提供详细的"精装点位布置图"并与建筑、结构、设备、电气和工厂进行协同；与经济专业协同进行"经济性评估"，分析成本因素对技术方案的影响，确定最终的技术路线等。

（4）施工图设计阶段的协同

该阶段应按照初设阶段确定好的技术路线进行深化和优化设计，各专业与建筑部品、装饰装修、构件厂等上下游厂商加强配合，做好大样图上的预留预埋和连接节点设计；尤其是做好节点的防水、防火、隔声设计和系统集成设计，解决好连接节点之间和部品之间的"错、漏、碰、缺"。当前，预制构件加工图大多由预制构件厂依据设计院提供的大样图深化设计，建筑师的工作主要是配合和把关，确保预制构件实现设计意图。

（5）装修设计阶段的协同

该阶段的设计工作应该遵循建筑、装修、部品一体化协同的原则，实现以集成化为特征的内装部品成套供应，部品安装满足干法施工要求。要求装修设计采用标准化、模数化设计；各构件、部品与主体结构之间的尺寸匹配、协调，提前预留、预埋接口，易于装修工程的装配化施工；墙、地面块材铺装基本保证现场无二次加工。

（6）预制构件深化设计阶段的协同

要实现全生命周期一体化协同工作，无论谁承担构件加工图设计，都要做好设计、生产、施工的协同，要建立合理的协同工作机制，构件设计与构件生产工艺及施工组织紧密结合。预制构件加工图纸应全面、准确反映预制构件的规格、类型、加工尺寸、连接形式、预埋设备管线种类与定位尺寸。满足工厂生产、施工装配等相关环节承接工序的技术和安全要求。

8.4.5　装配式建筑深化设计碰撞检测与避让

预制构件的深化设计阶段是工业化建筑生产中非常重要的环节。由于预制混凝土构件是在工厂生产，运输到现场进行安装，构件设计和生产的精确度就决定了其现场安装的准确度，所以要进行预制构件设计的"深化"工作，其目的是为了保证每个构件到现场都能准确地安装，不发生"错、漏、碰、缺"。但是，一栋普通工业化建筑往往存在数千个预制构件，要保证每个预制构件到现场拼装不发生问题，靠人工进行校对和筛查显然是不可能的。但BIM技术可以很好地担负起这个责任，利用BIM模型，可以把可能发生在现场的冲突与碰撞在模型中进行事先消除。深化设计人员通过使用BIM软件对建筑模型进行校核，不仅可以发现构件之间是否存在干涉和碰撞，还可以检测构件的预埋钢筋之间是否存在冲突和碰撞，根据碰撞检测结果，可以调整和修改构件的设计并完成深化设计图纸（图8-72）。

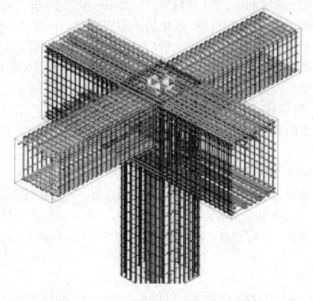

图8-72　预制梁柱节点处的碰撞检测

相较传统建筑 BIM 模型碰撞分析，装配式建筑更要注意的是预制构件与预制构件之间、预制构件与现浇部分之间的钢筋碰撞和相对位置分析。通过集成各专业的 BIM 模型综合分析，能大幅度提高装配式建筑设计的精度。预制构件碰撞检测 BIM 应用操作流程如图 8-73 所示。

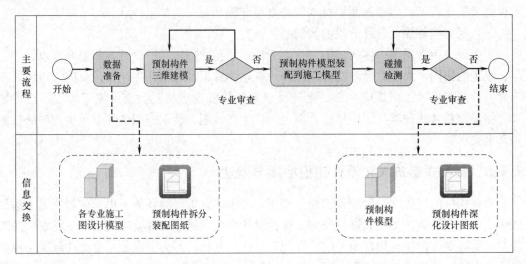

图 8-73 预制构件碰撞检测 BIM 应用操作流程图

8.4.6 装配式建筑安装顺序与施工模拟

基于 BIM 技术的三维协同设计，可以兼顾考虑设计、生产及施工安装的问题，有效解决建筑产业化面临的技术和管理问题。建筑、结构及设备在同一个 BIM 平台中创建，保证专业之间的无碰撞模型，进而在设计模型的基础上输入生产及施工的有关信息，对三方进行统一管理，设计人员利用 BIM 建模软件（如 Revit）建立统一的三维数字化共享模型信息平台，将参数化的构件以三维可视化的状态表现出来，通过各部门之间的协同工作，对预制构件进行生产流程模拟，施工现场管理模拟及安装模拟，使设计、生产的预制构件满足施工安装的要求。借助 BIM 技术可以实现设计、生产及安装的三方协调，减少设计过程中的设计变更，实现设计变更中一处修改、处处修改，通过生产模拟有效避免生产过程中待料的现象，保证设计图纸的可生产性，实现设计与生产信息的完整对接，通过施工模拟减少施工中的返工、窝工现象，实现施工进度的正常进行，从而保证工程项目的工期、造价及质量。

1. 施工现场组织及安装顺序模拟

将施工进度计划写入 BIM 信息模型，将空间信息与时间信息整合在一个可视的 4D 模型中，就可以直观、精确地反映整个建筑的施工过程。提前预知本项目主要施工的控制方法、施工安排是否均衡，总体计划、场地布置是否合理，工序是否正确，并可以进行及时优化。

2. 施工安装培训

通过虚拟建造，安装和施工管理人员可以非常清晰地获知装配式建筑的组装构成，避免二维图纸造成的理解偏差，保证项目的如期进行。

3. 施工模拟碰撞检测

通过碰撞检测分析，可以对传统二维模式下不易察觉的"错、漏、碰、缺"进行收集更正。如预制构件内部各组成部分的碰撞检测，地暖管与电气管线潜在的交错碰撞问题。

4. 复杂节点的施工模拟

通过施工模拟对复杂部位和关键施工节点进行提前预演，增加工人对施工环境和施工措施的熟悉度，提高施工效率。

8.4.7 BIM 信息在装配式建筑全过程中的数据交互与交付

1. 数据交互与交付概述

建筑信息模型是 BIM 应用的基础，模型应满足建设工程全生命期协同工作的需要，支持各个阶段、各项任务和各相关方获取、更新、管理信息。有效的模型共享与交换，能够实现 BIM 应用价值的最大化。在建筑项目全生命期的 BIM 应用过程中，建筑项目参与方宜建立模型共享与交换机制，以保证模型数据能够在不同阶段、不同主体之间进行有效传递。其中对于与建筑信息模型及其应用有关的利益分配，各个单位宜根据合同的方式进行明确与约定，确定模型从设计向施工以及运维的传递。

建设工程各相关方之间模型数据互用协议应符合国家现行有关标准的规定；当无相关标准时，应商定模型数据互用协议，明确互用数据的内容、格式和验收条件。

建设工程全生命期各个阶段、各项任务的建筑信息模型应用标准，应明确模型数据交换内容与格式（图 8-74），确保能使几何数据信息和非几何数据信息为应用者有效使用，如转换成浏览模型以供可视化应用；转换成分析模型供性能分析使用；转换为加工模型可以适应 CAM 智能制造、MES 智能管理；转化为施工模型，可以用于施工场地规划、施工方案模拟、施工进度管理、设备与材料管理、质量与安全管理、竣工模型构建等；转换为运维模型，可以进行运维管理方案策划、运维管理、资产管理、设施设备管理、应急管理、能源管理等；转换为工程量计算模型可以进行设计概（预）算、工程量计算清单、施工过程造价管理、竣工结算，输出二维施工图纸供交付图纸使用；输出统计、计算表格以辅助提高工程量计算的准确性。

2. 建筑工业化全流程数据流

在设计阶段产生的原始模型数据，将随着项目管理和规划生产过程不断推进（图 8-75），数据在业务过程中得到增值、更新并重新关联到建筑模型，形成唯一真实的数据源，以便于后续生产、堆场管理、物流运输、现场施工等流程的进行。

数据的"黑洞"令许多探索建筑数字化转型的企业陷入困境，但随着现代 BIM 平台技术的集成，让所有项目行为、参与方和流程数据的整合变得有迹可循、有据可查，行业困局逐渐明朗起来。

3. 预制件采购及供应链优化

采购精细管控和智能供应链管理是保证装配式项目顺利交付的重要环节。

标准化的采购全流程管理，应该是能保证采购信息来源于模型的结构化数据，并与进度计划联动。从 5D BIM 项目虚拟建造过程中获取得到的物料清单将直接转入采购订单，避免因库存和仓储产生不必要的成本（图 8-76）。

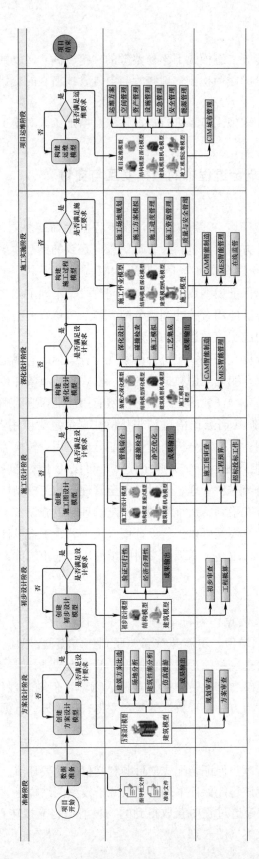

图 8-74　建筑全生命周期模型数据交换内容与格式

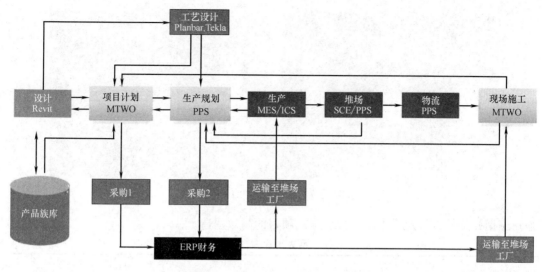

图 8-75　建筑工业化全流程数据流

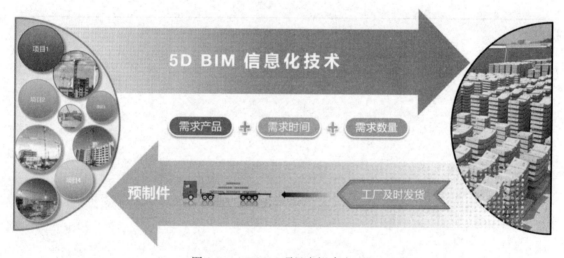

图 8-76　5D BIM 项目虚拟建造过程

系统生成的预制件采购需求，需求产品、数量和时间信息的准确传达，保障了预制件工厂能及时发货和运送。在优化的供应链当中，制造和物流调度与实际项目执行完全一致，以实现即时生产和交付的目标，使项目从概念到成型实现一体化。

4. BIM 信息化项目管理流程

无论是模型信息和过程数据的深入应用，或是预制件工厂生产、装配一体化建设，皆可在同一个平台中实现全流程的项目管理，这个"全流程"可总括为两大阶段（图 8-77）。

在项目的建设过程中，设计人员、项目管理者、决策者、各职能部门的中坚力量，以及合作单位等参与者将利用数据发挥最大作用，在建筑全生命周期各个阶段实现信息共享。两大阶段数据内容见表 8-7。

BIM 云平台的出现完善了预制装配式建筑数字化与自动化解决方案，提供了从设计到交付的一体化精益建造方式，更好地对预制构件工厂进行信息化管理，提升生产效率，

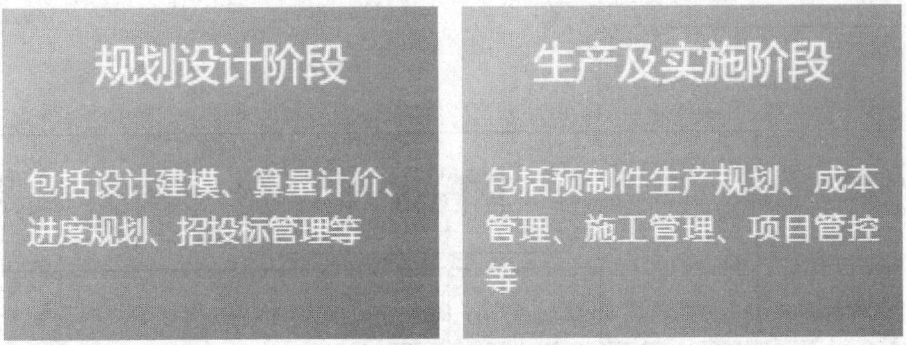

图 8-77　全流程的两个阶段

缩短工期并降低风险及成本，实现装配式项目的高效建造。

两大阶段内容　　　　　　　　　　　　　　　　　　　　表 8-7

规划设计阶段	生产及实施阶段	
基础数据 载体	过程数据应用/ 更新及流程管控	数据分析 处理

第**9**章

装配式建筑设计与深化制图从业人员要求

"设计"是有目标、有计划进行技术性的创作，其成果具有一定的创造性；"深化"是以如何实现为目标，基于原设计内容的详细化、具体化。基于此，我国对于建筑设计行业有资质许可规定。

当以预制构件作为建筑围护外墙兼装饰作用时，建筑师应当对预制工艺及装配技术相当了解，并提出技术方案和详细要求。当以预制构件作为主体结构时，结构师同样需深入了解预制工艺及装配技术，并提出结构计算与连接构造要求。有时，装配相关的设计工作会另行委托装配专业技术人员参与建筑与结构的设计，这部分工作可列为专项设计。装配式建筑设计成果是下一步深化制图的重要参考依据，应对深化制图提出明确技术要求。

以装配式建筑设计文件为依据，为指导预制构件生产制作以及安装施工而绘制的图纸属于深化制图。制图人员应以图纸内容的可实施性为工作核心，以图纸深度的完整性为最终目的，处处为下游作业考虑，不让空假、漏缺留给后道工序。深化制图时，当发现设计方案的实施性存疑，或者设计方案的成本有较大优化改进余地时，应及时积极沟通。好的深化图不仅能省下大量人力、物力和财力，更是专业度的最直接体现。

9.1 装配式建筑设计师素养要求

装配式建筑和现浇建筑在建筑方案设计、总体设计、施工图设计、深化制图等各阶段的设计方法有着很大区别。

装配式建筑设计师是综合型、复合型人才。需具备广泛的跨专业知识，不但对建筑、结构、水暖电、装饰装修等各专业有相当深度的掌握，对生产制造、机械加工、材料属性、施工技术、成本造价、安全质量、项目管理等都有交集领域内的深入了解。因此，这样的经验不是短期内能具备的，需要不断历练而逐步积累。

装配式建筑设计师在项目实施过程中，应充分考虑预制构件生产工艺特点，结合装配化施工方式，提前介入装配式技术策划，以提升建筑品质、提高建造效率、降低能源消耗、有利环保节能。同时，需提高建筑专业、结构专业设计人员对装配式建筑的认识，让装配式建筑不再是"拆分"概念，而是从建筑方案规划与结构方案选型之初就朝着适宜装配式建筑的方向设计，打破专业壁垒，提高一体化设计意识。

装配式建筑设计师应具有出众的设计方案大局观，对装配式项目实施全过程均有把控能力。装配式项目的设计、生产、施工的关联度很高，也让有实力的设计师在建筑师负责制的新推制度下，有了充分发挥和施展才能的机会。

　　装配式建筑设计师应恪守职业精神与道德，忠诚自觉执业，合理考虑技术和标准，作出无成见和无偏见的判断，并对自己作出的意见承担责任。同时，要不断地学习和创新，通晓新的设计手段、知道新的建筑材料、了解新的施工技术、清楚新的规范标准，以不断提高装配式建筑行业整体建设水平为己任。

9.2　装配式建筑设计师理论知识与技能要求

9.2.1　了解建筑饰面造型与预制工艺的关系

（1）了解装饰混凝土工艺。

（2）了解反打饰面一体化工艺。

（3）了解复杂造型生产成型工艺。

9.2.2　了解预制构件的制作与运输要求

（1）了解工厂各种制作模台。

（2）了解模具设计与拼装。

（3）了解钢筋的制作与安放。

（4）了解预埋件及预留孔设置。

（5）了解门窗框设置。

（6）了解保温材料设置。

（7）了解混凝土浇筑及养护要求。

（8）了解构件成品保护。

（9）了解构件临时堆放要求。

（10）了解构件运输方式及运输车辆要求。

9.2.3　了解预制构件的安装施工技术

（1）了解施工现场起重机械性能。

（2）了解吊索具种类及适用范围。

（3）了解预制构件临时支撑种类及适用范围。

（4）了解竖向预制构件安装施工工艺。

（5）了解水平预制构件安装施工工艺。

9.2.4　了解预制构件截面形式、尺寸的选定原则

（1）了解构件规格的统一性原则。

（2）了解关联构件协调一致性原则。

（3）了解关联工厂模台生产原则。

（4）了解构件起重机械布置原则。

（5）了解构件运输车辆装运原则。

9.2.5 掌握常用装配式结构的设计原则

（1）掌握预制剪力墙结构设计原则。

（2）掌握预制框架结构设计原则。

（3）掌握预制外挂墙板设计原则。

（4）掌握预制楼盖设计原则。

9.2.6 掌握预制构件连接构造及节点形式

（1）掌握装配式混凝土结构基本构造。

（2）掌握预制柱连接构造。

（3）掌握预制叠合楼板连接构造。

（4）掌握预制叠合梁连接构造。

（5）掌握预制剪力墙连接构造。

（6）掌握预制混凝土楼梯连接构造。

（7）掌握预制墙的竖向与水平接缝构造。

（8）掌握预制阳台的连接构造。

（9）掌握预制凸窗的连接构造。

9.2.7 掌握预制构件裂缝和挠度的验算

（1）掌握构件材料特性。

（2）掌握荷载取值。

（3）掌握工况及荷载组合。

（4）掌握构件配筋计算。

（5）掌握构件裂缝计算。

（6）掌握构件挠度计算。

9.2.8 掌握钢筋套筒灌浆连接原理

（1）掌握钢筋连接套筒种类与材质。

（2）掌握钢筋套筒灌浆连接应用部位。

（3）掌握灌浆料强度与应用要求。

（4）掌握钢筋套筒灌浆连接施工流程。

（5）掌握钢筋套筒灌浆连接施工质量要求。

9.2.9 掌握预制构件接缝防水材料性能

（1）掌握预制构件接缝类型。

（2）掌握预制构件接缝防水材料种类。

（3）掌握预制构件接缝防水材料性能指标。

（4）掌握预制构件接缝防水施工质量要求。

9.3　深化制图人员素养要求

预制构件深化图是介于设计施工图与生产、安装之间，起到承上启下很重要的一套技术图纸，内容汇集了建筑、结构、水暖电等各专业信息，包含了预制构件生产、现场施工安装的信息。

（1）深化制图人员应关注实际应用性。多跑工厂，多跑工地，多积累实际经验，深入了解产业链的关联性。熟悉预制构件各项工艺技术，掌握预制构件深化图绘制要点，顺畅对接上游设计与下游生产与施工，直至项目竣工。

（2）深化制图人员所做工作并不是简单地对设计文件进行细化补充，而是常常需要解决设计方案在实现过程中遇到的各种问题，把设计师的想法变为可实施的做法，在尊重设计方案的前提下，还应当有适度的发挥创造。

（3）深化制图人员在项目建设过程中，会与工厂和现场的各类工种协调沟通，从节点工艺到化解矛盾，不仅要有着全面系统的专业素养，还得具备相当强的交流沟通能力，以及对于细节的敏锐洞察力。

（4）深化制图人员在装配式建筑产业链中处于关键重要岗位，出色的制图技术人员在行业中是稀缺资源。除了遵守职业操守、注重个人信誉之外，还需要具备认真负责、严谨细致的工作态度，更需要扎实的技术底蕴为支撑。

9.4　深化制图人员理论知识与技能要求

9.4.1　熟悉装配式建筑各专业施工图识读

（1）熟悉装配式建筑施工图识读。
（2）熟悉装配式建筑结构施工图识读。
（3）熟悉装配式建筑电气、给水排水、暖通施工图识读。
（4）熟悉装配式建筑装饰装修施工图识读。

9.4.2　熟悉水电设施的留孔排管技术要求

（1）熟悉预留预埋孔、管的材料、规格。
（2）熟悉电气点位的设计要点。
（3）熟悉防雷接地设计要点。
（4）熟悉预制墙预埋线管、线盒设计要点。
（5）熟悉预制构件给水排水管预埋方式。

9.4.3　熟悉预制构件生产工艺

（1）熟悉预制墙、柱等竖向构件生产工艺。
（2）熟悉预制梁、板、楼梯等水平构件生产工艺。
（3）了解特殊预制构件生产工艺。

9.4.4　熟悉预制构件安装工艺

（1）熟悉预制墙、柱等竖向构件安装工艺。

（2）熟悉预制梁、板、楼梯等水平构件安装工艺。

（3）了解特殊预制构件安装工艺。

9.4.5　熟悉金属配件制造工艺

（1）熟悉金属件的材料类型与强度要求。

（2）熟悉金属件焊缝技术原则与要求。

（3）熟悉金属件表面处理技术原则与要求。

9.4.6　熟悉钢筋翻样加工工艺

（1）熟悉预制板钢筋翻样工艺。

（2）熟悉预制柱钢筋翻样工艺。

（3）熟悉预制梁钢筋翻样工艺。

（4）熟悉预制剪力墙钢筋翻样工艺。

9.4.7　熟悉一般现场施工技术

（1）熟悉施工机械附墙技术。

（2）熟悉现浇混凝土浇筑技术。

（3）熟悉模板排架支撑技术。

（4）熟悉外脚手架搭设技术。

（5）熟悉施工测量技术。

9.4.8　掌握深化图组成内容及深度要求

1. 装配式混凝土建筑深化总说明

（1）总说明的内容和深度。

（2）材料的使用要求与标准。

（3）预制构件运输堆放要求与标准。

（4）现场安装要求与标准。

（5）其他必要的工艺要求与标准说明。

2. 深化设计平面布置图

（1）预制构件编号信息及表达含义。

（2）预制构件明细清单内容信息。

（3）图例符号内容信息。

（4）构件布置原则。

3. 深化设计节点图纸

（1）各类预制构件连接节点的表达深度及要求。

（2）施工工艺节点的表达深度及要求。

（3）窗节点表达深度及要求。

（4）防雷做法表达深度及要求。

（5）接缝防水表达深度及要求。

（6）通用节点表达深度及要求。

4. 深化设计预制构件加工图纸

（1）加工图的画法几何原理。

（2）夹芯保温连接件加工图布置。

（3）板块饰面材料的模数化布置。

（4）钢筋避让、代换、锚固长度的要求。

（5）构件信息表、预埋件统计表、钢筋下料表内容。

（6）结合面做法。

（7）脱模角度、构件补强的原则和方法。

5. 装配图

（1）装配图的绘制方法。

（2）装配图绘制内容及要求。

6. 深化设计金属配件加工图纸

（1）金属件的材料类型与强度要求。

（2）金属件焊缝技术原则与强度要求。

（3）金属件表面处理技术原则与要求。

9.4.9　掌握常用二维绘图和三维建模软件

1. 常见二维绘图软件

（1）Autodesk CAD。

（2）天正 CAD。

（3）中望 CAD。

2. 常见三维建模软件

（1）Autodesk Revit。

（2）PKPM-PC。

（3）盈建科。

（4）Tekla。

（5）Planbar。

9.4.10　掌握生产与安装用工程量清单的编制

（1）掌握编制预制构件数量及规格清单技术。

（2）掌握编制工厂用各类预埋件清单技术。

（3）掌握编制现场用各类连接件清单技术。

（4）掌握编制现场用辅材清单技术。

参 考 文 献

[1] 《装配式混凝土结构技术规程》(JGJ 1—2014).
[2] 《装配整体式混凝土住宅体系设计规程》(DG/TJ 08—2071—2010).
[3] 《装配整体式叠合剪力墙结构技术规程》(DG/TJ 08—2266—2018).
[4] 《装配式混凝土建筑技术标准》(GB/T 51231—2016).
[5] 《装配整体式混凝土居住建筑设计规程》(DG/TJ 08—2071—2016).
[6] 住房和城乡建设部住宅产业化促进中心. 大力推广装配式建筑必读——技术·标准·成本与效益 [M]. 北京：中国建筑工业出版社，2016.
[7] 中南建筑设计院股份有限公司等. 建筑工程设计文件编制深度规定（2016 年版）[M]. 北京：中国建材工业出版社，2017.
[8] 中国建筑标准设计研究院有限公司. 装配式建筑电气设计与安装 [M]. 北京：中国计划出版社，2020.
[9] 李营，叶汉河等. 装配式混凝土建筑——构件工艺设计与制作 200 问 [M]. 北京：机械工业出版社，2018.
[10] 王炳洪，王俊等. 装配式混凝土建筑——设计问题分析与对策 [M]. 北京：机械工业出版社，2020.
[11] 郭学明. 装配式混凝土结构建筑的设计、制作与施工 [M]. 北京：机械工业出版社，2017.
[12] 李桦. 住宅产业化的模块化设计原理及方法研究 [J]. 建筑技艺，2014，6.
[13] 潘娟，朱望伟. 标准化、模块化的装配式建筑设计方法实践 [J]. 建筑技艺，2018，6.
[14] 李慧，徐建兵等. 装配式混凝土结构建筑雷电防护装置设计 [J]. 建筑电气，2017，6.

致　　谢

本书得以顺利完成编写并出版，尤其要感谢上海市建设协会住宅产业化与建筑工业化促进中心的大力支持，李娟娟秘书长与陈一凡副秘书长费心联络了上海建筑设计行业诸多经验丰富的专业人士共同参与本书的编写。

在此，也诚挚感谢本书全体作者在编写过程中的辛勤付出，他们各自在企业中承担着重要岗位，尽管平时工作繁忙，但仍利用业余休息时间完成书稿。在历经一年半的编写过程中，大家克服种种困难，通力合作，力求奉出佳作。能与这样孜孜不倦、志同道合的伙伴们共事，是我的荣幸，也是难忘的经历。

感谢上海兴邦建筑技术有限公司总经理刘强先生在本书编写过程中给予的积极支持，使得装配式建筑行业又多了一本很有价值的参考书。

感谢张晓睿和刘旭为本书录制配套讲解视频所做的大量工作，让读者可以通过网上收看讲解，加深对书中内容的理解。

感谢施丁平对第 1 章编写工作的协助，感谢朱家佳对第 5 章编写工作的协助，感谢邱令乾和朱健靓对第 8 章编写工作的协助。

诚挚鸣谢下列单位为本书提供的支持与帮助（排名不分先后）：

上海市建设协会建筑工业化与住宅产业化促进中心

上海浦东建筑设计研究总院

上海中森建筑与工程设计顾问有限公司

华东建筑设计研究总院

上海建工设计研究总院有限公司

上海天华建筑设计有限公司

上海中房建筑设计有限公司

上海市建筑装饰工程集团有限公司

上海联创设计集团股份有限公司

同济大学建筑设计研究院（集团）有限公司

上海经纬建筑规划设计研究院股份有限公司

上海原构设计咨询有限公司

上海兴邦建筑技术有限公司

王　俊

2021 年 4 月